国家科学技术学术著作出版基金资助出版

水健康循环原理与应用

建设部科学技术司　组织编写

张　杰　熊必永　李　捷　著

戴镇生　主审

中国建筑工业出版社

图书在版编目(CIP)数据

水健康循环原理与应用/建设部科学技术司组织编写
张杰，熊必永，李捷著. —北京：中国建筑工业出版社，
2006
国家科学技术学术著作出版基金资助出版
ISBN 7-112-08422-9

Ⅰ. 水… Ⅱ. ①建…②张…③熊…④李 Ⅲ. 水循环—
研究 Ⅳ. P339

中国版本图书馆 CIP 数据核字(2006)第 069902 号

责任编辑：俞辉群
责任设计：崔兰萍
责任校对：张树梅 张 虹

国家科学技术学术著作出版基金资助出版
水健康循环原理与应用
建设部科学技术司 组织编写
张 杰 熊必永 李 捷 著
戴镇生 主审
*
中国建筑工业出版社出版、发行(北京西郊百万庄)
新华书店经销
北京天成排版公司制版
北京云浩印刷有限责任公司印刷
*
开本：880×1230 毫米 1/16 印张：13¾ 字数：436 千字
2006 年 8 月第一版 2006 年 8 月第一次印刷
印数：1—3000 册 定价：**58.00** 元
ISBN 7-112-08422-9
(15086)

版权所有 翻印必究
如有印装质量问题，可寄本社退换
(邮政编码 100037)

本社网址：http：//www.cabp.com.cn
网上书店：http：//www.china-building.com.cn

内容提要

本书从地球上水的运动规律出发，研究了人类用水与水文循环的关系。从而指出人类用水即水的社会循环应服从自然水文循环的规律，实现社会用水的健康循环。只有如是，自然水环境才能维系，水资源方可持续利用。

全书共分 9 章。第 1 章研究地球上水资源及其循环规律；第 2 章介绍我国社会水循环现状与水环境退化的原因；第 3 章和第 4 章论述健康水循环的理念、实施方略与途径；第 5 章和第 6 章提出城市排水系统的现代观和人类循环型用水的新模式。第 7 章至第 9 章分别介绍了笔者在深圳、大连和北京等地，运用水环境恢复理论与社会用水健康循环的方法进行的城市第 2 供水系统——再生水供应系统、污水与海水资源有效利用、水环境恢复工程等方面的规划研究。

本书面对给水排水、水环境、水资源等学科的广大读者而著；是本科生与研究生必读的教学参考书；还可作为我国水事决策的技术基础。

Abstract

This book explores, with a view to the rules of water cycle on the earth, the relation between water utilization and water cycle, indicating that water utilization, i. e. cultural water cycle should be subject to natural water cycle, so as to enable healthy cultural water cycle. This is the only way to maintain natural water environment and ensure sustainable utilization of water resources.

This book comprises nine chapters. Chapter 1 probes into water resources on the earth and their cycle rules. Chapter 2 introduces the current situation of cultural water cycle in China and the causes of water environment degradation. Chapter 3 & 4 discuss the philosophy, practical strategies and approaches for healthy water cycle. Chapter 5 & 6 present the innovative idea of urban drainage system and the new mode of cultural water cycle. Chapter 7 to 9 respectively details the planning and studies made by the authors by applying water environment restoration theory and healthy cultural water cycle principles on the secondary water supply system for urban areas reclaimed water supply system, full utilization of wastewater and seawater, and water environment restoration projects in Shenzhen, Dalian and Beijing.

This book is prepared for readers majoring in water supply and drainage engineering, water environment and water resources engineering. It can also serve as a useful reference textbook for undergraduates and postgraduates and a technical reference for water-related decision-making.

序 1

由于中国工程院组织的“中国水资源”、“西北水资源”与“东北水资源”等咨询项目，我有机会认识张杰院士。在项目组的实地考察和研讨中，他的观点鲜明，给我以深刻印象。2006 年两院院士大会期间，阅读了他和熊必永、李捷合著的“水健康循环原理与应用”草稿，看到他的观点已进一步系统化并上升为理论，很受教益。

水是生命之源，是人类生存发展的最基本要素之一。从史前文明到农耕时代，从工业文明到现代社会，人类社会用水对自然界的水循环造成了越来越大的影响。世界范围内的水资源短缺、水污染加剧，全球性的水危机日益迫近。我国在近年来的经济迅速发展中，许多地方的水危机已成为现实。迄今为止，我国的用水模式是上游城市从源头取水，污水排入江河，污染了下游河段，使下游河段的沿江城市也都力争从附近支流的源头引水，污水也同样就近排入江河。因此形成全国 660 个城市河段都受到不同程度的污染，流域水环境日趋恶化。长此以往，一些地方将陷入无水可用的困境。

张杰院士等面对我国水资源短缺，水环境污染的危机，进行了深刻的反思，提出一系列的新理念与新思路。书中提出了符合水循环规律的社会用水模式——社会用水的健康循环，并明确它的内涵是：上游地区的用水循环应不影响下游水域的水体功能，水的社会循环应不损害水的自然循环，从而维系或恢复全流域的良好水环境，达成流域内城市群间水资源的重复与循环利用，使有限的水资源保证全流域社会经济的持续发展。书中开创性地运用生态系统原理与系统科学思想，对社会用水系统健康循环理论及应用进行了系统地研究，从而描绘了一幅在以河流流域为单元的人与水和谐发展的美好景象。

该书在我国第一次系统地创建了一种包括水文循环与人类社会用水循环在内的和谐用水模式，为我们指出了一种新的水资源利用观和一个审视人与自然和谐发展的新视角，对改变我国现行的粗放用水模式，恢复碧水清流，具有重要参考作用。书中反复强调的主题是：水是可以再生循环利用的自然资源，水健康循环是一个开放的复杂系统工程，人类只有在系统地研究水的社会循环，并以水健康循环的观念和新的用水模式指导我国水事活动的实践，使社会水循环的“干扰度”处于自然水循环可承载的范围之内，建立起以流域为单元的社会用水健康循环，才能够维持水的自然循环与社会循环的动态平衡与协调发展，实现水资源的可持续利用。

21 世纪是人与自然协调发展的世纪，人类社会只有建立起循环经济型的社会才能持续发展，而社会用水的健康循环将是循环经济型社会的重要基础。虽然这种理念的实现还任重道远，但从长远的观点看，这是人类可持续发展的惟一选择。希望这本专著的创新思想能够逐步应用到我国各地城市用水系统的取水、用水、排水、再循环等各个领域，更希望水健康循环的理念将培育我国水资源与水环境领域的新一代人才。

特为之序。

钱正英

2006 年 7 月 8 日

序 2

水孕育了人类。

伴随着人类社会的进步和经济发展，“生命之水”面临日益巨大的危机和挑战，如今，在世界范围内出现的水危机对人类的发展构成了严重威胁。保障水安全，促进水资源可持续利用，实现人类与水环境和谐共存是世界各国十分关注的重大课题。近二三十年来，我国政府通过实施相关科技计划，水行业管理部门，科研开发、工程设计和水务运营等单位共同努力，在分析国际水领域技术发展趋势和典型案例的基础上，开展深入研究和技术攻关，取得了一批具有理论价值和应用价值的成果，拓宽了解决水问题的思路，发展了水处理技术，在保障城镇供水，改善水环境等方面取得了显著成效，形成了适合中国国情的技术体系和管理模式，培养了一支由国际知名专家为学科带头人的专业人才队伍，使我国水领域的技术和管理水平大幅度提高，为今后的发展奠定了很好的基础。

2006 年 9 月，建设部与国际水协将在北京举办第五届世界水大会。大会将为中外学者和工程技术人员搭建一个传播国际先进理念、交流研究成果和实践经验，探讨技术和管理创新的平台。为增进国际水业界对中国的了解，展示我国水领域的学术水平和发展成就，促进国际交流与合作，建设部科技司组织国内水领域的部分院士和知名专家编写了这套书籍。她包括学术理论、水处理工艺和工程应用以及水业管理等方面的内容，是对几十年来我国水领域所取得的成果和经验的总结，对我国城镇供水、节水和污水处理及资源化工作的开展，对促进我国水领域的跨越式发展和机制创新会有很好的参考作用。

在此书即将出版，第五届世界水大会即将召开之际，我们借用先哲老子的名言“上善若水，水利万物而不争”来表达对我国水领域科技工作者和致力于水资源永续利用、创造美好人居环境的广大同仁的敬意，感谢他们做出的无私奉献。

谨以此书献给第五届世界水大会。

建设部科技司
2006 年 5 月 9 日

前　言

• 目前全球一半的河流水量大幅减少或被严重污染。世界上 80 个国家、或占全球 40%的人口严重缺水。如果这一趋势得不到遏制，今后 30 年内，全球 55%以上的人口将面临水荒；

• 水污染导致的死亡人数每年达 2500 万人，主要发生在发展中国家；

• 全球 50%的湿地在 20 世纪因人类活动严重破坏了淡水生态系统而消失；

• 中国 2/3 城市缺水，大部分属于污染导致的水质型缺水；

• 每年水污染造成的经济损失约为中国当年 GNP 的 1.5%～3%；

……

水是生命之源，然而 18 世纪产业革命以后，尤其是近半个世纪以来，人类社会无度消费、大量生产大量废弃的用水方式，致使水资源短缺与水环境污染日趋严重，地球上有限的水资源逐渐成为人类生存发展的桎梏。

早在 1972 年，联合国第一次环境与发展大会就指出："石油危机之后，下一个危机就是水"。1977 年联合国大会进一步强调："水，不久将成为一个深刻的社会危机"。1997 年联合国再次敲响警钟："目前地区性的水危机可能预示着全球性水危机的到来"。进入 21 世纪，全球性水危机已经初露端倪，水资源紧缺与水环境恶化已经成为当今世界许多国家社会、经济发展的制约因素。如何应对日益严峻的水危机，实现社会、经济可持续发展已经成为各国 21 世纪迫切需要解决的首要问题。

时至今日，国际社会和各国为缓解水危机都付出了远久的巨大努力。发达国家的城市污水二级处理率已达到较高水平，许多国家已经或开始普及污水深度处理与回用，水污染控制由末端治理发展为清洁生产和污染预防的综合污染控制。其虽然极大地控制了水传染疾病，提高了居民卫生水平，但水资源短缺与水环境恶化问题仍困扰着世界各国经济的发展。

我国从建国初期就开始进行水问题的研究，但是我国水环境恶化的总体趋势还远未得到有效遏制。城镇缺水、地表水污染加剧、地下水严重超采、湖泊富营养化、城市型洪涝灾害等问题，不断威胁着人民生活、生产与生态的安全。

地球上的水在水圈、大气圈、岩石圈、生物圈不断地进行着往复循环，遵循着固有的运动规律。究其规律而言：水是循环性的资源，是可以再生的资源，但是参加水自然循环的水量又是极为有限的。人们的水事活动，即工业、农业、城市的取水、用水和排放，是置于水自然循环基础上的人为水循环，也称为社会水循环，它是自然大循环的支路。因此社会水循环的水量和水质与水的自然循环运动有着密切的联系。流域间水资源的随意调动和取用，水质的肆意污染，严重损害自然循环，造成水环境的退化和水资源短缺。往昔，50 年前，100 年前或者更久远，工业和城市不发达，人类用水分散、取水总量少，不足以干扰自然水循环的过程。于是人们漠视水的珍贵，误认为水与阳光、空气一样是取之不尽、用之不竭的。但时至今日在高度工业化和后工业化的时代，用水量剧增，污水水质恶劣，人们仍然随意取用，肆意排放，就超出了水自然循环所能承受的限度，出现了污染、断流、湿地干涸等现象，使水的自然循环陷入了病态，产生了水危机。要解决人类社会的水危机，经济和社会的发展必须与水资源、水环境相协调，必须遵守水自然循环的规律。规范人类社会的水事活动，使水的社会循环不致影响或损害水的自然循环。要充分体现水可再生使用的属性，实现社会水系统的健康循环。

基于上述基本思想，本书系统剖析了水污染和水环境恶化的成因，从“社会水循环可持续性”、“排水系统现代观”、“水资源利用模式”、“污水污泥处理回用”、“水资源节约与循环利用”、“水环境恢复方略与措施”等方面对水健康循环理论作了初步探索，提出水资源利用、污水再生、污泥处理与处置的发展方向，给出了由水健康循环的基本原理、方略与途径、措施等组成的一幅系统的关于水环境恢复与水健康循环的全景画卷。为水健康循环研究提供新的视角与借鉴。

本书共分 9 章。第 1 章介绍了地球上水的运动规律与大气圈、岩石圈的互动关系。水资源贮量和在各国、各大洲的分布。水文大循环和水的社会循环。第 2 章介绍我国社会水循环现状与水环境退化的原因。第 3 章提出了水健康循环的理念。第 4 章指出了实现水健康循环的方略，详细阐述了实现水健康循环的途径和方法。第 5 章介绍了城市排水系统产生与发展过程，提出现今排水系统功能必须升华，使其成为城市用水循环和污水再生的纽带、土壤营养物质循环的桥梁，能量与物质回收的基地。第 6 章提出了人类用水模式的变革。第 7 章至第 9 章分别介绍了笔者在深圳、大连和北京等地，运用水环境恢复理论与社会用水健康循环的方法进行的城市第二供水系统——再生水供应系统、污水与海水资源有效利用、水环境恢复工程等方面的规划研究。

通过对水环境恢复与水健康循环理论与方略的系统探讨，可以了解水健康循环的建立与我们每一个人的观念、行为和生活方式的密切联系，从而为今后水环境恢复与水健康循环领域不可避免的革命提供动力和依据。

全书由张杰、熊必永、李捷共同撰写(第 1、2 章：李捷，3、4 章：张杰、熊必永和李捷，5 章：熊必永和张杰，6～9 章：张杰、熊必永和李捷)，戴镇生审阅。由于水健康循环是一个崭新的研究领域，国内外在这个领域的研究尚处于探索阶段，可资借鉴资料不多，加之作者水平所限，不当之处在所难免，希望得到广大读者的批评指正。

Preface

• 50% of all the rivers on the earth are greatly suffering low runoff or tremendously polluted. Some 80 countries, constituting 40 per cent of the world's population, are suffering from serious water shortages. If such a situation cannot be improved, 55% or more of the global population will suffer water shortage in 30 years;

• Each year, 25 million people die of water pollution, a large proportion of which occur in developing countries;

• About 50 per cent of the world's wetlands lost during the 20th century due to the serious damage of freshwater ecosystems by human activities.

• Two thirds of the cities in China are deficient in water, most of which are caused by because of water pollution;

• The economic loss resulted from water pollution each year is about 1.5% to 3% of the GNP of the same year in China

……

Water is essential to life. However, water resources shortage and water environment pollution is turning worse due to the excessive consumption and unlimited waste of water by the production and living since the outbreak of the industry revolution in the 18th century, especially in the recent half of the century. The limited volume of water resources becomes the bottleneck for us to maintain survival and development.

Early in 1972, the first session of the UN Conference on Environment and Development stated, "Water crisis will occur following petroleum crisis". In 1977, the UN General Assembly further added, "Water will soon become a severe social crisis". In 1997, the UN warned again, "The water crisis currently occurred in some of the regions around the world is likely indicting the upcoming worldwide crisis". The global water crisis gradually came up in the 21st century. Water resources shortage and water environment deterioration has pulled down the development of the socioeconomy in many countries. The key problem of how to deal with the water crisis and enabling the sustainable development of socioeconomy is imminent for every individual country in the 21st century.

So far, the international community and each of the countries have been making great effort to alleviate water crisis. The secondary treatment of urban wastewater in developed countries is extensively applied. Many countries have already or begun to widely apply advanced treatment and reuse of wastewater. The control of water pollution has transited from the end-of-pine treatment to a comprehensive level of cleaner production and prevention against pollution, which has largely helped constrain the disease infection by water and improve the health status of citizens. However, the water shortage and water environment deterioration still holdbacks the economic development of such countries.

Although China has commenced the study on water resources since its establishment, the deterioration of water environment has not yet been effectively restrained. The living condition, production and ecosystem have been being threatened by water shortage in cities, worsening of surface water pollution, excessive extracting of ground water, eutrophication and flood occurred in urban areas.

Water keeps cycling from the hydrosphere, atmosphere, geosphere and biosphere by following its immanent cycling rules, which indicates that water is a kind of recycling renewable resource. Yet, only a small part of the water involves in hydrologic cycle. Human activities that are related to water, i. e. the extraction, consumption and drainage of water by industries, agriculture and cities are based on the natural cycle of water. Such activities are called cultural water cycle, which is a branch of the natural cycle. Therefore, the volume and quality of the water from the cultural water cycle closely relate to the natural cycle of water. The random transfer and use of water resources in a basin and water pollution will severely affect the natural cycle of water, resulting in water resources deterioration and shortage. In the past 50 or 100 years or more, the industries and cities were not developed, and only a low percentage of water was consumed in different locations. Thus the natural cycle of water was basically unaffected, based on which people believed by mistake that water resources were, just like sunlight and air, inexhaustible and available for use all the time. But now, we are stepping into a highly developed industrialization and post-industrialization era, the consumption of water sharply increases and the quality of wastewater gets worse. However, water is utilized and drained at our pleasure, which oversteps the threshold of the natural cycle of water. As a result, water crisis is eventually occurred for the water cycle is interrupted, leading to pollution, zero-flow of rivers and dry-up of wetlands. The development of economy and society must correctly correlates to water resources and water environment by following their natural cycle rules, ensuring human activities are under control to avoid the interruption of the cultural recycle of water, so as to overcome water crisis. The used water should be efficiently recycled to enable a healthy cultural water cycle.

On the basis of the above ideas, this book probes into the causes of water pollution and water environment deterioration from a systematic point of view, launching a rough study on the theory for healthy water cycle by discussing "Sustainability of Cultural Water Cycle", "Innovation in Drainage System", "Utilization Mode for Water Resources", "Treatment and Reuse of Wastewater and Sludge", "Water Conservation and Recycle" and "Strategies and Measures for Water Environment

Restoration", and presenting the development trend of water resources utilization, wastewater reclamation, sludge treatment and disposal as well as the basic principles, strategies and approaches, and measures for healthy water cycle, which gives an overview of water environment restoration and healthy water cycle. We hope that this book can be used for reference by offering a new insight into the study on healthy water cycle.

This book comprises nine chapters. Chapter 1 gives an overview of the relation between water cycle and the atmosphere and geosphere; the reserves of water resources and their location in different countries and continents; and hydrologic cycle and cultural water cycle. Chapter 2 introduces the current situation of cultural water cycle in China and the causes of water environment degradation. Chapter 3 presents the theory for healthy water cycle. Chapter 4 point out the strategies for healthy water aycle and addresses the practice and approaches for healthy water cycle. Chapter 5 introduces the brief history of urban drainage system and strongly proposes to upgrade the drainage system in order to allow it to serve as a link between the urban water utilization and wastewater reuse, the media for the nutrient cycle in soils, and the base to reclaim energy and substance. Chapter 6 focuses on innovations of water utilization mode. Chapter 7 to 9 respectively details the planning and studies made by the authors by applying water environment restoration theory and healthy cultural water cycle principles on the secondary water supply system for urban areas-reclaimed water supply system, full utilization of wastewater and seawater, and water environment restoration projects in Shenzhen, Dalian and Beijing.

The close relation between each individual's notion, behaviour and life style and the establishment of healthy water cycle system is unveiled by the systematic discussion of the principles and strategies for water environment restoration and healthy water cycle, which hopefully will be helpful to an inevitable revolution for water environment restoration and healthy water cycle in the future.

This book is jointly composed by Jie Zhang, Biyong Xiong and Jie Li (Chapter 1 & 2: Jie Li, Chapter 3 & 4: Jie Zhang, Biyong Xiong and Jie Li, Chapter 5: Biyong Xiong and Jie Zhang, Chapter 6~9: Jie Zhang, Biyong Xiong and Jie Li), and reviewed by Prof. Zhensheng Dai. Any comments, criticisms, suggestions for improvement will be gratefully received.

目　录

Content

第 1 章　水循环与水资源

1.1　自然界中的水文循环

水是人类生产和生活不可缺少的自然资源，也是世间万物赖以生存、发展的生命之源。人体有70%由水组成，血液含水79%，淋巴液含水96%，3天的胎儿含水97%，3个月的婴儿含水91%，哺乳动物含水60%～68%，植物含水75%～90%。如果没有水，物种就要灭绝，人类无以生存，地球将成为一片死寂之地。

水是可再生的循环型资源。水在自然界中以固态、液态、气态这3种方式存在，在水圈、大气圈、岩石圈、生物圈范围内处于往复不停的循环运动状态中。在太阳辐射和地心吸引力的作用下，水从海洋蒸发变成云(水汽)，云被风输送到大陆上空，又以雨或雪的形式降落到地面，部分蒸发，部分渗入地下或汇入河川形成地下径流和地表径流，最终又回归大海。水的这种周而复始的循环运动称为水的自然循环，也叫水文大循环，如图1-1所示。

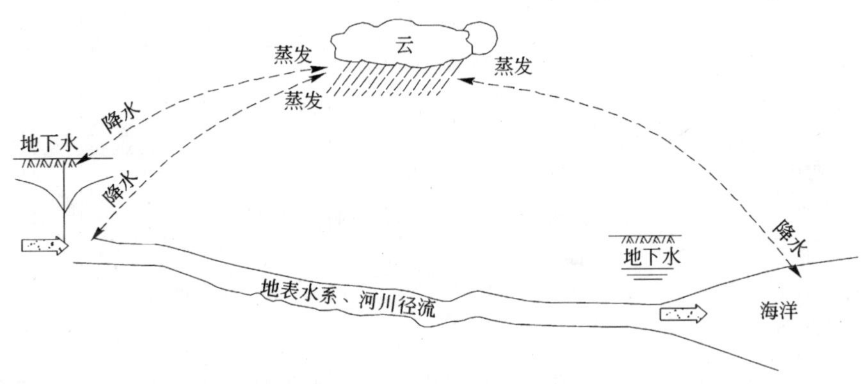

图 1-1　水的自然循环示意图

1.1.1　自然水文循环总量

全球淡水补给依赖于海洋表面的蒸发。每年海洋要蒸发掉 $50.5\times10^4km^3$ 的海水，即约1.4m厚的水层。此外，陆地表面还要蒸发 $7.2\times10^4km^3$ 的水。

全部降水中有80%降落到海洋中，即 $45.8\times10^4km^3/a$，其余 $11.9\times10^4km^3/a$ 的降水降落于陆地表面。每年陆地表面的降水量超过蒸发量，地表降水量和蒸发量之差就形成了全球地表径流和地下水径流总量，大约 $4.7\times10^4km^3/a$。全球每年水循环的水量平衡如图1-2所示。

从图1-2中可以清楚看出，地球每年的水循环中，海洋以及陆地的蒸发可以看成是水循环的起点，通过蒸发、输送、降水、径流等复杂的过程，完成水的循环运动。

蒸发量的多少在一定程度上影响着当地的降雨和气候。不同地区的蒸发量一般并不相同，有些甚至相差很大。例如，非洲纳米比亚的温德霍克地处高原，沿海为沙漠，西面为大西洋，气候较热，蒸发量大，全年蒸发量为3467mm。而欧洲俄罗斯首都莫斯科全年蒸发量为300mm，前者比后者多蒸发近11倍。世界部分城市平均蒸发量见表1-1。

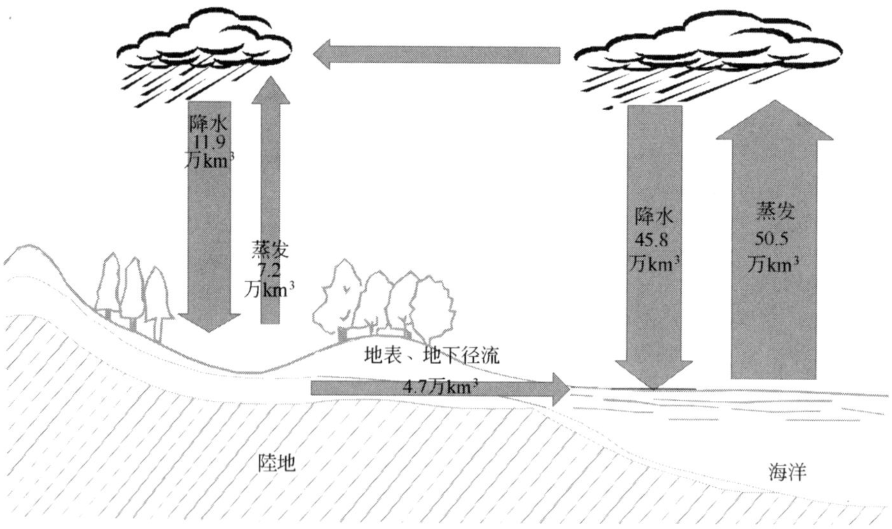

图 1-2　全球水循环水量的年平衡

世界部分城市平均蒸发量　　表 1-1

洲	国　家	城　市	最大月 mm	最大月 月份	最小月 mm	最小月 月份	全年蒸发量 (mm)
亚　洲	中　国	北　京①	290	5	55	1	1861
		上　海	205	7	54.2	1	1436
		广　州	288.7	5～6	24.1	11～1	—
	日　本	东　京	141.5	8	46.8	12	1062.8
		神　户	195.9	8	64.7	12	1383.4
欧　洲	葡萄牙	里斯本	210.2	7	59.5	12	1484.2
	俄罗斯	莫斯科	70	5～7	5	11～12	300
非　洲	突尼斯	加贝斯	182	7	119	11	1716
	马　里	莫普提	223	4	129	12	1983
	尼日尔	尼亚美	219	5	131	8	2057
	肯尼亚	蒙巴萨	239	3	147	7	2353
	赞比亚	马兰巴	304	10	132	6	2303
	马达加斯加	塔那那利沸	143	10	80	6	1172
	纳米比亚	温得霍克	389	10	193	6	3467
	博茨瓦纳	马　翁	401	10	178	6	3058
大洋洲	澳大利亚	佩　思	263	1	45	7	1688
	澳大利亚	阿利斯斯普林斯	308	1	86	6	2388
	新西兰	惠灵顿	107	1	18	7	686
拉丁美洲	墨西哥	瓜达拉哈拉	284.9	5	119.2	12	2264.9
	尼加拉瓜	马那瓜	392	3	114	10	2771
	波多黎各	圣胡安	202	3，7	137	11	2060
	阿根廷	图库曼	168	1	46	6	1336

① 北京观象台所在地。

1.1.2　自然水文循环的作用

地球上的各种水体通过蒸发(包括植物蒸腾)、水汽输送、降水、下渗、地表径流和地下径流等一系列过程和环节，把大气圈、水圈、岩石圈和生物圈有机地联系起来，构成一个庞大的水循环系统。在水循环系统中，水在连续不断地运动、转化，使地球上各种水体处于不断更新状态，从而维持全球水的动态平衡。在这一动态循环运动中，自然水循环给我们带来了丰富的资源和多彩的气象变化。

1. 水循环运动影响着全球的气候和生态

首先，水循环影响着全球的气候变化。通过蒸发进入大气的水汽是产生云、雨和闪电等现象的主要物质基础，而空气中水汽的含量将直接决定区域的湿润状况。水循环还可使部分海洋水汽随大气流深入大陆内部，在一定程度上减轻内陆的干燥程度，改变其自然景观。其次，自然水循环又同时维持着地球热量的平衡。水循环使得不同时段、不同地域内的水热状况得到重新分配，如水通过蒸发形式在某个时间和地区将太阳辐射转变为潜能，经过水循环，在另一个时间和地区内又通过降水形式将潜能释放。海洋中的暖流由低纬地区流向高纬地区时所释放的热量提高了周围地区的气温；寒流由高纬地区流向低纬地区时吸收了热量，降低了周围地区的气温。

2. 提供生物生存用水，为人类生存发展提供基础

水是万物生命之源，不仅滋养着世间万物，而且对人类的生存发展和食物生产具有不可替代的作用。据资料显示，生产 1kg 小麦需水 0.5～1.0m^3，生产蔬菜、水果的需水量则更大；而发展畜牧业也需要大量的水，一头羊每天需水 0.015～0.020m^3，一头牛每天需水 0.050～0.080m^3，同时还需要考虑草场、饲料地的灌溉用水问题；此外，渔业生产更离不开水。水除了用于农、牧、林业之外，工业生产也更加离不开水。随着社会的发展，人类对水的需求量也日益增加，据统计资料显示，20 世纪 90 年代全球水的年使用量达 $30000\times10^8m^3$，较 300 年前增长了 35 倍。

3. 巨大的能源基地

地表水体载舟航运是自远古以来利用频率最高的一项功能，而温度较高的地下水又是一种干净的热能资源。此外水力发电的开发和利用又为人类带来了另一个巨大的能源基地。据世界能源会议的资料，全世界的水能资源理论容量为 50.5×10^8kW，可能开发的水能资源储算装机容量为 22.61×10^8kW，占理论容量的 45%。而地球上水能资源的贮量及可开发的水能资源的分布不均匀。可开发的装机容量 22.61×10^8kW 中，亚洲为 9.05×10^8kW，约占世界总量 40%。全球每年可开发的水能发电量为 9.8×10^{12}kWh，其中亚洲为 3.54×10^{12}kWh，占 36%，见表 1-2。

各洲可能开发的水资源(UNESCO，1985)　　**表 1-2**

地　点	可能开发的装机容量 ($\times10^8$kW)	可能开发的水能发电量 (10^{12}kWh/a)	陆地面积(km^2)	每平方公里可能开发的水能发电量 (10^4kWh/a)
亚　洲	9.05	3.54	4348	8.14
欧　洲	2.63	0.92	1050	8.76
非　洲	4.37	2.02	3012	6.71
南美洲	3.29	1.85	3061	8.98
北美洲	2.90	1.27	2139	5.94
大洋洲	0.37	0.20	895	2.26
总　计	22.61	9.80	14505	6.80

亚洲的水能资源总量是丰富的，但利用时间上每年只有 3910h，低于世界平均水平。按发电量计算，每平方公里可能开发的水能发电量以南美洲最高，每年为 8.98×10^4kWh，其次是欧洲，每年为 8.76×10^4kWh，亚洲居第三位。按人口计算，平均可开发的水能发电量全球每年每人为 2261kWh，最高的是大洋洲，每年每人为 9090kWh；其次北美洲，每年每人为 5200kWh；第三是南美洲，每年每人为 5150kWh 发电量，见图 1-3。

世界各地水能资源的利用率也因地而异。1950 年全世界利用水能资源发电的装机容量为 7120×10^4kW，年发电量为 3324×10^8kWh，占可能开发电量的 3.9%。1980 年装机容量已发展到 $4.6\times$

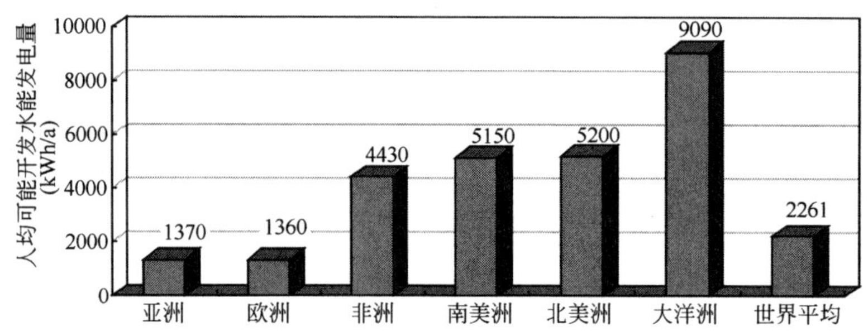

图 1-3 各洲人均可能开发水能发电量

10^8kW，发电总电量为 1.75×10^{12}kWh，开发利用程度为 18%，有的国家如瑞士、法国、意大利的利用率已超过 90%，见表 1-3。

世界部分国家水能资源开发程度 **表 1-3**

国家	可开发水能资源		1984 年水能开发		水能资源利用程度(%)
	装机容量 (10^4kW)	发电量 (10^8kWh)	装机容量 (10^4kW)	发电量 (10^8kWh)	
美国	17860	7015	8180	3244	46
原苏联	26900	10950	5870	2029	19
加拿大	15290	5352	5488	2862	53
日本	4960	1338	3396	767	59
巴西	21300	12000	2727	1269	11
法国	2100	699	2144	682	95
挪威	2960	1210	2270	1063	82
意大利	1920	506	1734	454	90
瑞典	2010	1003	1445	686	68
西班牙	2933	675	1523	334	49
印度	7000	320	1431	469	17
瑞士	1200	2800	1148	312	98
中国	37853	19233	2416	864	4.5

注：中国为 1983 年数字，巴西为 1980 年数字。

按照保证发电率 95%计算，全世界拥有最大水能资源的国家依次为扎伊尔、中国、原苏联、巴西、加拿大、印度、美国、印度尼西亚和喀麦隆，见表 1-4。

拥有世界最大水能资源的国家 **表 1-4**

国家	按保证出力 95%计算		按平均出力计算		
	发电量(10^8kWh/a)	名次	发电量(10^8kWh/a)	占世界(%)	名次
扎伊尔	6208	1	6600	6.7	4
中国	4800	2	13200	13.5	1
原苏联	4000	3	10950	11.5	2
巴西	3825	4	5193	5.3	6
加拿大	2409	5	5352	5.5	5
印度	2166	6	2800	2.9	9
美国	2161	7	7015	7.2	3
印度尼西亚	1280	8	1500	1.5	13
喀麦隆	1150	9	1148	1.2	18
世界总计	44345		98024	100	

世界上某些国家利用水能资源发电的装机容量呈逐年上升的趋势，见图1-4。有的国家，主要是北欧国家的水能发电所占比重很高。如瑞典占55%，加拿大占62%，瑞士占80%，挪威水电占99%。

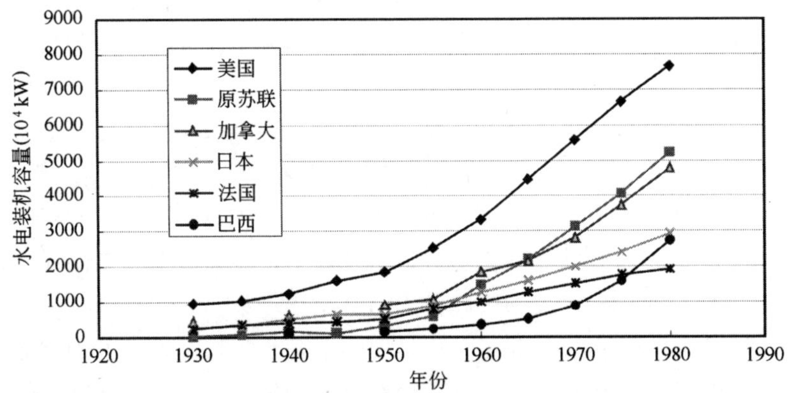

图1-4 世界部分国家水电装机容量发展情况

我国水能资源丰富，各大水系蕴藏量如表1-5所示。

中国各水系水能蕴藏量(天津师范大学等，1988) **表1-5**

水　　系	可能装机量(10^4kW)	可能发电量(10^8kWh/a)	发电量占全国(%)
长江	26801.77	23478.4	39.6
黄河	4054.80	3552.0	6.0
珠江	3348.37	2933.2	5.0
海滦河	294.40	257.9	0.4
淮河	144.96	127.0	0.2
东北诸河	1530.60	1340.5	2.3
东南沿海诸河	2066.78	1810.5	3.1
西南沿海诸河	9690.15	8486.6	14.3
雅鲁藏布江及西藏其他诸河	15974.33	13993.5	23.6
北方内陆及新疆诸河	3698.55	3239.9	5.5
全国	67604.71	59219.5	100

水不仅滋养着地球的生命，也在塑造地球表层的形状和结构。水在往复不断的循环中，不断地冲刷地表，将地球表层的土壤、泥砂等携带入海洋，参与形成了地球表面纵横交错、千姿百态的地貌结构和奇妙风景。在世界很多大河中，河流的输砂量是一个很惊人的数字。例如我国黄河，每年输送的泥砂量大约为16×10^8t。长江年输砂量接近黄河的一半。印度恒河的年均输砂量接近黄河，恒河水砂多的情况早已为当地的人们所熟知，乃至在佛经中也常以“恒河砂数”以喻多不胜数。

世界部分大河平均年输砂量的情况见表1-6。

世界部分大河平均年径流量与输砂量 **表1-6**

河流名称	所在国家或地区	流域面积(10^3km^2)	平均流量(m^3/s)	平均年输砂量(10^8t)
黄　河	中　国	752	1050	8.392(利津站1952～2000)
长　江	中　国	1800	28700	4.330(大通站1950～2000)
恒　河	印度，孟加拉国	960	12000	15.000
科罗拉多河	美国，墨西哥	640	170	1.400
密西西比河	美　国	3200	19000	3.100
亚马逊河	南美洲	6100	190000	3.600
刚果河	非　洲	4000	42000	0.630
叶尼塞河	俄罗斯	2500	18000	0.110

1.1.3 自然水文循环的特点

自然水文循环具有诸多显著的特点。其一，自然水文循环是一个相对稳定的、错综复杂的动态系统。水在自然界中通过蒸发、降水等过程循环流动，给人类带来了巨大的能源和自然资源，但水循环远非是一个简单的蒸发、降水重复过程。水资源的质与量及其分布状况是自然历史发展的产物，它既有历史继承性的一面，又有不断变化发展新生性的一面。虽然目前还难以详细地研究水文循环的历史演化的全貌，但地史学、地貌学、古水文地质及古气候的研究成果已经证明了水文循环是个不断演化的过程。同时，自然水文循环又是一个错综复杂的动态平衡系统。在水循环的过程中涉及到蒸发、蒸腾、降水、下渗、径流等各个环节，而且这些环节相互交错进行。例如蒸发现象既存在于海洋、江河、湖沼和冰雪等水体表面，也存在于土壤、植物的蒸发和蒸腾作用，甚至连动物、人体也无时无地不在进行水分的蒸发。虽然我们常常将蒸发看成是水循环的起点，但是实际上，水的整个循环过程是无始无终的，蒸发贯穿于水循环的全过程，如降水、径流过程中随时随地都存在蒸发现象。正是水循环的这种复杂动态系统特性，使得水在地球上不断得以循环往复更新，滋养着地球上的万物。

其二，在水的自然循环中，不但存在水量的平衡关系，而且还存在着水质的动态平衡关系，即水质的可再生性。水质的动态平衡关系体现在水由雨、雪降落到地面和自然水体之后，挟带一定量的有机或无机物质，在水的地下、地表径流的运动中，这些物质通过物理稀释、化学反应或被水中的微生物所分解，使得水质维持在原有水平上，在水的整个运动过程中形成一个动态平衡。

1.2 社会水循环

除了自然条件的变化外，人类活动很大程度上也影响了水资源的数量、质量及时空分布，劣化了水环境。人类对水环境影响的方式可分两种：一种是对水环境的间接干预，即通过人类活动引起环境的变化影响水资源系统的输入输出过程；另一种是以改变水循环系统结构方式直接干扰、改变水环境和水资源的自然状态。这就是水的人类社会循环干扰了水的自然循环状态。

1.2.1 社会水循环概念

水的社会循环是指在水的自然循环中，人类不断地利用其中的地下径流或地表径流满足生活与生产活动之需，而产生的人工水循环。最典型的社会水循环莫过于城市用水了，例如，城市从自然水体中取水，经过净化处理后供给工业、商业、市政和居民使用，用后的污、废水经排水系统输送到污水处理厂，处理之后又排入自然水体，见图 1-5。

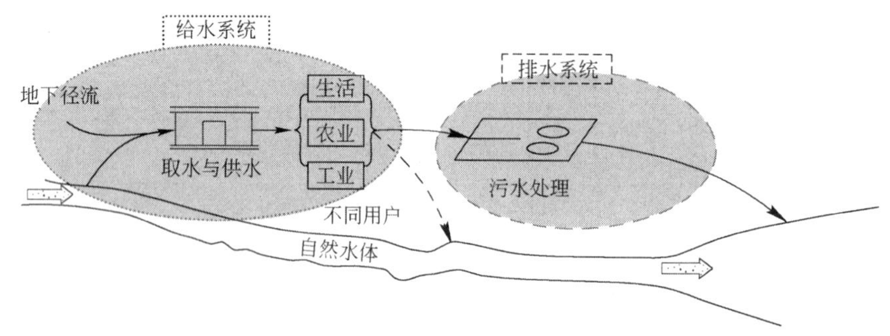

图 1-5 水的社会循环示意图

由图 1-5 可以看出，水的社会循环系统可分成给水系统和排水系统两大部分，这两部分是不可分割的统一有机体。给水系统是自然水的提取、加工、供应和使用过程，它好比是水社会循环的动脉；而用后污水的收集、处理与排放这一排水系统则是水社会循环的静脉，两者不可偏废任何一方。在这之中，人类使用后的污水若不经处理直接排入水体，超出了水体自净的能力，则自然健康的水体将被破坏，水体遭受污染，从而也将进一步影响人类对水资源的利用。由此可见，在水的社会循环中，用后污、废水的收集与处理系统是能否维持水社会循环的可持续性的关键，是联结水社会循环与自然循环的纽带。

1.2.2 水的社会循环与自然水文循环的关系

水的社会循环是水自然水文循环的一个附加组成部分，是水文循环的一个带有人类印记的特殊的水循环类型。即使是这样，社会循环仍旧包含于水的地球大循环之下，并且对它产生强烈的相互交流作用，不同程度地改变着世界上水的循环运动。

图 1-6 为水的自然循环和社会循环示意图。

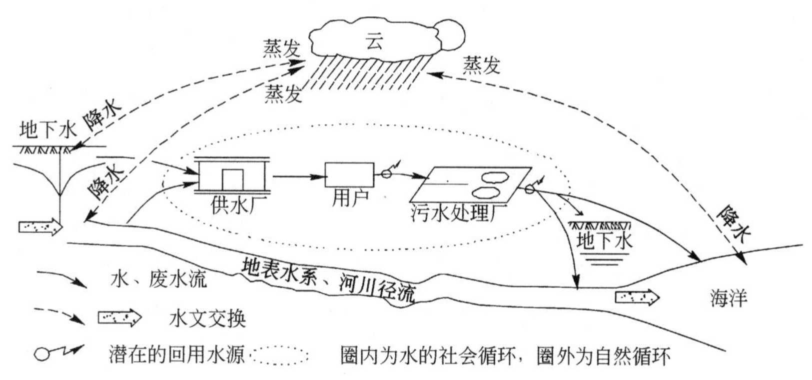

图 1-6 水的自然循环和社会循环示意图

由图 1-6 中可以清楚地看出，水的自然循环和社会循环交织在一起，水的社会循环依赖于自然循环，又对水的自然循环造成了不可忽视的负面影响。实际上，图 1-6 仅仅是对水循环的一个简化示意图，人类社会水循环不仅仅包括从河道取水供自身之饮用和生活，也包括为了维持工农业生产和人工生态系统的取水和用于获取水力能源的使用。而且，在某种程度上，为了维持人工生态系统的良好生存和发展，其所需要的水资源数量往往更加庞大而又易于被忽略。

开发利用水资源是人类对水资源时空分布进行干预的直接方式。修建水库、水坝、引水渠、开采地下水等等，通过人为干扰，使自然系统的结构以及物能传输过程发生改变，形成新的水文情势。然而，在人类大兴水利带来巨大生产效益、能源效益的同时，这把“双刃剑”的弊端也日益显现出来。社会水循环对自然水循环的负面影响主要包括以下几点：

1. 水循环的途径被改变——时空变化

由于人类活动的介入，使得地球上水的循环——完全按照自然循环规律进行的水文循环的途径发生了相应的变化。例如，人工创造的“水往高处流”、“人工降雨技术”等等，把本来不是在某个地方的水资源转移到某地以获取更大的利益。人工水库、人工运河、大坝、长距离跨流域引水等水利工程都大规模地截流水量，改变水循环的途径，这些用水活动对于地球上水的循环是一个不可忽视的影响，都在不同程度上影响了当地的水文循环，进而也影响着全球的水循环和热量平衡。

目前发达国家的水电开发率平均已经达到 60%以上，有的国家甚至高达 90%以上。中国是世界上拥有大坝最多的国家，迄今为止除了怒江和雅鲁藏布江外，所有大小江河的干流或支流上都有密如蛛网的水坝，总数竟然超过万座，至 2003 年底，中国在建的水电大坝(坝高大于等于 30m)有 164 座。大坝已经被看作是解决洪水或水灾、解决能源供需矛盾和实现大面积农业灌溉的优先选择。然而，拦截地表水有可能使下游河段过水量减少，甚至干涸，导致河流对地下水补给量的锐减，区域地下水位降低，入海水量减少；从地表水体引水或跨流域调水，会加大地表水的分支流域，使水的更新周期延长，水流的分散性增强，有可能影响地表水的更新周期和运动节律，形成新的水量、盐分、沙量的平衡关系；地下水的开发利用也会产生类似的问题。例如1964年竣工的阿斯旺大坝，它一度成为埃及的骄傲，它结束了尼罗河年年泛滥的历史，生产了廉价的电力，还灌溉了农田。然而近年来人们发现，它也破坏了尼罗河流域的生态平衡，引发一系列灾难：两岸土壤盐渍化，河口三角洲收缩，血吸虫病流行等等。类似的弊端也出现在肯尼亚的姆韦亚水电站、中国台湾的美浓水库等很多地方。关于大坝的影响曾经引发了学术界广泛的争论，目前仍存在多种不同的认识。

2. 水循环量发生变化

人类提取的径流量每年达到全球可更新水资源总量的10%左右，显著地改变了地表河流的入海量，使得不同层次区域上水循环量发生了显著的变化。

据加拿大安大略都市排水委员会的研究成果：在城市化前当地降水量中，大约有50%入渗补给地下水，10%形成地表径流，40%消耗于蒸发、蒸腾；城市化后，向地下水的转化量明显减少，一般只有32%，蒸发、蒸腾减少为25%，由下水道排放的地表径流急剧增大到43%(其中13%为屋顶产生的径流)，与此同时，由于大量生活污水进入河网，加上城市的面源、点源污染，地表水和地下水的水质也都发生了明显变化。

再如咸海，咸海是世界上较大的内陆湖，是阿姆河与锡尔河的归宿，流域面积为$67\times10^4km^2$，水域面积为$6.45\times10^4km^2$，平均容积$1000km^3$，水深大部分为20～25m，最深达67m。20世纪50年代后，由于阿姆河、锡尔河上游兴建水库，开挖运河，扩大灌溉面积，使两河原来入海水量从$54.8\times10^8m^3$减少到$30\times10^8m^3$，1960到1973年间水位下降3.5m，水面面积缩小$7000km^2$，1974年后锡尔河已基本上没有长年入海径流，阿姆河的入海径流也减少了75%。到1979年咸海水位下降5m，水面缩小$1.08\times10^4km^2$。到1980年9月水位下降7m，水面缩小$1.5\times10^4km^2$。在这个过程中海水含盐量不断增高：1965年为10%，1970年为11.48%，1975年为12.68%，1980年为16%；渔业产量大幅度下降：1963年捕捞量为48×10^4公担，1975年减少了两倍，1979年只有$4\sim5\times10^4$公担。

埃及阿斯旺水库的建成，引起了地下水分布状况变化，使埃及中部和北部地区地下水埋深变小，土壤盐碱化的面积以惊人的速度增长。非洲血吸虫病和疟疾则成了埃及永久性的难题。水库的建成也使尼罗河的水质发生变化。东地中海的海洋生物也因缺少尼罗河泥沙中的营养成分，浮游生物减少了1/3，致使埃及的渔业遭受巨大损失。

3. 水质的变化

水体经过人类用水循环的干扰以后，在水中化学物质的总类和数量上都有了极大增加。污染源包括未处理的污水、化学排放物、石油的泄漏和外溢、倾倒在废旧矿坑和矿井中的垃圾，以及从农田中冲刷出的和渗入地下的农用化学品。人类活动排出的废水中通常具有大量的氮、磷等营养物质，排入水体后易引起富营养化而可导致水体缺氧、黑臭、鱼类等水生生物死亡。其实，水质退化问题常常和水资源的可用量下降同样严重，甚至是更加重要，但是长期以来却很少有人重视这个问题，特别是在落后地区。

在人类发展史上，大约一万年以前出现的“农业革命”，把人类从只是单纯作为自然生态系统食物链的天然环节中解放出来，逐步发展了生产力，促进了人类初步的稳定繁衍。从18世纪开始的“工业革命”，人类攫取自然资源的能力以及高度膨胀的消费欲望，极大地刺激着生产力的发展。但是，长期以来，水环境退化却没有得到世人应有的重视，致使水质污染情况日趋严重。19世纪中期，世界发达地区爆发了各种大规模流行病，人们开始建设下水道和污水处理设备。但是，人类活动对水质的破坏与影响事例比比皆是，从来没有停止过，而且越演越烈。世界主要河流半数以上已经被严重地耗竭和污染，周围的生态系统受到毒害，并使其质量下降，威胁着依赖这些生态系统人们的健康和生计。

以我国水体污染情况为例。根据水利部水文局最新统计信息表明，2002年我国的长江、黄河、松花江、辽河、珠江、海河、淮河、太湖流域及浙闽片、内陆片主要河道重点评价的河段中，各类水所占的比例分别为：Ⅰ类水质为5.6%，Ⅱ类水质为33.1%，Ⅲ类水质为26.0%，Ⅳ类水质为12.2%，Ⅴ类水质为5.6%，劣Ⅴ类水质为17.5%。另据国家环保局《2003中国环境状况质量公报》，全国七大水系有一半以上河段被污染，1/3河段为劣Ⅴ类；辽河、海河、淮河污染严重，甚至个别地区无饮用水；城市内及其附近的湖泊普遍已严重富营养化，如巢湖、滇池、太湖等淡水湖泊藻类疯长，威胁着城市用水安全；内海海湾富营养化态势加剧，赤潮发生频次和面积大幅增加，我国的水环境已到了危险的境地。此外，全国以地下水源为主的城市，地下水几乎全部受到不同程度的污染。

虽然水的社会循环对自然循环造成了强烈冲击，施加着不可忽视的影响。但是，只要在水的社会循环中，注意遵循水的自然循环规律，节制用水，不轻易跨流域调水；重视污水的处理程度，使排放到自然水体中的再生水能够满足水体自净的环境容量要求，就不会破坏水的自然循环，从而使自然界有限的淡水资源能够为人类重复地、持续地利用。在水的社会循环中，将污水深度处理后的再生水应用于工业、农业等多个方面，对于解决我国水危机更有其现实意义。

1.3 全球水资源

1.3.1 地球上水的贮量

地球上形态各异(气态、液态或固态)的水构成了水圈。这些自然水的总量基本上是一个恒定的数值。地球上水的总体积大约为 $14\times10^8\text{km}^3$，其中海洋水占96.5%，地下水(含盐地下水和淡水)占1.7%，冰川和永久积雪水占1.74%，湖泊水、沼泽水占0.014%，江河水占0.0002%，生物水占0.0001%，大气水占0.001%。地球上总的淡水量只占地球总水量的2.5%，或者说只有 $0.35\times10^8\text{km}^3$ 的淡水，地球上水的主要贮量见表1-7。

地球上水的主要贮量 表1-7

	体积(10^3km^3)	占水总量的比例(%)	占总淡水的比例(%)
咸水			
海洋	1338000	96.54	
盐湖/含盐地下水	12870	0.93	
咸水湖	85	0.006	
内陆水			
冰川、永久性雪覆盖层、地下淡水	34890	2.522	99.62
淡水湖	91	0.007	0.26
土壤水	16.5	0.001	0.05
大气水蒸气	12.9	0.001	0.04
沼泽、湿地①	11.5	0.001	0.03
河流	2.12	0.0002	0.006
生物体含水①	1.12	0.0001	0.003
总水量	1386000	100	
总淡水量	35029		100

注：由于数据取整，总量可能不恰好等于各分量之和。

① 沼泽、湿地和生物体内含有的水常常混有盐水和淡水。

大部分的淡水以永久性冰或雪的形式封存于南极洲和格陵兰岛，或成为埋藏很深的地下水。能被人类所利用的水资源主要是湖泊、河流和埋藏相对较浅的地下水。这些可用水资源仅约为 $20\times10^4\text{km}^3$——不足淡水总量的0.6%，仅为地球上水资源总量的0.014%左右。而且这些能够利用的水中很大部分都位于远离人类的地方，更为水的利用带来了难度。

1.3.2 各大洲的水资源量分布格局

地球上的淡水资源稀少，全球河川多年平均径流量约为 46800km^3，径流深为314mm。这些径流大部分流入海洋，各大陆之间河川径流分布极不均匀。

地球上大洋洲中某些岛屿径流量非常丰富，大大超过全球径流的平均值。例如新西兰、新几内亚、塔斯马尼亚等年径流深大于1500mm，是世界平均值的5倍；南美洲年径流深达661mm，相当于全世界平均值的2倍。而澳大利亚全国有2/3的陆地面积为无水、无永久性河流的荒漠、半荒漠地区，年平均径流深只有45mm。南极洲降雨量小，径流深为165mm、它没有永久性河流，而以冰川形式贮存了全球68.7%的淡水量。世界各大洲的径流深分布情况见图1-7。

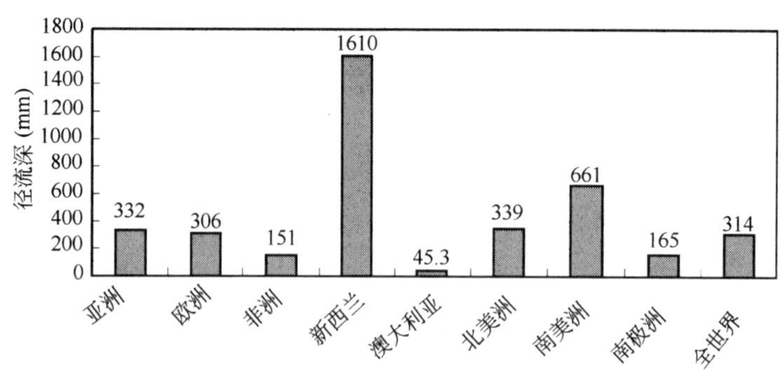

图1-7 世界各大洲的平均径流深

全球主要大陆地区平均每年水平衡的估算如图1-8所示。其中包括降水、蒸发和径流量数据。所有径流中，半数以上发生在亚洲和南美洲，很大一部分发生在同一地方——亚马逊河中，它每年的径流量高达6000km³。

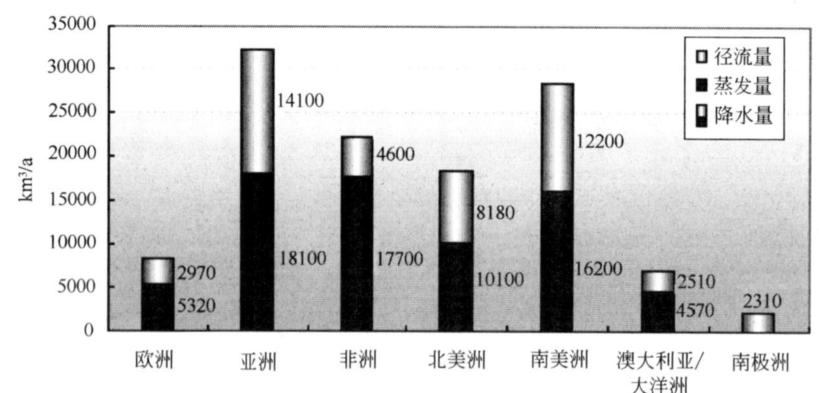

图1-8 世界各地区的降水、蒸发和径流量(km³/a)

注：径流包括流入地下水、内陆盆地的水流和北极的冰流。

全球径流量的多少曾经引起了各国许多科学家的广泛关注，在过去200多年间许多科学家致力于世界径流量的估计。不同来源数据稍有差距，根据《全球环境展望3》、《国际人口行动计划》和《简明不列颠百科全书》等资料显示的数据，全球径流量分别为4.7×10^4km³、4.1×10^4km³和$3.7\sim4.1\times10^4$km³。

1. 亚洲水资源

亚洲的淡水贮量丰富，达350×10^4km³，其中98%以上贮存在地下600m内的地下水中(大于600m深度为盐溶液)，1.5%在极地冰川、山地冰川与大湖泊里，见表1-8。

亚洲(包括岛屿)**淡水贮量**(UNESCO，1985) **表1-8**

项　目	贮量(km³)	占大陆水资源量(%)
地下水	3400000	98.42
极地圈冰川、高山冰川	24900	0.72
湖　泊	27800	0.80

续表

项　　目	贮量(km^3)	占大陆水资源量(%)
流域蓄水	1350	0.04
河网贮水	560	0.02
总　　计	3450000	100

亚太地区的径流量占全球的 36%。尽管如此，水匮乏和水污染仍是关键问题。并且该地区的人均淡水获取量是最低的：1999 年中期，该地区现有报道的 30 个最大的国家的可再生水资源大约为 $3690m^3$/(人・a)。理论上说，中国、印度和印度尼西亚是亚太地区水资源最丰富的国家，占地区水资源总量的一半以上，但是从人均水资源量角度看，又都成为水资源最为紧缺的国家。此外，包括孟加拉、印度、巴基斯坦和朝鲜在内的一些国家也已经面临着水紧张和水匮乏。随着人口增长和水消耗量的增加，这种形势将会越来越严峻。在亚太地区，现状用水结构是造成水紧张的重要原因，根据联合国和世界银行的有关资料，亚太地区的农业用水量所占比例十分高，为 86%，工业用水和生活用水仅分别占 8%和 6%。

2. 非洲水资源

非洲大陆的淡水贮量大约是 $239\times10^4km^3$，其中有 99.9%的水是以埋藏的形式存在。0.03%的水存在于每年可以更新的河网中。非洲河流流域可利用的每年更新水量为 $432km^3$，河水每年可更新 23.4 次，即平均 16d 更新一次。贮存于湖泊中的水量，面积大于 $500km^2$ 的湖泊水有 $3\times10^4km^3$。

非洲的可再生水资源平均为 $4050m^3$/(人・a)——明显低于世界平均值 $7000m^3$/(人・a)，比南美洲平均值 23000 m^3/ (人・a)的 1/4 还要少。水资源地区分布极不平衡。例如，刚果民主共和国每年可再生的水资源平均达到 $935km^3$。与之相比，非洲最干旱的国家毛里塔尼亚平均每年只有 $0.4km^3$。

1990 年，至少有 13 个国家处于水紧张或水匮乏的状况(分别为少于 $1700m^3$/(人・a)和少于 $1000m^3$/(人・a))。地下水是主要的水源，占非洲水资源的 15%。许多地区的地下水被用于生活和农业，特别是在地表水有限的较为干旱的区域。但是，依赖地下水的地区也面临着水短缺的威胁，因为地下水的抽取速度大于补充的速度。

3. 北美洲水资源

北美洲淡水资源的贮量高达 $4356800km^3$，见表 1-9。其中地下水贮量为 $1900000km^3$，占全洲大陆水量的 43.6%；北极冰川和山岳冰川的贮水量为 $2430000km^3$，占全大陆水量的 55.8%；湖泊水为 $25600km^3$，占 0.5%；水库水为 $950km^3$，河流水为 $250km^3$。

北美洲淡水资源(UNESCO，1985)　　**表 1-9**

类　　型	容积(km^3)	占全洲水量(%)
地 下 水	1900000	43.6
冰 川 水	2430000	55.8
湖 泊 水	25600	0.5
水 库 水	950	
河 流 水	250	
全　　洲	4356800	

北美洲淡水湖面积广大，居世界各大洲首位，淡水湖面积达 $40\times10^4km^2$。面积在 $1000km^2$ 以上的湖泊有 22 个，主要分布于大陆北部，苏必利尔湖、休伦湖、密执安湖、伊利湖、安大略湖称为北美洲的五大湖，是世界上最大的淡水湖群。全洲较大的淡水湖主要有 8 个，见表 1-10。其中苏必利尔湖是世

界上最大的淡水湖，面积 82260km^2，最大深度为 406m，高出海面 183m，蓄水量为 12258km^3，占五大湖总蓄水量的 53.8%。

北美洲八大淡水湖(UNESCO，1985)　　表 1-10

湖　名	面积(km^2)	湖面海拔(m)	最大深度(m)	蓄水量(km^3)
苏必利尔湖	82260	183	406	12258
休伦湖	59580	177	229	3539
密执安湖	58020	177	281	4940
大熊湖	31330	156	413	2292
大奴湖	28570	156	614	2088
伊利湖	25710	174	64	483
温尼伯湖	24390	217	28	371
安大略湖	19270	75	244	1657

4. 南美洲水资源

在世界各大洲的水资源量排名中，南美洲在亚洲之后居第二位。但年平均径流深为 661mm，居各洲之首。单位面积土地占有的水量为 654000m^3/km^2，也名列各洲之冠。其中，世界径流量最大河流——亚马逊河流域就坐落于南美洲。亚马逊河流域大部分地区年降水量在 1500mm 以上，而且有安第斯山冰雪融水的补给，水源充足。主流水量大，河口年平均流量为 220000m^3/s，径流深 1000mm，每年汇入大西洋的水量达 6000km^3，占世界河流每年注入大洋总水量的 14%。亚马逊河流量之大，致使距河口 320km 的大西洋水面上都尚能看见亚马逊河的黄浊河水。

南美洲的淡水资源约为 3.0×10^{6}km^3，其中 99.6%是经长期累积而成的永久性的水资源，而余下的 0.4%是每年的河流径流量(见表 1-11)。永久性的水资源集中在地面以下至 2000m 之间，占 99.965%，而 0.033%存在于湖泊，尚有不足 0.002%的水存在于冰川之中。南美洲的地下水贮存量虽然丰富，但是，目前利用的只有很小一部分。据不完全统计，每年能利用的地下水资源只有 15～17km^3。

南美洲大陆水量平衡(UNESCO，1985)　　表 1-11

地　区	年降水量		年河川径流量		蒸　发　量	
	降水深(mm)	降水量(km^3)	径流深(mm)	径流量(km^3)	蒸发深(mm)	蒸发量(km^3)
大西洋流域	1710	25900	685	10370	934	14150
太平洋流域	1509	1870	1076	1330	355	440
全　洲	1597	28420	661	11700	850	15120

5. 欧洲水资源

欧洲的淡水资源总量为 1.4×10^{6}km^3。在这些淡水资源中，地壳内部的地下淡水占 99%，山地和北极群岛的冰川水占 0.7%，大湖泊的水占 0.1%。此外，一部分贮存在水库。欧洲的水库约有 3000 多座，以小型为多，大型水库有 25 座，贮水量达 422km^3。

在欧洲主要河流的水资源中，其中 5 条河流，即伯朝拉河、北德维纳河、莱茵河、多瑙河和伏尔加河等多年平均流量占欧洲径流总量的 25%。伏尔加河河口年最大流量为 67000m^3/s，最小流量为 1400m^3/s，年平均流量为 8000m^3/s，平均每年有 255km^3 的水量流人里海，占流入里海总流量的 78%。多瑙河河口年平均流量为 6430m^3/s，平均每年有 203km^3 的水量注入黑海。欧洲主要河流径流量情况见表 1-12。

欧洲主要河流流域水量平衡(UNESCO，1985)　　表 1-12

河　流	年降水量		年河川径流量		年蒸发量	
	降水深(mm)	降水量(km^3)	径流深(mm)	径流量(km^3)	蒸发深(mm)	蒸发量(km^3)
伯朝拉河	720	232	422	136	310	99.8
北德维纳河	725	289	303	108	410	146
奥得河	726	81.3	148	16.6	555	62.2
易北河	800	118	195	28.9	560	82.9
莱茵河	1100	246	453	101	580	130
泰晤士河	764	11.7	207	3.17	500	7.65
塞纳河	890	70	248	19.5	570	44.8
多瑙河	863	705	262	214	597	488
第聂伯河	660	333	106	53.4	546	275
顿　河	575	243	68.5	28.9	477	201
伏尔加河	657	894	187	254	470	639
乌拉尔河	407	96.4	48.1	11.4	340	80.6
杜罗河	830	78.8	368	35	495	47
埃布罗河	800	69.4	314	27.3	555	48.2
波　河	1200	90	664	49.8	650	48.8

6. 大洋洲水资源

大洋洲的淡水资源总量为 2390km^3，每平方公里为 267000m^3。大陆上永久性的淡水量少，大部分湖泊为咸水湖。

在大洋洲中，澳大利亚是水资源缺乏的国家。澳大利亚大陆河流每年可更新的水资源总量为 301km^3，每平方公里为 40000m^3。澳大利亚大陆的地表水资源的分布极不均匀，东部和北部沿岸水源较充足，这部分地区的面积占澳大利亚陆地面积的 25%；但水资源却占总量的 85%，达 256km^3，平均径流深为 135mm。

大洋洲中其他岛屿的水资源比澳大利亚大陆丰富得多，如新几内亚岛的水资源量每年为 1.36km^3，河川径流深为 1730mm；新西兰岛每年为 314km^3，河川径流深为 1180mm。

7. 南极洲水资源

南极大陆是地球上最冷的大陆。沿海地区受海洋气候调节，年平均气温为－17℃，冬季最低气温可低于－40℃，夏季最高气温达 9℃，沿大陆冰盖向内陆地区气温为－40～－70℃。整个南极大陆的蒸发量可视为零。因为各区域中蒸发量有正值，也有负值，正负值几乎相抵消。

南极洲的冰川体积为 2700×$10^4$$km^3$，以永久冰川的形式存在于南极。

南极径流量(包括冰流量、冰雪融水量)全洲总计为 2310km^3/a，见表 1-13。分布于大西洋流域为 570km^3/a，印度洋流域为 765km^3/a，太平洋流域为 975km^3/a。

南极洲水量平衡(J. F. 洛夫林等，1987)　　表 1-13

大洋流域	年降水量		年径流量	
	mm	km^3	mm	km^3
大西洋流域	166	660	144	570
印度洋流域	173	860	154	765
太平洋流域	190	960	193	975
全　洲	177	2480	165	2310

1.3.3 世界部分国家的水资源量分布

在不同国家之间，降水量和径流量的分布同样相差十分悬殊。有些地方一年中基本上没有降水，如南美洲智利北部的阿塔卡马沙漠，最长的干旱期为375天，它的常年降水量接近于零，该区的阿里卡城实测年降水量为0.7mm，从1845年至1936年的91年中从未降水。而另一些地区则降水频频。如夏威夷群岛中考爱岛的韦阿利尔，从1920年到1958年平均年降水量为12244mm，每年有300多天下雨。实际降雨天数最多的是智利南部的费利克斯湾，每年平均降水325天，其中1961年降水348天，占全年天数95%；降水量最大的是印度东北部的乞拉朋齐，年平均降水量10818mm，其中1861年降水量为20447mm，1860年8月1日到1861年7月30日降水量为26491mm。

世界上水资源丰富的国家有加拿大、巴西、印度尼西亚、原苏联、美国等。其中，加拿大每人占有130080m³，是世界平均数的12倍。巴西每人占有42200m³，是世界平均数的3.9倍；印度尼西亚每人19000m³，是世界平均数的1.8倍；原苏联每人为17860m³，是世界平均数的1.7倍；美国，每人13500m³，是世界平均数的1.3倍。我国每人占有量只有世界平均值的四分之一，见表1-14。

部分国家年径流总量、人均和耕地占有水量(李汝燊，1984) **表1-14**

国家	年径流总量(10^8m^3)	年径流深(mm)	人口(10^8人/1979a)	人均水量(m^3)	耕地面积(10^8亩)	亩均水量(m^3)
巴西	51912	600	1.23	42200	4.85	10701
原苏联	47120	211	2.64	17860	34.00	1385
加拿大	31220	313	0.24	130080	6.54	4774
美国	29702	317	2.20	13500	28.40	1045
印度尼西亚	28113	1476	1.48	19000	2.13	13199
中国	27114	285	9.88	2744	15.06	1752
印度	17800	514	6.78	2625	24.70	721
日本	5470	1470	1.16	4716	0.6	9117
全世界	468180	314	43.35	10800	198.0	2353

注：1亩=666.7m²。

每亩耕地平均水量最高的是印度尼西亚，为13199m³，是世界每亩耕地得水平均数的5.6倍；其次是巴西为10701m³，是世界平均数4.5倍；第三是日本，为9117m³，是世界平均数的3.9倍；第四是加拿大，为4774m³，是世界平均数的2倍；中国每亩耕地得水为1752m³，只有世界平均数的74%。

从世界范围来看，人均水资源量随着人口的增加仍旧在不断下降，根据联合国资料，目前世界上大部分地区，尤其是发展中国家地区面临着严重的水短缺局面。在21世纪，如果人口增长的趋势还没有得到有效遏制的话，人类社会面临的水危机将更加严峻。

1.4 中国水资源

1.4.1 水资源总量

在中国，可通过水循环更新的地表水和地下水的多年平均水资源总量约为$2.8\times10^{12}m^3$。在世界主要国家中，仅次于巴西、前苏联、加拿大、美国和印尼，居世界第6位。

但是按1997年人口统计，我国人均水资源量为2220m³，约为世界人均水量的1/4，列世界第121位，是一个贫水国家。预测到2030年我国人口增至16×10^8时，人均水资源量将降到1760m³。基本进入用水紧张国家的行列(按国际上一般承认的标准，人均水资源量少于1700m³的为用水紧张国家)。

除了人均水资源量偏低外，我国水资源的时空分布也很不均衡。由于季风气候影响，各地降水主要发生在夏季。由于降水季节过分集中，大部分地区每年汛期连续 4 个月的降水量占全年的 60%～80%，不但容易形成春旱夏涝，而且水资源量中大约有 2/3 左右是洪水径流量，形成江河的汛期洪水和非汛期的枯水。而降水量的年际剧烈变化更造成江河的特大洪水和严重枯水，甚至发生连续大水年和连续枯水年。

我国的年降水量在东南沿海地区最高，逐渐向西北内陆地区递减。水资源的空间分布和我国土地资源的分布不相匹配。黄河、淮河、海河三流域的土地面积占全国的 13.4%，耕地占 39%，人口占 35%，GDP 占 32%，而水资源量仅占 7.7%，人均水资源量约 500m^3，耕地亩均水资源少于 400m^3，是我国水资源最为紧张的地区。我国主要流域年径流及人均、亩均占有量见表 1-15。

我国主要流域年径流及平均水量　　　　**表 1-15**

编　号	流　　域	河川年径流（10^8m^3）	人口(10^4)	耕　　地（10^4 亩）	人均水量（m^3/人）	亩均水量（m^3/亩）
1	松花江	762	5112	15662	1490	487
2	辽　河	148	3400	6643	435	223
3	海滦河	288	10987	16953	262	170
4	黄　河	661	9233	18244	716	362
5	淮　河	622	14169	18453	439	337
6	长　江	9513	37972	35171	2505	2705
7	珠　江	3338	8202	7032	4070	4747

1.4.2　地下水资源

地下水是水资源的重要组成部分，不仅是城市和农村的饮用水源，而且还在支持农业灌溉和工业生产、维持河道基流和生态平衡等方面发挥重要作用。

2003 年国土资源部公布了新一轮全国地下水资源评价成果，全国地下淡水天然资源多年平均为 8837×10^8m^3，约占全国水资源总量的 1/3，其中山区为 6561×10^8m^3，平原为 2276×10^8m^3；地下淡水可开采资源多年平均为 3527×10^8m^3，其中山区为 1966×10^8m^3，平原为 1561×10^8m^3。另外，全国地下微咸水天然资源(矿化度 1～3g/L)多年平均为 277×10^8m^3，半咸水天然资源(矿化度 3～5g/L)多年平均为 121×10^8m^3，见表 1-16。

各省(区、市)地下水资源量表(10^8m^3/a)　　　　**表 1-16**

省(区、市)	天然补给资源量				可开采资源量
	淡　　水	微咸水	半咸水	小　　计	淡　　水
北　京	33.76			33.76	26.33
天　津	5.44	5.45	4.86	15.75	2.84
河　北	131.60	31.98	6.68	170.26	99.54
山　西	87.32	4.08		91.40	53.78
内　蒙	263.52	24.95	4.04	292.51	140.17
辽　宁	164.91			164.91	91.76
吉　林	123.00	7.53		130.53	86.09
黑龙江	310.89	3.96		314.85	211.45
上　海	8.38	4.30	0.26	12.94	1.14
江　苏	117.84	15.11	51.92	184.87	80.68
浙　江	113.92			113.92	46.78
安　徽	216.25			216.25	135.21
福　建	306.88	0.39	0.52	307.79	33.51

续表

省(区、市)	天然补给资源量				可开采资源量
	淡　水	微咸水	半咸水	小　计	淡　水
江　西	230.48			230.48	73.37
山　东	139.95	66.24	10.19	216.38	114.31
河　南	158.27	4.87	1.44	164.58	155.89
湖　北	410.57			410.57	165.21
湖　南	461.67			461.67	146.00
广　东	694.78	5.72		700.50	284.94
广　西	754.64			754.64	273.38
海　南	158.19			158.19	60.45
重　庆	143.86			143.86	40.79
四　川	545.98			545.98	174.94
贵　州	437.71			437.71	132.59
云　南	747.31	0.99	4.14	752.44	190.35
西　藏	795.83	62.56	25.76	884.15	202.04
陕　西	158.16	10.99	1.51	170.66	55.86
甘　肃	108.47	16.75	7.57	132.79	42.34
青　海	265.82			265.82	98.29
宁　夏	17.15	10.75	2.63	30.53	13.44
新　疆	629.55			629.55	234.87
台　湾	90.57			90.57	56.86
香　港	3.75	0.10		3.85	2.55
澳　门	0.06			0.06	0.03
全　国	8836.48	276.72	121.51	9234.72	3527.78

从各区的地下水资源分布来看，以珠江流域和雷琼地区最为丰富，其地下水天然资源补给模数(每年每平方千米补给量)分别达 $32.2\times10^4m^3$ 和 $41.5\times10^4m^3$；长江流域平均补给模数为 $14.8\times10^4m^3$，其中洞庭湖流域达 $23.1\times10^4m^3$；华北平原补给模数在 $5\times10^4m^3$ 左右；西北地区最小不足 $5\times10^4m^3$，见表 1-17。

我国不同地区地下淡水资源数量表　　表 1-17

资源区		天然补给资源量		可开采资源量	
		资源量 ($10^8m^3/a$)	模数 ($10^4m^3/km^2\cdot a$)	资源量 ($10^8m^3/a$)	模数 ($10^4m^3/km^2\cdot a$)
黑松流域		520.51	5.86	328.34	3.66
辽河流域		246.47	8.63	154.74	10.91
黄淮海地区		635.33	11.46	512.1	10.18
黄河流域	黄河下游	40.45	16.22	40.53	16.21
	黄土高原	130.54	5.42	93.75	6.40
	鄂尔多斯高原及银川平原	72.85	5.61	39.58	3.14
	黄河上游	141.44	6.25	43.78	2.09
	小　计	385.28	6.11	217.64	4.30
内陆地区	内蒙古北部高原	40.08	1.64	17.21	1.67
	河西走廊及北山地区	63.23	2.04	32.06	1.17
	柴达木盆地	60.99	2.96	30.98	1.71
	准噶尔盆地	296.17	7.24	90.45	4.87
	塔里木盆地	333.39	3.17	144.42	3.02
	藏北高原	105.20	2.70		
	小　计	899.06	3.45	315.12	2.58

续表

资 源 区		天然补给资源量 资源量 ($10^8m^3/a$)	天然补给资源量 模数 ($10^4m^3/km^2\cdot a$)	可开采资源量 资源量 ($10^8m^3/a$)	可开采资源量 模数 ($10^4m^3/km^2\cdot a$)
长江流域	长江下游	180.82	16.31	98.14	8.86
	长江中游	494.86	17.31	185.82	6.78
	四川盆地	389.19	19.64	153.69	7.76
	金沙江流域	592.44	8.61	142.1	3.01
	鄱阳湖水系	213.00	13.38	68.54	4.41
	洞庭湖水系	590.14	23.12	177.17	6.94
	乌江流域	185.96	20.96	62.86	7.08
	小　计	2646.41	14.82	888.32	5.72
珠江流域	珠江、韩江流域	561.81	38.20	200.86	22.28
	西江流域	985.16	29.60	316.18	10.11
	小　计	1546.97	32.24	517.04	12.83
闽浙丘陵地区		385.78	18.97	67.97	5.72
台湾地区		90.56	25.16	56.86	15.79
雷琼地区		372.33	41.53	194.06	21.65
怒江、澜沧江流域		621.22	15.28	158.65	4.41
雅江流域		527.01	13.67	157.47	4.08
全国合计		8836.48	10.61	3527.78	5.70

注：黄淮海地区已包括黄河下游区。

2003 年公布的新一轮全国地下水资源评价成果与 1984 年评价成果相比，北方多年平均天然资源量减少$122\times10^8m^3$，可开采资源量减少 $56\times10^8m^3$；南方多年平均天然资源量增加 $242\times10^8m^3$，可开采资源量增加 $643\times10^8m^3$；总体上，地下水资源总量增加了 $120\times10^8m^3$，地下淡水可开采资源量增加了 $587\times10^8m^3$，见图 1-9、图 1-10。

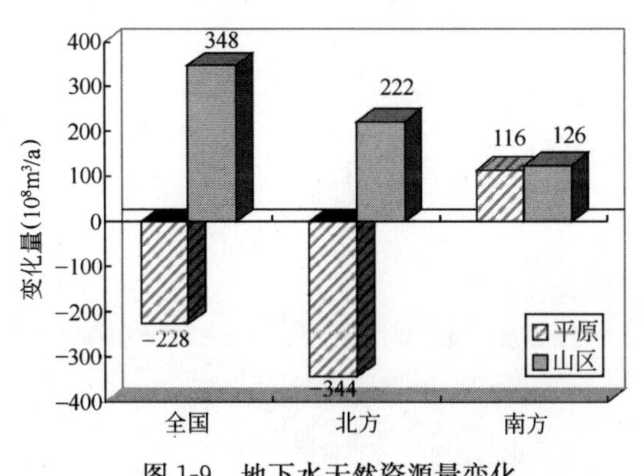

图 1-9　地下水天然资源量变化

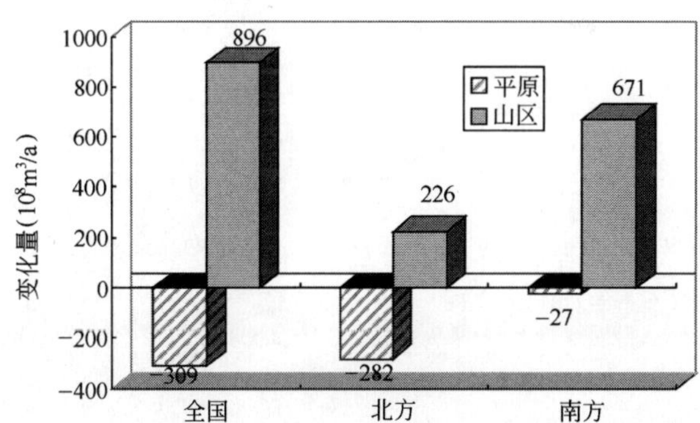

图 1-10　地下水可开采资源量变化

新中国成立后，我国地下水资源开发利用迅速增加。20 世纪 50 年代只有零星开采，70 年代增加到每年 $570\times10^8m^3$，80 年代增加到每年 $750\times10^8m^3$，目前约有 400 个城市开采利用地下水，年开采量超过 $1000\times10^8m^3$。与南方地区相比，我国北方地区地下水供需矛盾突出。调查显示，北方地下淡水天然资源量约占全国地下淡水总量的 30%，而开采量已占全国开采总量的 76%。特别是华北平原地区，浅层地下水超量开采 6%，深层地下水超量开采 39%。

由于人们对地下水资源的不合理开采，目前许多地区已出现地面沉降与地裂缝、地下水降落漏斗、地面塌陷、海水入侵等环境问题。

据统计，2004 年全国地下水降落漏斗 180 多个，总面积约为 $1.9\times10^5km^2$，44%的漏斗面积仍在扩大。单体漏斗大于500km^2的29个，总面积61431km^2。其中，单体面积最大的降落漏斗——河北衡水深层地下水降落漏斗面积达8815km^2。按降落漏斗深度统计，漏斗中心水位深度大于50m的36个。其中，河北唐山赵各庄漏斗中心的最大水位深度333.2m，是水位降落最深的漏斗。

此外，长期气候干旱与大规模地下水开发，在黄淮海平原、长江三角洲、汾渭盆地、河西走廊等地区，造成逾$60\times10^4km^2$的地下水位整体下降，形成跨省区的特大型地下水降落漏斗群，诱发了严重的地面沉降、地裂缝、岩溶塌陷、海水入侵等地质灾害与环境地质问题。

第 2 章　社会水循环现状与成因

2.1　中国社会水循环现状及发展趋势

2.1.1　我国水资源开发利用量

建国以来至 20 世纪 90 年代，我国用水总量迅速增长，从 1949 年的约 $1000\times10^8m^3$ 增长到 1997 年的 $5566\times10^8m^3$。之后，一直趋于稳定。到 2002 年，全国总供水量 $5497\times10^8m^3$。其中地表水源供水量占 80.1%，地下水源供水量占 19.5%，其他水源供水量(指污水处理再利用量和集雨工程供水量)仅占 0.4%。2002 年用水量中，农业用水 $3736\times10^8m^3$，占总用水量的 68.0%，工业用水 $1142\times10^8m^3$，占 20.8%，生活用水 $619\times10^8m^3$，占 11.2%。与 2001 年比较，全国总用水量减少 $70\times10^8m^3$，其中生活用水增加 $19\times10^8m^3$，工业用水增加 $1\times10^8m^3$，农业用水减少 $90\times10^8m^3$。我国用水量变化情况见图 2-1。

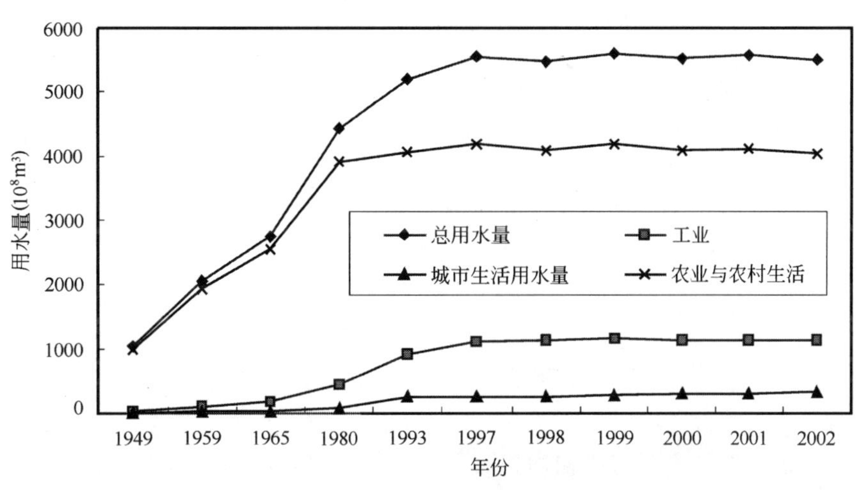

图 2-1　全国用水量变化状况

目前，我国 660 多个城市中有 400 多个缺水，其中大部分属于因污染导致的水质型缺水。2000 年，全国城镇化水平已经从 1949 年的 10.6%提高到 36%，预计我国 2020 年的城镇化水平将达到 50%左右，城镇总人口约为 7.5×10^8。今后城市发展和城镇化的加快必然将进一步加剧缺水危机。

2.1.2　我国城市生活和工业污水排放量

1. 城市生活污水量

我国城市生活用水量从建国后迅速增长，建国后 53 年间城市生活用水量也增长了近 53 倍，从 1949 年的 $6\times10^8m^3$ 增长到 2002 年的 $319\times10^8m^3$，见图 2-2。

由图 2-2 可见，我国城市生活用水在建国后的迅速增长总体上呈现典型的指数增长。如果进一步按增长速度变化，又可划分为两个阶段：第一阶段是从 1949～1993 年，此阶段我国经过经济改造和转型期，城市逐渐复苏，居民生活用水增长幅度大，用水总量迅速增加。呈现典型的加速增长——指数增长趋势。第二阶段是在 1993 年后，经济结构调整以及城市发展总体布局变化，城市用水稳定增长，1997

年至 2002 年，增长仍旧保持较高速度，但是此时增长形式已经由上一阶段的指数型增长变化为直线型增长。

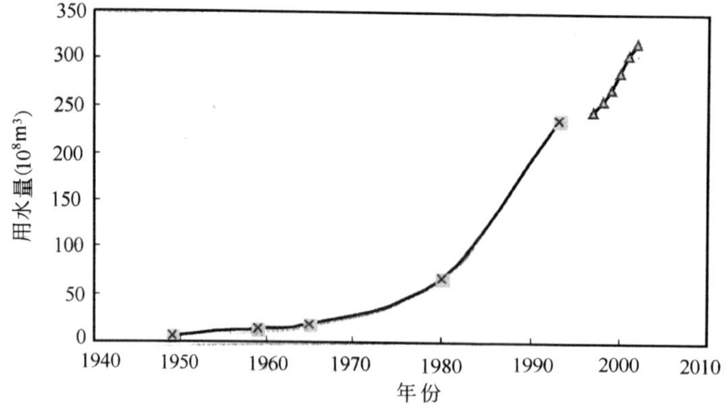

图 2-2 我国城市生活用水量变化情况

城市生活污水排放量增长规律与城市生活用水量增长一致。根据国家环境公报资料，进入 20 世纪 90 年代中期之后的污水排放量情况见图 2-3。

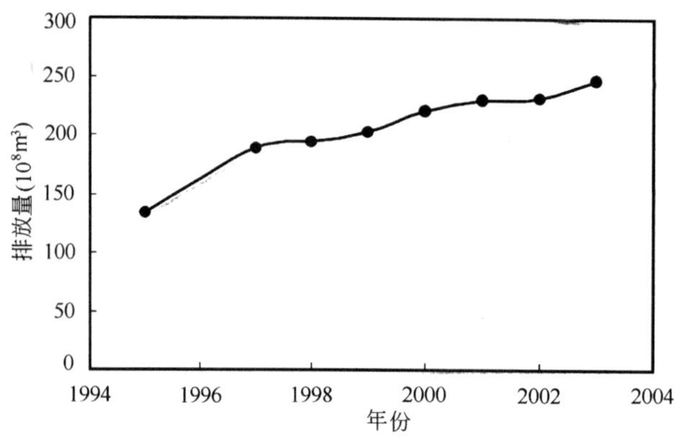

图 2-3 我国城市生活污水排放情况

由图 2-3 可以看出，20 世纪 90 年代以来，城市污水排放量一直稳步上升，呈现线形增长。

2. 工业废水量

工业用水与废水量在建国之后曾大幅增长，但进入 20 世纪 90 年代中期以来，随着水资源短缺及污染压力的增大以及国家进行的经济结构调整，使工业废水排放量逐年下降，2000 年工业废水排放量达到 $194.2\times10^8m^3$。此后 3 年来，工业废水排放量又稍有上升，但增长幅度不大，见图 2-4。

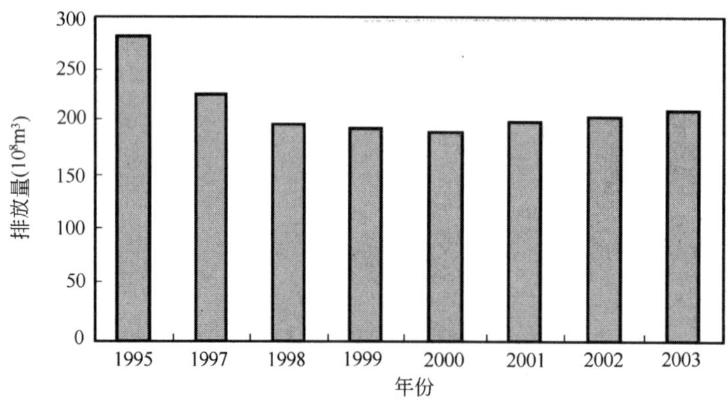

图 2-4 我国工业废水排放情况

由图 2-4 可见，工业废水排放量下降中略有波动，而同期工业产值却在高速上升，说明我国在维持工业发展的同时，工业节水工作也取得了显著成效。我国工业用水在 20 世纪 90 年代后期实现了负增长，在 21 世纪初期出现了零增长局面。

3. 污水排放总量

我国自 20 世纪 90 年代中期以来的城市生活污水和工业废水排放量情况见图 2-5 和图 2-6。

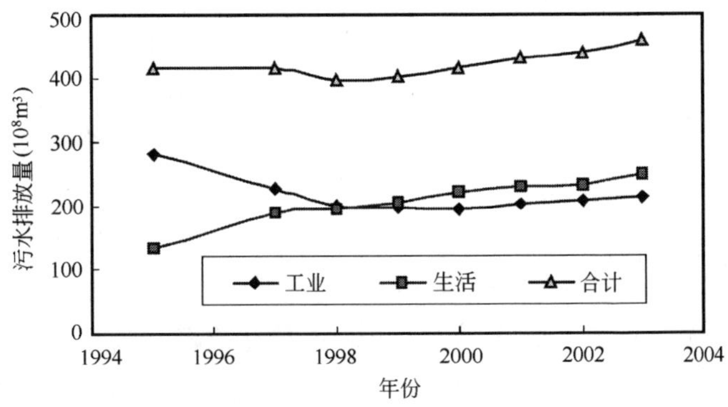

图 2-5　我国城市生活与工业污水排放总量

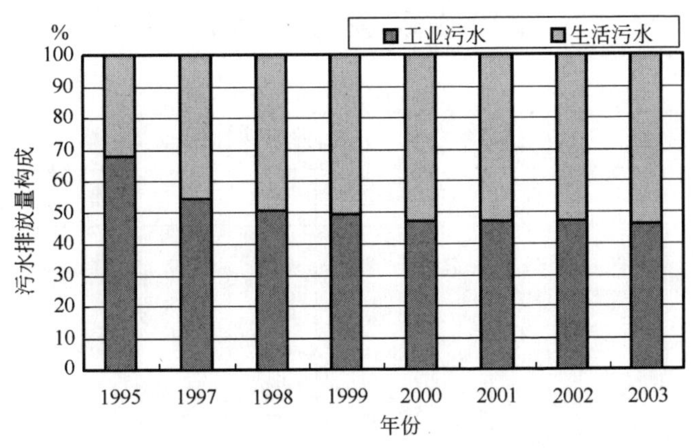

图 2-6　我国 1995～2003 年城市生活与工业污水排放比例

2.1.3　我国社会水循环现状模型与分析

从上述分析中可见，目前我国水循环的模型如图 2-7 所示。

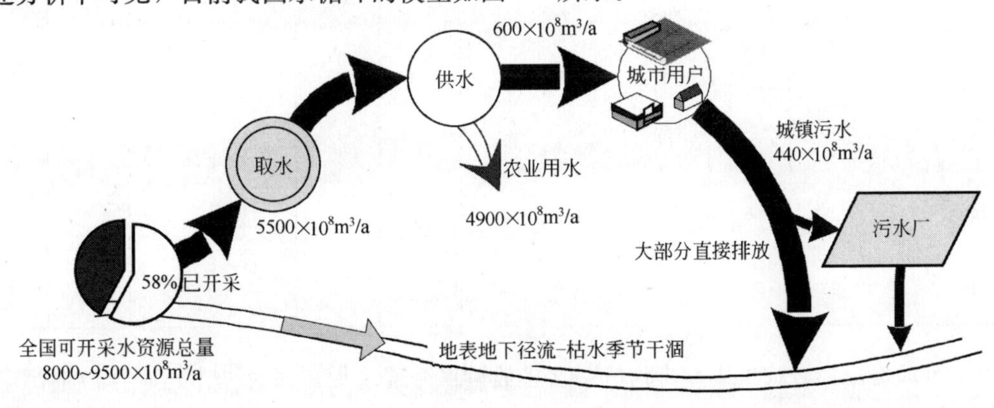

图 2-7　我国水循环现状(2002)

由图 2-7 中可以清楚地看出，目前我国总体上水循环是一种粗放式、单向流的社会用水循环。即从流域上游或地下水含水层中取水，经过用户一次利用之后，大部分排放至下游水体中。在整个水循环过程中，水只是一次性得到利用，并没有形成负反馈机制。工农业发展和生活用水的增长全部依靠增加自然水资源的开采量来得到满足，从而造成了取水量的需求不断加大，社会水循环流量不断增大，缺水压力愈加紧迫的严峻局面。

全国可开采水资源总量的 58%已经被使用，其中大部分用于农业，农灌尾水和农田径流挟带着大量化肥、农药回归水体，而城市用户产生的大量污水大部分又直接排放，只有很少一部分进行了处理。排放水量之大、处理率之微、处理程度之低都不足以遏制水环境退化的趋势。相反，就全国范围内总体而言，社会水循环对自然水文大循环的干扰不断加剧，其矛盾在某些流域和地区已经非常尖锐，已成为社会经济发展的障碍、人类生存的威胁。

2.1.4 我国未来社会水循环趋势

全国可开采利用水资源量，不考虑从西南调水，扣除生态环境用水后约为 8000～9500×10^8m^3。2050 年全国需水量可能达到 7000～8000×10^8m^3，届时将接近可开采水资源的极限。

到 21 世纪中叶，预计我国城市污水仍有较大增长，见表 2-1，其中生活污水增长量占据了增长量的较大份额。

流域分区城市废污水排放量预测(10^8m^3)　　表 2-1

分区＼项目	工业				生活				总计			
	2030 年		2050 年		2030 年		2050 年		2030 年		2050 年	
	高	低	高	低	高	低	高	低	高	低	高	低
全　国	781	590	1059	711	284	266	450	414	1065	856	1509	1125
松辽河	75	59	104	64	34	30	40	37	109	89	144	101
海滦河	45	35	55	37	38	25	57	53	83	70	112	90
淮　河	66	51	95	61	32	32	62	54	98	83	157	115
黄　河	47	36	62	41	18	16	26	25	65	52	88	66
长　江	364	266	492	340	89	81	136	128	453	347	628	468
珠　江	114	90	151	101	52	51	87	82	166	141	238	183
东南诸河	40	31	45	30	15	16	28	25	55	47	73	55
西南诸河	7	6	15	11	2	2	5	4	9	8	20	15
内陆河	23	16	40	26	4	3	9	6	27	19	49	32

从表 2-1 可以看出，我国未来城市污(废)水排放量将继续增加，届时城市污水排放的污染物负荷将对城市排水设施提出严峻的挑战。如果不能达到污水处理设施的快速普及和污水处理率、深度及超深度污水处理率、再生水回用率的迅速提高，未来水循环状况将更加严峻。

2.2　水环境质量退化状况及损失

2.2.1　污染物排放状况

1. 生活污水污染负荷

建国以来，我国社会经济迅速发展，城市生活污水不断增长，生活污水污染负荷排放量呈现明显的直线型增长。以 COD 和氨氮排放负荷为例的生活污水污染负荷排放量情况见图 2-8。

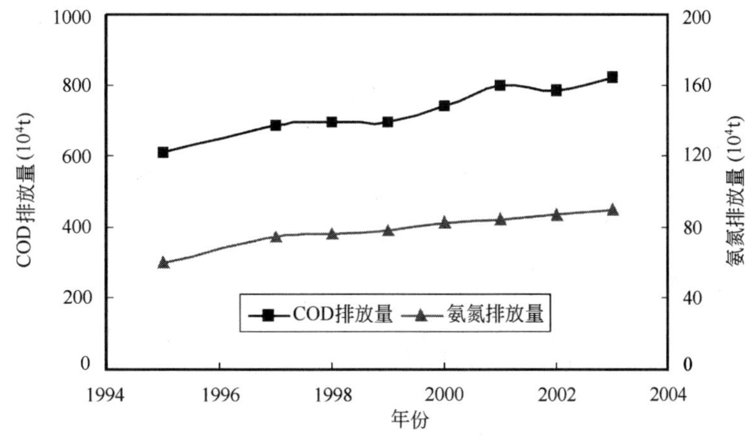

图 2-8　我国城市生活污水污染负荷排放情况

由图 2-8 可以看出，20 世纪 90 年代以来，城市生活污水污染负荷排放量在不断增加，说明生活污水的处理设施普及率以及实际处理率还较低，远不能控制污染的进一步加剧。

2. 我国城市污水污染总负荷

我国城市生活污水和工业废水的污染负荷排放量情况见图 2-9 与图 2-10。

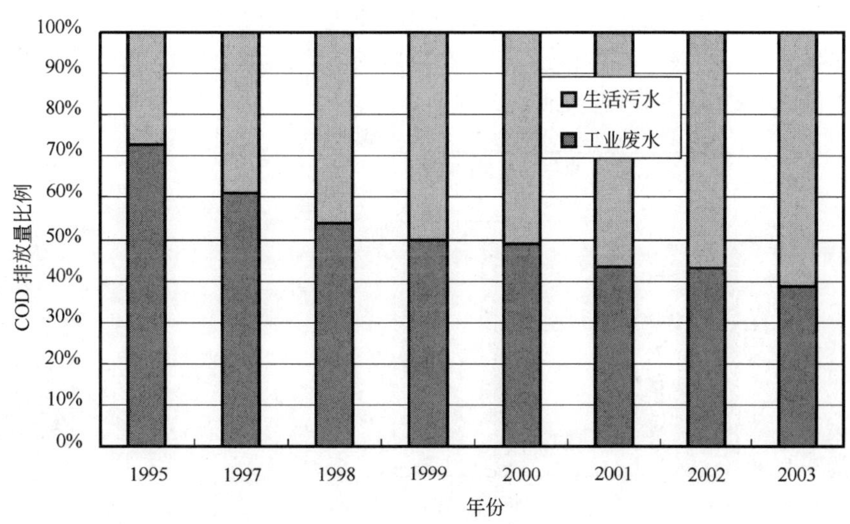

图 2-9　我国城市污水 COD 排放比例(%)

从图 2-9、图 2-10 可以清楚看出，20 世纪 90 年代中期以来我国城市生活污水排放量和 COD 污染负荷排放量一直呈现增长趋势，占同期 COD 污染总负荷的比例不断攀升。1999 年后，城市生活污水排放量与 COD 污染负荷量已经超出工业废水排放量和 COD 污染负荷量，一跃成为城市污水 COD 排放负荷

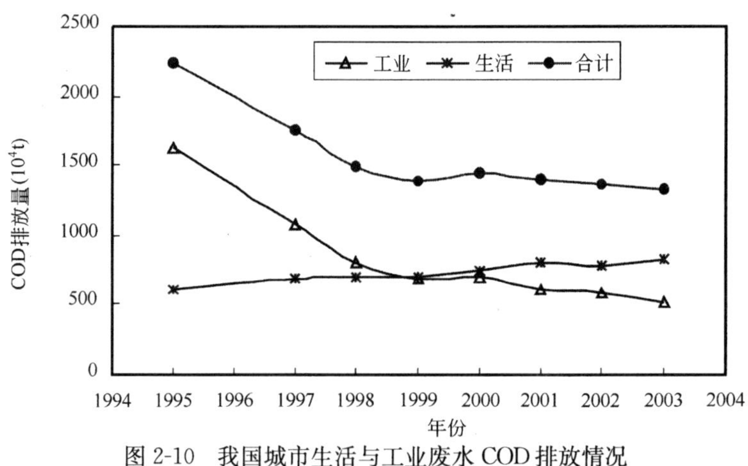

图 2-10 我国城市生活与工业废水 COD 排放情况

的主要来源。

与之相反的是，20 世纪 90 年代中期以来，工业废水 COD 排放负荷一直呈明显的下降趋势。说明我国在维持工业发展的同时，工业污染治理也取得了显著的成绩。

2.2.2 水环境退化状况

长期以来的粗放型增长模式，使得我国江河流域普遍遭到污染，且呈发展趋势。20 世纪末对全国 5.5×10^4km 河段的调查表明，水质污染严重而不能用于灌溉(即劣于Ⅴ类)的河段约占 23.3%；鱼虾绝迹的河段 2.4×10^4km，占 45%；不能满足Ⅲ类水质标准的河段占 85.9%，其生态功能已严重衰退。

虽然近年来城市污水处理设施基础建设速度加快，城市污水处理能力逐步提升。但是由于历史原因以及城市污水厂与污水管网建设不配套、运行资金缺乏、监督体制不完善等诸多原因，污水处理率，尤其是污水的真实处理率相当低，我国水环境质量还远没有得到改善，甚至在很多地区仍在继续退化。

1. 河流水环境质量现状

1993～2002 年河流水环境质量见图 2-11。从图中可见，我国河流水质总体趋势是Ⅰ～Ⅱ类水体所占比例不断下降，劣Ⅴ类水体比例居高不下，河流水质退化的趋势仍未得到扼制。

2002 年，七大水系 741 个重点监测断面中，29.1%的断面满足Ⅰ～Ⅲ类水质要求，30.0%的断面属Ⅳ、Ⅴ类水质，40.9%的断面属劣Ⅴ类水质，见图 2-12。

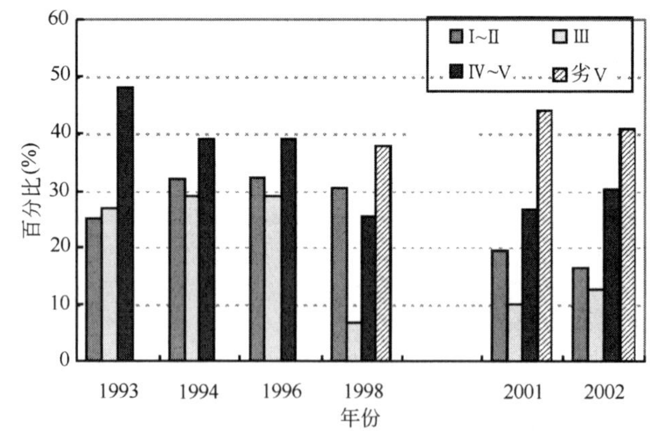

图 2-11 1993～2002 年我国河流水质

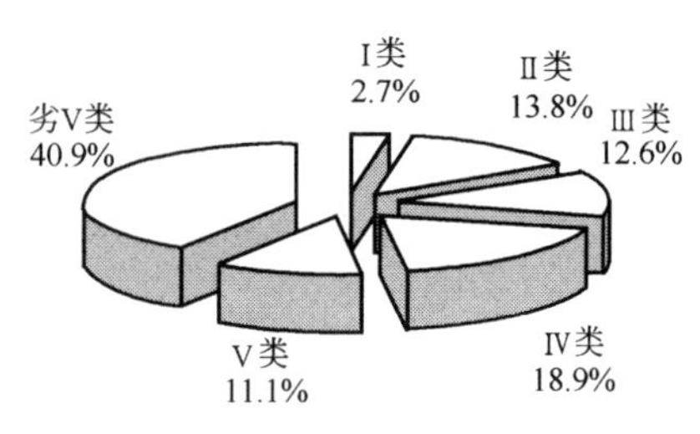

图 2-12 2002 年七大水系水质类别比例

2. 湖泊

我国主要湖泊氮、磷污染较重，富营养化问题突出。滇池草海为重度富营养状态，太湖和巢湖为轻度富营养状态，见图 2-13。三湖水质基本以Ⅴ类、劣Ⅴ类为主，以太湖为例，2002 年太湖水质比例见图 2-14。

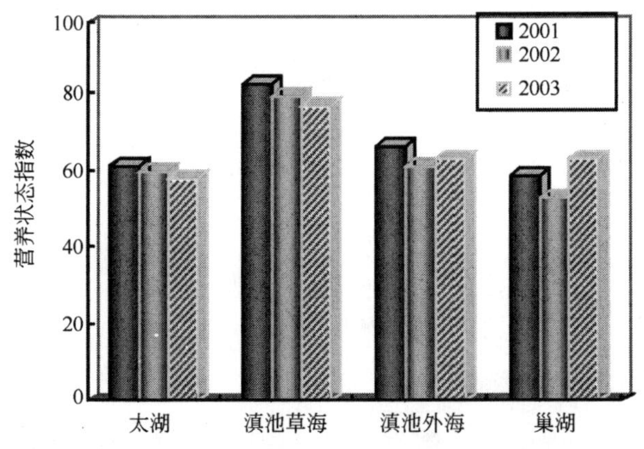

图 2-13 2001～2003 年“三湖”富营养化程度比较

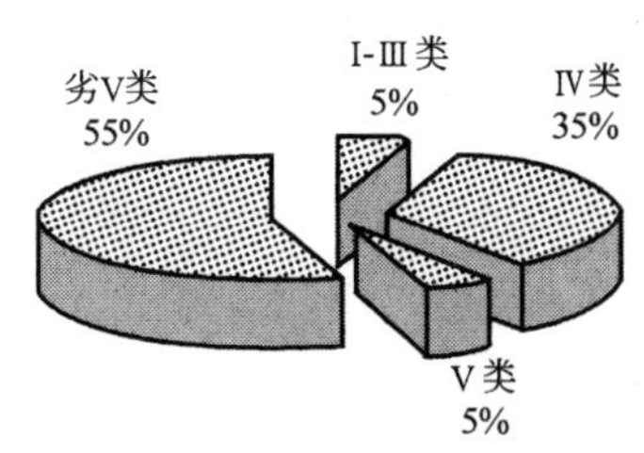

图2-14 2002 年太湖湖体水质类别比例

洞庭湖、达赉湖、洪泽湖、兴凯湖、南四湖、博斯腾湖、洱海和镜泊湖这 8 个大型淡水湖泊中，除了兴凯湖水质达到Ⅱ类水质标准，洞庭湖和镜泊湖水质达到Ⅳ类水质标准外，其他湖泊均为Ⅴ类或劣Ⅴ类。

3. 地下水

全国大部分城市和地区地下水水质仍呈退化趋势，尤其是在人口密集和工业化程度较高的城市中心区，并且污染特征以有机污染为主。

我国地下水超采严重，尤其是以开采地下水为主的北方城市。其中华北、西北城市利用地下水的比例高达 2/3 以上。许多省市和地区，如河北省、北京、天津、呼和浩特、沈阳、哈尔滨、济南、太原、郑州等省市地下水都已超采或者严重超采。

华北平原深层地下水已经形成了跨冀、京、津、鲁的区域地下水降落漏斗，有近 $7\times10^4 km^2$ 的地下水水位低于海平面，整个河北省已形成 20 多个漏斗区，总面积达 $4\times10^4 km^2$ 左右。区域地下水下降引起地面沉降，使大面积湿地萎缩或消失、地表植被破坏，导致生态环境退化。这又进一步加剧了地下水的污染，尤其是浅层地下水的污染。进而促使加大深层地下水的开采量，进一步造成超采和生态破坏。

近两年来，地下水下降情况有所缓解，2002 年全国 218 个主要地下水水位监测城市和地区中，有 75 个城市和地区水位有所回升，回升区所占比例为 34％；2001～2003 年我国地下水水位变化情况见图 2-15。

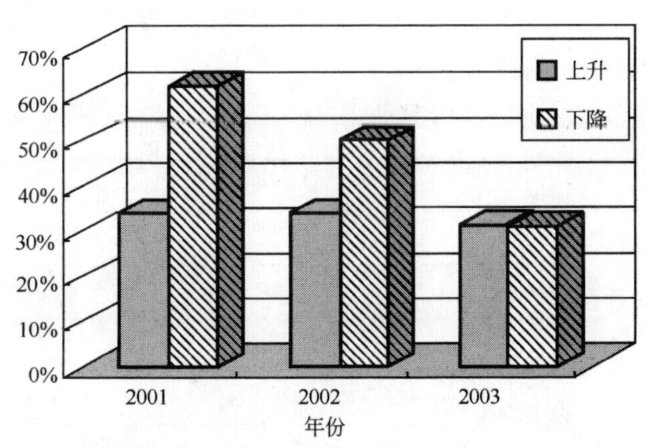

图 2-15 全国地下水位上升与下降地区比例

4. 近海海域

由于受陆源污染的影响，我国近海海域水质也受到较重污染。四大海区中黄海、南海水质较好，渤海、东海水质较差。20 世纪 90 年代近海水质劣于Ⅰ类水质标准的面积变化情况见图 2-16。

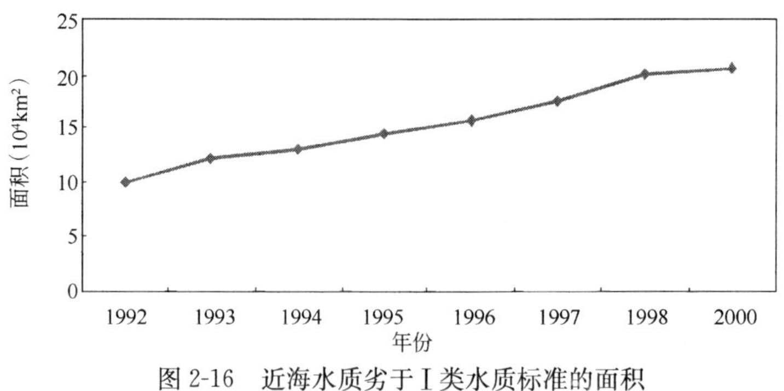

图 2-16　近海水质劣于Ⅰ类水质标准的面积

由图 2-16 可见，上世纪 90 年代近海海域污染不断加剧，Ⅰ类海水面积不断下降。21 世纪初全国近岸海域水质变化情况如图 2-17 所示。

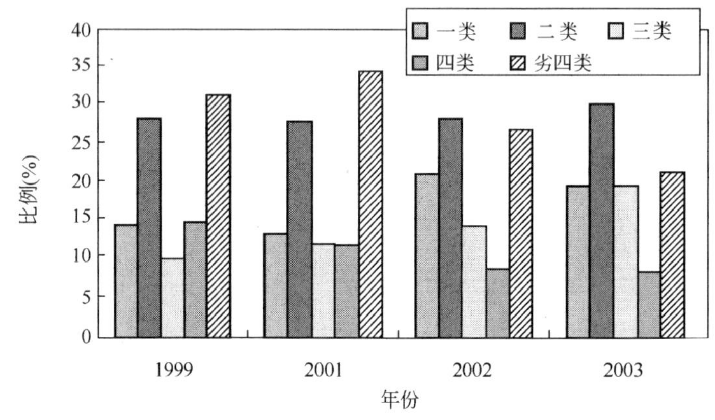

图 2-17　近年近岸海域水质变化情况

由图 2-17 可见，近年来，虽然劣四类海水比例稍有下降，但是所占比例仍超过 1/5 海域以上，近岸海域局部污染仍然较重。

近岸海域水质污染也导致了近年来我国近海赤潮发生次数呈明显增加趋势。据统计，1990 年到 1999 年间，我国近海累计发现赤潮 200 余起，平均每年 20 起。2000～2003 年，我国近海已经发现赤潮 303 次，赤潮爆发频率急剧上升。其中 2002 年赤潮发生次数为 79 次，2003 年更跃升为 119 次。赤潮爆发面积也大幅增长，近年来每年赤潮面积累计均超过 10000km^2。2000 年 5 月中旬浙江台州列岛海域爆发世界罕见的特大型赤潮，赤潮面积超过了 5800km^2。

1989～2003 年我国近海赤潮发生频次情况见图 2-18。

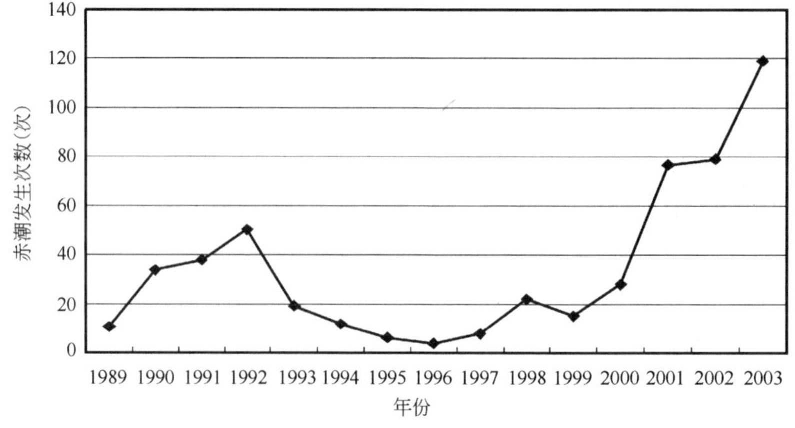

图 2-18　1989～2003 我国近海海域赤潮发生频次

2.2.3　水污染损失

我国江河、湖泊和海域普遍受到污染，污染态势至今仍未得到遏制。水污染加剧了水资源短缺，直接威胁着饮用水安全和人民健康，影响工农业和渔业生产，给我国的社会经济发展造成了重大的经济损失。

总体说来，现有水污染经济损失计算方法主要有三大类，即分类计算法、计量经济学法和恢复费用法，见图 2-19 所示。

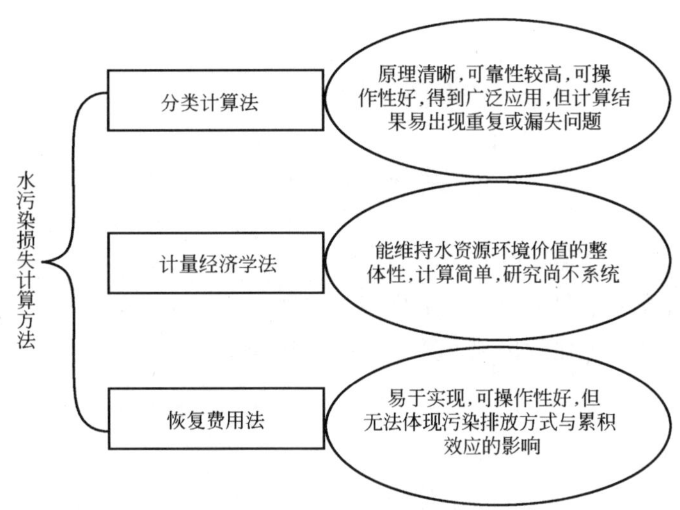

图 2-19　现有水污染经济损失计算方法

水污染损失因为各种计算途径和方法不一，不同方法对有关参数变量的选取和取值也存在较大差异，所以计算结果也不尽相同。

1992 年中国社会科学院、1993 年国家环境保护局计算的黄河流域水污染损失分别占流域 GNP1.8%和 2.1%。刘玉林等人根据调查统计结果，得出 1997 年流域水污染危害损失值约占流域 GNP 的 2.4%。

王红瑞等人仅以水环境的容量价值损失代替由于地表水污染而引起的环境资源功能价值的损失，采用水环境质量的恢复费用法计算，得出 1981～2000 年北京市由于水资源紧缺造成的环境生态价值损失累积达到 85.69×10^8 元，其中仅 1998～2000 年这 3 年的污染损失就达到 40×10^8 元。

就全国范围内的水污染损失也有不同部门开展了研究，得出各自的水污染损失数据。根据中国可持续发展水资源战略研究综合报告及各专题报告，目前中国每年水污染造成的经济损失约为全年 GNP 的 1.5%～3%。

中国社会科学院在公开发表的一份关于“90 年代中期中国环境污染经济损失估算”报告中，计算出我国环境污染年损失达到 1875×10^8 元(我国因为环境污染造成的经济损失远远超出此数目，该数字只是部分可以计算的环境损失)。这些损失主要包括大气污染、水污染、固体废弃物和其他污染物造成的经济损失。其中，水污染造成的经济损失达到 1429×10^8 元/a，占环境污染造成的全部经济损失值的 76.2%。

虽然由于计算方法不够完善和统一，具体的损失数字有所不同，但是对于水污染导致的巨大损失是一致的。

水污染不仅在我国，在很多发展中国家，甚至是在发达国家，都普遍存在并带来巨额的损失。据保守估计，印度每年由于环境破坏而导致的经济损失高达 100×10^8 美元，相当于 1992 年 GDP 的 4.5%。其中，每年城市环境污染造成的经济损失为 13×10^8 美元，水质退化及其人民健康损失为 57×10^8 美元，几乎占了全部损失的3/5。土地退化引起的农作物产量损失约有24×10^{8}美元，森林砍伐造成的损失为2.14×10^{8}美元。另据报道，美国20世纪70年代中期环境污染造成的损失为500×10^{8}美元，占GNP的5%，其中水污染造成的损失为200×10^{8}美元，占GNP的2%；欧洲经济委员会在1988年出版的《2000年经济展望》报告中指出，欧共体成员国环境污染损失占GDP的3%～5%；原联邦德国1983年环境污染损失占GNP的6%。

这些数据给予我们鲜明的警示，如果我国从现在开始仍然不能够采取切实有效的措施遏制水污染，其带来的损失还将继续增长。从而不仅在一定程度上抵消了我国的经济增长，并且可能造成无法逆转的环境后果。

2.3 水环境退化原因分析

对水环境退化原因的分析，可以让我们更加了解水环境质量退化的发生过程和影响因素，更加有针对性地提出应对策略和措施，以控制水环境的进一步退化或恢复良好的水环境。但是造成水环境污染的原因是多方面复杂因素的耦合作用，既有经济的、社会的原因，又有科技的、文化的因素。要想在错综复杂的因素中找出根本性原因，就必须依靠系统科学的思想以及生态系统理论和环境科学等相关知识的综合运用。总体说来，水环境退化的出现，其中固然有自然因素的作用，但是主要的驱动力还是人类活动造成的影响。

2.3.1 水环境退化影响因素

从人类历史发展及水环境变迁的历程中可以发现，水环境退化的产生，至少有以下几个主要因素：

1. 人口过度增长

世界人口的过度增长是全球水污染与水短缺的终极原因。水资源短缺、环境污染、污水量增长等等情况都与世界人口的快速增长有关。目前越来越多的人口不但造成了人均资源数量的下降，也增加了污染物的排放、资源与能源的消耗，引发了严重的资源与环境危机。

其实在人类大部分历史时期的人口数量相当少，人类诞生以来直到公元1850年前后人口才达到10×10^{8}人，这个过程经历了数百万年(大约为当前人类历史99%的历程)。而第二个10×10^{8}人口增长的时间仅用了80多年，约在1930年时地球人口达到20×10^{8}人。仅仅是在45年之后，1975年地球人口又增加到40×10^{8}人[64]。而24年后的1999年，地球人口已经超过60×10^{8}人。见图2-20[65]。到2000

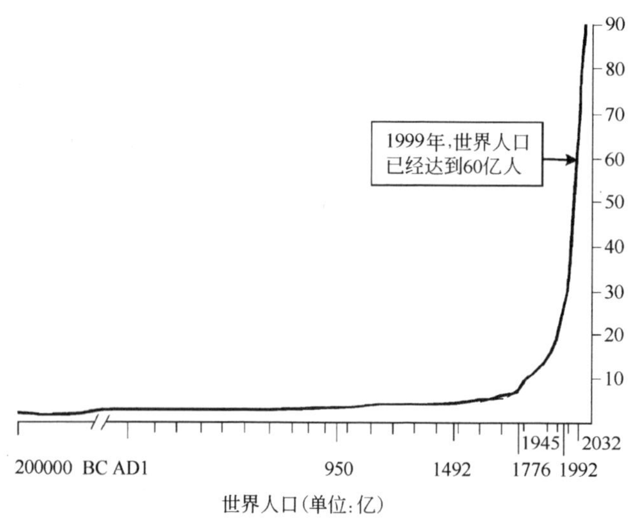

图2-20 世界人口增长及发展趋势

年中期，世界人口已经达到 61×10^8 人，其中发达国家 12×10^8 人，发展中国家 49×10^8 人。目前正以每年 7700×10^4 人的速度增长，绝大多数增长人口位于发展中国家和地区。联合国人口司预计到 2050 年世界人口将达到 93×10^8 人。其中发展中国家人口高达 81×10^8 人，占世界人口的 87%。

人口问题虽然不是环境问题的惟一原因和必然原因。但是，人口过度增长却注定是人类生存发展的灾难性危机。控制人口增长，使人口总量不超出社会经济科技发展与地球生态系统的承载能力，必然是解决环境问题的重要措施。因为人口的增长意味着物质需求的增长，也标示着农业生产、工商业以及城市的发展，这些生产行业的发展以及居住区扩大带来更多的污染，对水环境造成了更大的压力。这些增长无论是哪一方面都离不开对水的需求，生产粮食、修盖房屋、纺织制衣、交通工具，甚至是维持居住区良好的水环境都需要消耗大量水资源。地球极为有限的宝贵淡水资源，已经越来越难以满足世界人口的飞速增长。

现在，人口增长的压力已经使许多国家不堪重负，迫使人们有意无意地改变生活方式。在水资源的分配上，也引起各种各样的冲突。例如农业用水与工业用水、城市用水与农村用水、生产生活用水与生态用水的争夺。

我国人口基数大，即使是人口出生率得到有效控制，人口增长总量仍将保持较高水平。建国后我国人口增长情况见图 2-21。

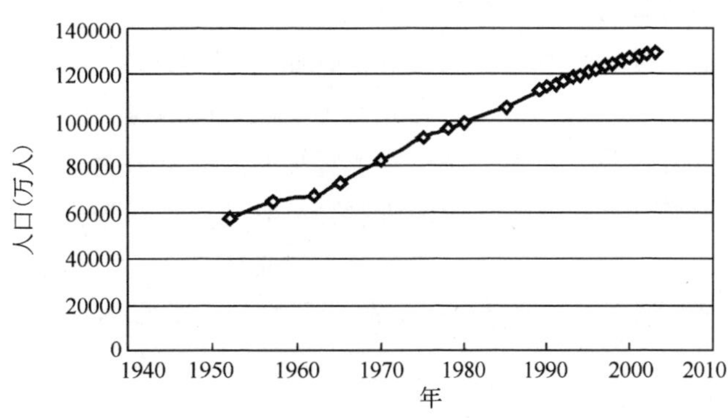

图 2-21 我国人口增长情况

人口膨胀对资源、环境的压力和影响，已经成为制约环境与经济协调发展的主要因素。1997 年我国人均水资源尚有 $2200m^3$，预计到 2030 年将降至 $1700m^3$ 左右，沦为水资源紧缺国家。

2. 错误的自然观

在人与自然的关系方面，历史上自然往往被视为征服的对象。培根倡导的“驾驭自然，做自然的主人”曾被绝大多数人视为整个人类的行动指南。这种将人与自然割裂，忽视人是地球生态系统的有机组成的错误看法，是水环境退化的思想根源。日本学者岸根卓郎[66]曾写道“深刻化的地球规模的环境破坏的真正原因，在于将物质与精神完全分离的物心二元论西方自然观，以及席卷整个世界的势头”。

这种机械世界观同时也限制了环境保护意识的诞生和传播。环境意识缺乏是当前发展中国家普遍存在的缺陷，由于经济落后，大多发展中国家只考虑经济增长，忽视了环境保护。在经济利益的驱动下，短视行为和急功近利的经济活动不断出现，从而造成水环境退化日益严重。

在我国，无论是工业生产人员还是普通居民，甚至是部分专业人员和政府主管部门领导，对水环境保护的重要性和系统性认识不足，并不能把水环境保护意识贯彻到实际的工作和生活中，更没有系统地考虑和实施水环境的保护。长期以来，国民经济和社会发展注重 GDP 增长速度、主要产品产量、城镇居民收入增长等指标，没有把资源消耗和环境代价纳入经济核算体系。政府提出的不少经济政策没有考虑环境影响，加剧了水环境的破坏。

3. 粗放增长、大量废弃的生产生活方式

在影响水污染与水环境退化的诸多因素当中，经济因素无疑是根本原因之一。人类自诞生之日起，无时无刻不在为了自身的生存与发展进行着物质生产活动。这种生产活动就必然会与周围环境发生物质与能量的流动关系。一旦我们对资源的开发超出资源本身的再生速度，或者排放的废弃物质超出地球生态系统的自然净化能力，就产生了资源短缺和环境破坏问题。

长期以来，我们的工业化、城市化遵循的是西方工业化的道路，也就是一种以“高投入、高消耗、高排放、高污染”为特征的增长模式。这种单纯追求经济效益的粗放型的经济增长方式，忽视环境效益和生态效益。同时，在经济增长为惟一追求目标的指引下，企业工艺革新和技术改造往往以扩大再生产为目的，很少考虑或根本没有考虑削减污染物和改善环境的需要。目前我国便于利用的淡水资源总量不足 $1\times10^{12}m^3$，而用水总量已经超过 $5500\times10^8m^3$。单纯依靠增加水资源与其他资源、能源的投入来实现这种粗放的经济增长已经是不现实的了。

如今，绝大部分地区政府政绩考核指标仍然仅着眼于经济增长，这又进一步促使当地的环境保护工作难度加大，促使牺牲环境和资源去追求眼前利益之风日益普遍。一些地区的“十五小”企业屡禁不止，出现了不同程度的反弹，有些地方甚至还违法新建了一些消耗高、污染重的“新五小”企业。这既是由环保意识的缺乏引起，也是经济政策错误导向和法制与管理监督力量薄弱的结果。可喜的是，现在环保工作也已经开始纳入地方政府政绩考核的指标中，必将有力促进水环境的保护。

在生活方式和价值观念上，也受到西方发达国家经济发展模式与消费观念的深刻影响。物质享受、收入增加成为大众主要追求，大量使用、大量废弃与无端浪费的消费行为比比皆是。水资源的消耗量往往超出正常的水量需求。此外，盲目攀比、甚至以水资源的消耗量来衡量生活水平的提高等等，这些错误观念不仅仅存在于普通百姓，还存在于不少的政府官员与专业技术人员之中，这更加促进了水资源的短缺和水环境的退化。据统计，发达国家人口占世界人口总数的1/4，然而他们的资源和能源消耗占世界总量的3/4。如果全世界的消费水平都达到美国的消费水平，那么不难想象地球上资源的短缺情况将会是什么样的困境。

4. 污水处理率和处理程度不足

大量点源面源污染物的排放，使得进入环境的污染物超出环境容量是环境水污染产生的直接原因。与世界发达国家90%以上的污水处理率相比，我国城市污水处理薄弱，污水处理率极低，截至1998年底，全国建成并运行的城市污水处理厂仅266座，城市污水处理量仅 $29274.5\times10^4m^3/a$。虽然据《2003年城市建设统计公报》[67]报道，污水处理率已达42%，但是实际污水处理率要远远低于此值。大量的污水未经处理直接排入江河，流域污染加剧。此外，农业排水没有得到回收和循环利用，致使大量N、P营养物进入河湖水体，引起水体的富营养化。

造成这种情况的原因既有环保意识缺乏、法制监督不完善的原因，又有环保技术薄弱、资金投入不足、市场机制缺乏的因素。例如，我国有关水资源与水环境的法律建立还不够完善，执法力度薄弱，监督管理机构不健全，尤其是公众没有有效参与到监督之中，不能发挥社会舆论监督的强大作用，很难对排污者实施有效的监督管理。多龙治水、政出多门所带来的管理混乱、效率低下也是促成水环境退化的重要原因之一。

我国水处理技术和设备往往存在原创性不足、技术含量低、自动化程度低、国产化率低、运行可靠性差等问题；在水的管理问题上没能充分利用市场对资源配置的积极作用，也尚未形成合理科学的水价体系，不能促进节水与治污工作的进一步开展。我国过去在计划经济体制下，污水处理厂一直被当作公益事业来经营，污水处理收费标准低，不足以维持污水处理厂的运营，基本靠政府补贴。而在美国，自来水费中有55%是污水处理的费用；在丹麦，污水处理费为自来水费的1.6倍，都充分地利用了经济杠杆来调节居民用水行为，维持污水处理设施的运转。

2.3.2　水环境退化根源分析

在过去的许多分析研究中，都将自然因素如水资源分布不均作为引起水问题的重要原因。其实，从世界水资源的天然分布来看，这种观点是值得商榷的。自然界存在的水是以它固有的、历经亿万年地球化学变化过程形成的世界分布格局存在于地球上的(按照地理地质形成的流域分布与海洋分布，包括水本身的水量与水质都有它自身的规律)。它与其他自然资源如土地、森林、矿产等一样各自按照自身形成的规律散布于地球各处。

而且在水循环的复杂过程中，多数情况下自然界中的水并不总是能够满足我们的使用要求，包括水量和水质方面。除了有限地点的水源(如洁净的深山泉水、部分地区深层地下水等)之外，我们从自然界中取用的水总是或多或少需要进行处理之后才能使用。从这点来看，自然因素本身(水资源时空分布不均、与其他资源分布不协调等)不应该被视为水问题的原因。应该被视为水资源与水环境条件的客观存在，以免在分析研究时掩盖了水问题的真正原因，忽略了水环境退化产生的实质，从而得出错误的判断和结论，影响水环境退化问题的彻底解决。

翻开人类发展史，不难发现环境退化问题的产生与发展是与人类的产生和发展相伴相随的。从原始社会进行的采集狩猎，到农业社会的农田种植和动物养殖，再到工业社会的机器化生产与开发，人类也逐渐从原本是单纯依附于自然界生物网的一隅，转变成地球生态系统的顶级群落与主宰力量，逐渐具有了强大的影响和改变地球生态环境的能力。随着人类社会经济的发展和人口数量的大幅增加，资源利用与废弃物数量越来越大，污染物质种类越来越多，而大多数是自然界没有的人工合成化学物质又都属于难降解、毒性强的物质，自然界很难销纳这些污染物，因此，世界范围内的环境退化也随之变得越来越严重。

其中水资源的利用和水环境污染尤为突出。人类诞生之初的用水与其他动物如马、牛、羊、鹿等没有两样，是自然界生态系统的纯粹天然组成。但是，农业革命之后，人类生产力有了大幅提高，开发的农田灌溉系统已经开始展现出对局部水自然循环与水环境的强烈影响力。然而在农业社会的大部分时期，许多国家如中国，很大程度上还是奉行朴素的“天人合一”这样一种与自然协调的思想。因此，当时的水资源与水环境退化大多仅限于局部地区。

18世纪产业革命以后，尤其是近半个世纪以来，西方的“二元论”哲学以及在此指导下的传统经济学理论——由亚当·斯密、李嘉图创立的西方传统经济学提出追求最大限度地开发自然资源、最大限度地创造社会财富、最大限度地获取利润的思想在世界各地大行其道。这种目标和指导，促使了人类社会对自然资源的过度开采和使用，物质利益成为人们的终极追求。城市以烟囱林立而自豪，工业污染成了繁荣的象征。人类社会采取的这种无度消费、大量废弃的方式，使得本来人口剧增带来的压力更加突出，导致经济增长依靠资源的消耗增加来维持。例如发达国家的经验表明，社会总产值每增加1%，废水排放量则增加0.26%，工业总产值每增加10%，工业废水排放量则增加0.17%。在发展中国家，废水排放量数值可能还要大得多。长此以往，这种过量开采、大量废弃的资源利用方式终将造成水资源的不可持续利用，人类的生存和发展受到威胁、人类社会不能持续发展。

时至今日，水资源的利用量和污水产生量在过去数个世纪中都呈现典型的指数型增长。全世界8%的可更新淡水资源，或者54%可方便利用的水资源已经被人类利用。中国目前水资源利用量已经占可开采水资源潜力的50%左右，在海河流域，这个数字更已经超过70%。人类社会用水对自然界施加的压力越来越大，成为水自然循环之内独特的“人工循环”体系，这种人工的水循环就是我们称谓的水的社会循环。

但是长期以来，人们对水资源的脆弱性没有足够的重视。在用水量迅猛增长的同时，污染物的处理却没能得到应有的提高。污水收集与处理系统发展滞后，污水处理率与处理程度低下，污水未经处理或处理不当就肆意排放，河湖水系污染严重，近岸海域水质也受到陆源污染的冲击，自然水域受到极大破坏。目前世界上每天大约有200×10^4t的废物(包括工业废弃物、化学物品、人类粪便和农业化学肥料、杀虫剂等等)倾泻入收纳水体中，尽管还缺乏完善可靠的数据，根据联合国评估，每年全球废水量大约为 1500km^3。以 1L 水污染 8L 淡水计算，目前全球污染水体将达到 12000km^3，占全球可更新水资源的 1/4 强[70]。日趋严重的水污染，降低了水体的使用功能，进一步加剧了水资源短缺的矛盾，严重影响了城市及城市群之间用水的可持续性。现阶段的社会水循环不仅极大地影响和破坏了原有的水自然循环规律，也反过来制约了水社会循环自身的持续性。

因此，造成这种状况的根本原因在于由错误的自然观指导下的粗放资源利用模式，其中尤其是粗放的水资源利用模式，造成了水资源短缺和广泛的污染，引起深刻的社会危机。

此外，至今为止，对水的健康循环认识不足，肆意取水和排放，对水循环和水环境恢复的理论缺乏系统研究，水的循环被人为所割裂，只是致力于对其中的某个环节进行研究和处理，缺乏系统、整体的观念，因而在政策、投资、管理等方面出现偏差，这也正是目前我国投入大量资金控制水污染、治理水环境，而整体水环境质量仍在退化，投资成效并不令人满意的深层次原因。

第3章　水健康循环基本理念

3.1　现时社会水循环

在水的自然循环中，每年陆地表面的降水量超过蒸发量，而在海洋，蒸发量比降水量大。看起来，似乎是陆地年年获得水，而海洋则是年年损失水。可是陆地并不是越来越湿润，世界的海洋也不会干涸，其原因是陆地上得到多余的降水，形成地表径流或渗入地下，从陆地返回到海洋。人类社会就是在不断的水文循环中取用水资源，满足生产、生活之需。

水的自然循环和社会循环交织在一起，水的社会循环依赖于自然循环，又对水的自然循环造成了不可忽视的负面影响。但是，只要在水的社会循环中，注意遵循水的自然循环规律，重视污水的处理程度，使得排放到自然水体中的再生水能够满足水体自净的环境容量要求，就不会破坏水的自然循环，从而使自然界有限的淡水资源能够为人类重复地、持续地利用。

美国供水协会曾对155座城市进行了调查，结果显示：城市给水水源中每30m^3水中就有1m^3是经过上游城镇污水系统排出的。这有力说明，在水的社会循环中，用后废水的收集与处理系统是能否维持水社会循环可持续性的关键，是连结水社会循环与自然循环的纽带。

目前，大部分国家的现时社会水循环状况不容乐观。尤其是发展中国家，情况更加危急。例如我国社会水循环的流量已经占可利用水资源量的50%左右，70%的河流不能满足饮用水源的要求，其中40%河流甚至连农业灌溉用水也不能满足，水环境已经全面恶化。现时这种社会水循环状况是不健康的水循环。

在水的社会循环中，由于污水处理昂贵的费用和人们滞后的水环境和水资源保护意识，对使用过的废水大部分没有进行处理或足够深度的处理便排入自然水体中，破坏了地球上极为有限的淡水资源的质量和运动规律，造成江川污染、河床干涸的可怕局面，最终使得大自然不堪重负，水生态遭到破坏，水环境日趋恶化。这就是不健康的水循环(unhealthy water cycle)，终将造成水资源的不可持续利用，人类的生存和发展受到威胁、人类社会不能持续发展。图3-1为不健康水循环示意图。

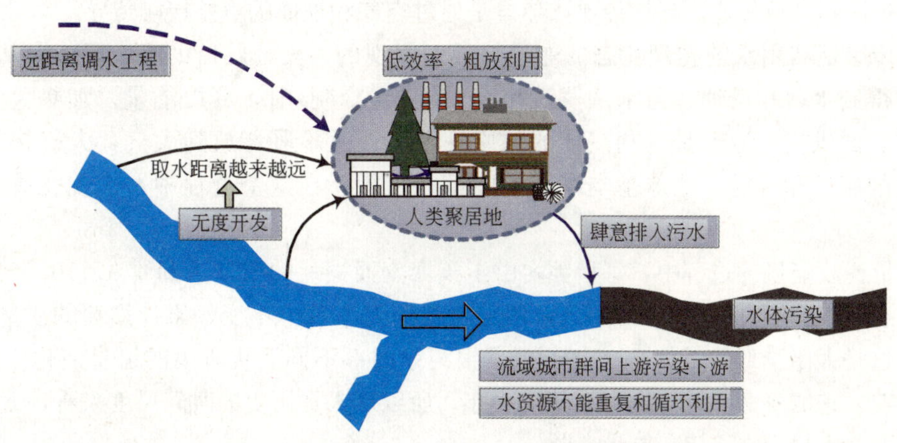

图3-1　不健康的水循环

3.2 水循环系统分析

3.2.1 重建水健康循环可能性

1. 水是可再生的循环型资源

水是可再生的循环型自然资源，恶化了的水环境是可以恢复的。这是基于水的自然大循环特性所能得出的结论。水在全球陆、海、空大循环中会得到净化，循环不已、往复不断地满足地球万物如森林、草原、湿地、湖泊、土壤以及各种生物用水之所需，维护着全球的生态环境。

具体来说，在水循环中，水从一个地方不断转移到另外一个地方的过程中，必不可少的是水的形态变化。由于水的汽化(蒸发或升华)，水从陆地或海洋向大气层转移，并且由于冷凝，水从大气层又以雨或雪的形态回到陆地和海洋。这种蒸发和冷凝作用的过程(蒸馏作用)就是水得到淡化与净化的过程。冷凝之后的水比蒸馏之前要更加纯净，水中的悬浮物和溶解物质(如盐、无机物)等不再存于水中，这也是海水蒸发后成为淡水降落到陆地的原因。此外，在陆地的流动过程中，水中含有大量的微生物，它们也能够降解一定种类和数量的杂质，维持水质的洁净。

水环境可以修复，还基于水的可再生性。水是良好的溶剂，也是物理、化学、生物化学反应良好的介质，在一定条件下被污染了的水可以在运动中得以自净。还可以通过物理的、物理化学和生物化学的方法去除污染物质，从而使水得以人工净化和再生。所以，社会循环污染了的水是可以净化的，污水通过处理和深度净化可以达到河流、湖泊各种水体保持自净能力的程度，从而上游都市的排水会成为下游城市的合格水源。在一个流域内人们可以多次重复地利用流域水资源。其实自古以来，人类社会就是重复多次地利用一条河上的流水。

2. 维持水文循环的原动力

水文循环在地球上存在亿万年，目前全球水循环的水量基本维持恒定。维持水文循环的能量来自洁净的太阳光。

太阳每分钟大约辐射 4×10^{27} 卡的能量，其中仅 5×10^{8} 卡被地球截取。辐射到地球的太阳能量约有 29%被地球大气层系统反射(包括地球表面和大气层)到太空。只有 19%的太阳能量直接被大气层吸收，另外 52%的太阳能透过大气层被地球表面吸收了。主要是因为覆盖在地球 3/4 的海水反射率低，因而地球表面成为最主要的太阳热能接受者。地球表面能够维持基本恒定的温度，在于地球通过地球表层与大气层的能量流动实现能量的收支平衡。地球能量流动的方向，是由地球表层向大气层传热，这种传热主要是通过显热传递和潜热传递。显热传递，热量是通过空气和地面的直接接触传导，从地球表面传递到大气层。潜热传递是利用水的物理状态的能量差异来实现的。大气层借助于太阳能，从海洋、河流、湖泊的蒸发中得到水，相反地，当水从蒸汽相变成液相(冷凝)时，释放能量，加热大气。蒸发所需的能量由地球表面供给，地球是过剩热能的贮库，而后通过冷凝释放到大气，大气是热能亏空的贮库。经过能量的流通和分配，地球基本维持了能量的平衡。在这个过程中，也就完成了地球上水汽的运输转移。

太阳在大量释放能量的过程中，每秒钟内由于核聚变而损耗的质量达到 4.0×10^{7}t。由于目前太阳的热核反应状态已维持 50 亿年左右的历史，假定能量辐射率基本不变，累计损耗的质量可达 6.305×10^{22}t，也只不过是太阳全部质量的 0.03%。根据银河系内部不同演化阶段的恒星演化史推算，太阳现在仍处于壮年期，它的寿命估计可达到 100×10^{8}年。所以从人类历史的时间尺度来看，太阳的热核反应和能量辐射是取之不尽用之不竭的能量来源。

水自然循环所需的能量总能得到满足，水文循环就会持续不断，使水得到净化更新。同样，用于水人工净化的能量也归根到底来自于太阳能。从污水净化机理来看，除了自然界本身净化作用外，即使是人工强化的污水处理工艺也是仿照自然净化原理，主要依靠的仍是生物作用，而生物资源本身也是可再生的资源，所以只要能维持自然界生态平衡，水的再生与更新就能够一直持续不断地进行下去。

3.2.2 水循环系统分析

从地球水循环系统角度看，水的社会循环是地球水循环系统的有机组成，与水的蒸发、渗透、径流等水文过程一起构成水的循环活动。但是与其他组成不同的是，虽然水的社会循环依附于水的自然循环，但它本身包含了人类主观能动性和创造性，又相对独立构成了一个整体。因此，根据水的社会循环和自然循环的关系，要分析人类用水对自然水循环的影响并发现症结所在，可以从两个层面进行分析。第一层面是由水的社会循环和自然循环共同构成的地球水循环系统。另一层面，是地球水循环的子系统——水的社会循环系统，这是建立健康水循环的重点研究范畴。

1. 地球水循环系统

地球水循环系统是地球上水分运动的全系统。整个水循环的过程可以简化成如图3-2所示。

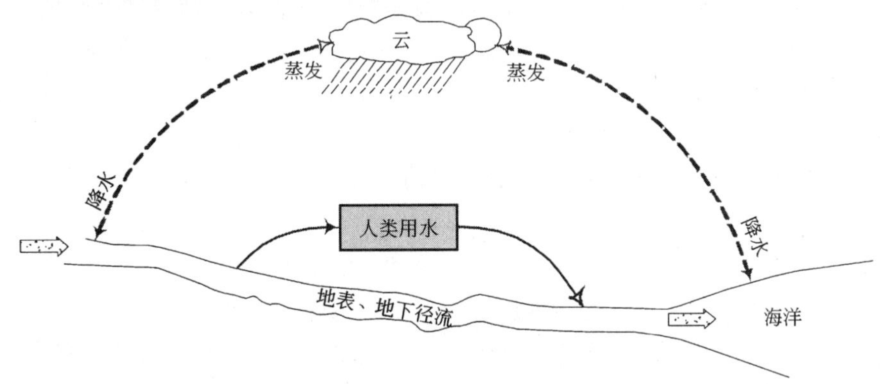

图3-2 地球水循环系统示意图

由图3-2可见，与没有人类活动的天然循环相比，水的社会循环在原有的地表和地下径流基础上增加了一项流动过程，即将原来陆地径流向海洋流动的过程中插入了人类用水这一过程，这部分径流在经过人类使用之后，再继续原来陆地径流的运动汇入大海。

在人类用水过程中，虽然水可能会在一段时间内包含着其他的物质，但是水不会因为人类的使用而消失，生物圈中水的总供给量基本不会受人类活动影响。所以从全球水文循环角度上说，尽管可能人类用水会造成局部地区水循环量的增减和水质变化，但是不会造成全球水自然循环总量平衡的变化。这也从侧面证明了水环境的可恢复性。

然而，能够为人们方便利用的水资源，它必须处于特定地点并有一定水质和水量。所以，我们必须深刻意识到水虽然是一种可恢复的，然而却又常常是短缺的资源。虽然人类活动对全球水文大循环总量影响不大，但是对于局部流域的水质与水环境质量却可能带来巨大的影响，甚至造成当地水生态系统的严重或完全破坏。

2. 社会水循环系统

过去在讨论社会水循环时，曾将之分成给水与排水两个子系统，用以说明社会水循环的组成，以及各自的功能和作用。为进一步分析社会水系统各部分对水循环产生的影响，在这部分的讨论当中，根据社会水循环的构成和特点，将它划分为3个部分。社会水循环系统的构成如图3-3所示。

由图3-3可见，社会水循环系统主要由给水系统、用水系统、排水系统3个子系统组成。其中各子系统又包括若干内容，例如用水子系统按照用水对象不同，又可分为生产用水、生活用水。生产用水还可进一步细分为工业、农业(包括林业)和第三产业用水。生活用水包括家庭用水和娱乐用水以及人工景观环境用水等。

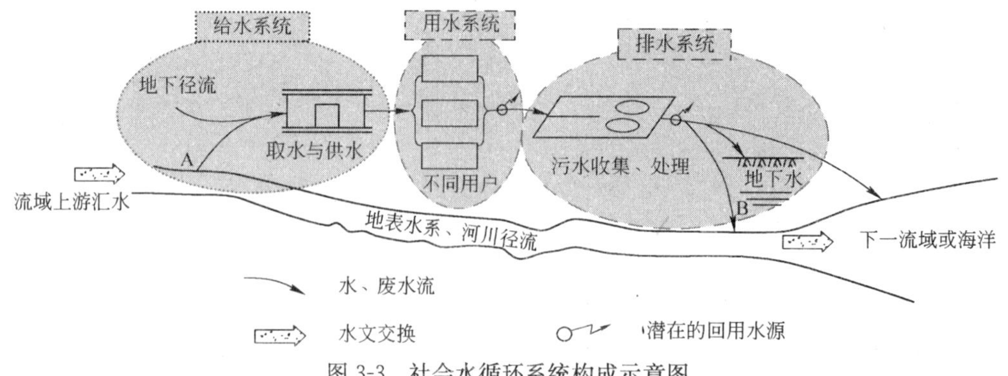

图 3-3　社会水循环系统构成示意图

水在社会循环中的运动，一般是：水从自然界中经过取水系统进入社会循环的首段，通常在经过一定的净化之后，再经由自来水输配水系统送至不同用户使用，使用之后的水一般含有数种有机、无机化学物质和微生物等，其含量大多超出环境中本底值，所以要通过排水系统的收集与处理再生之后，再排入自然水体之中。

在这个过程中，人类用水对水循环的水量和水质可能造成多种不同的影响情况，归纳起来不外是以下两种不同的结果。

第一种结果是如果人类取用的水量控制在一定限度内，取水后能够维持河道生态需水量，也没有超出地下径流的补给速度；用后排入自然水体的水质不超出水体自净能力的要求。此时，原有河道的生态水量和水质就可以得到保证，水的社会循环与水自然循环就能够协调发展。

第二种结果是当人类用水量过大，超过河道维持最低生态环境用水量要求的限度，河道的生态环境就遭到破坏，水生态系统功能受损，水生生态系统就会发生演替，严重者甚至完全干涸变成陆地生态系统。如果社会循环排出的水质超出当地水体的自净能力，水体水质将逐步恶化，最终丧失水环境自净能力。水污染物随着水流进入下游流域，继续污染下游水体，最终将归于大海，破坏具有重要意义的河口生态系统，污染近海海域，最终造成水资源的不可持续利用。这种循环即是前面图 3-1 所示的不健康的水循环。

因此，要使水环境得以恢复，水资源永续地满足人类社会发展的需求，就必须减少水的社会小循环对自然大循环的干扰，或者使“干扰度”处于水的自然大循环可承受的范围之内。

这就要求，在水的社会循环中，应该有节制地开采水资源，节约用水，用后还给水体的也应该是为水体自净所能允许的、经过净化了的再生水。这种社会水循环，可称之为水的健康循环。

从图中还可以看出，在水的社会循环中，与水的自然循环系统具有共同界面，进行水文交换的主要是通过供水系统和排水系统(如图中 A、B 两点所示)。其中供水系统主要从自然界中获取一定量的水，对自然界的影响主要限于水的数量范畴(当然由此也对水生态系统产生一定的影响)。相应地，排水系统与自然界的交换信息量最大，同时涉及水量与水质两方面。它不仅仅向自然界排入一定量的水，同时，水中含有大量的其他杂质也使水质发生较大变化。可见，在社会水循环系统中，排水系统是维持它能否与自然系统协调发展的关键。据此，城市排水系统是促进城市用水的健康循环以及恢复水环境的生命线工程。它的任务早已超出了排除雨、污水，保护城市生活环境，防止公共水域污染的范畴。可以说在污水深度处理、超深度处理和有效利用方面的每一点进步都是对人类和地球的贡献。

值得强调的是，虽然用水系统不直接与自然界发生联系，但是，它作为人类用水的目的，却同时对供水系统和排水系统起到控制和指导作用。它的用水量大小影响着供水系统的取水量，也决定着排水系统水量和水质负荷，因此，对用水系统进行控制，减少用水量，是缓解人类用水对自然界干扰的根本。对用水系统水量的控制和减少，其实正是后文讨论的节制用水和节约用水的范畴，所以从社会水循环系统的分析也可得出，节制用水和节约用水应该是水环境恢复和水健康循环的首要策略。

3.3 水健康循环概念与模型

3.3.1 水健康循环概念

现今世界各国都不同程度提出了健康水循环的概念。这是针对人们滥排污水和随意丢弃废物，滥施农药与化肥而提出的，是拯救人类生存和持续发展的根本性战略。

所谓水的健康循环(healthy water cycle)，是指在水的社会循环中，遵循水的自然运动规律和品格，合理科学地使用水资源，不过量开采水资源，同时将使用过的废水经过再生净化，使得上游地区的用水循环不影响下游水域的水体功能，水的社会循环不损害水自然循环的客观规律，从而维系或恢复城市乃至流域的良好水环境，实现水资源的可持续利用。

这样，水的社会小循环就可以与自然大循环相辅相成、协调发展，实现人与自然和谐发展，维系良好的水环境，最终达到“天人合一”的境界，使自然界有限的水资源可以不断地满足工业、农业、生活的用水要求，永续地为人类社会服务，从而为社会的可持续发展提供基础条件。可见，在水的社会循环中，污水处理厂是维持水社会循环得以健康发展的关键，起到净化城市污水，制造再生水的作用。

3.3.2 水健康循环模型

1. 城市用水健康循环

在一个城市中，水健康循环要求城市有完备的给水排水系统，既要有安全、可靠的供水系统，为居民提供洁净的饮用水，又要有污水收集、处理、深度净化、有效利用与排除系统。污水处理程度应按下游水体功能需求而定。此外，还要维持氮磷营养物的循环利用。如图 3-4 所示。

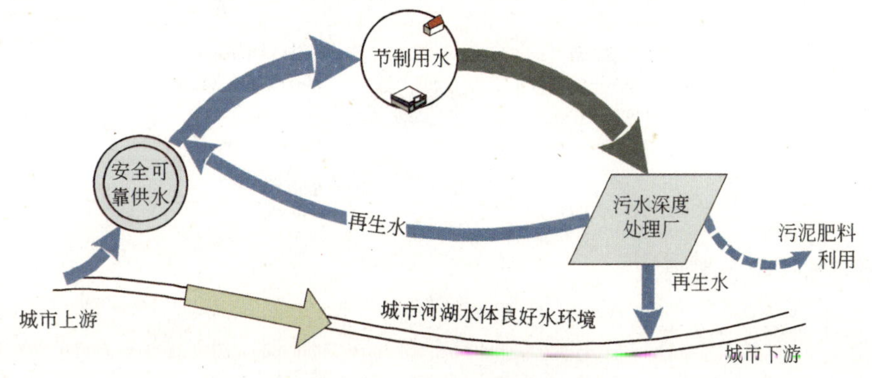

图 3-4 城市水健康循环示意图

从图 3-4 可见，通过再生水利用，增加水资源可供给量，从而很大程度上减少自然水体取水量，减少河道外用水水量，也就是增加了河流的生态环境水量，可以有助于维系和保持河系良好的水生态环境质量。同时通过增加污水深度处理与回用量，提高了排放水的水质，降低了污染排放负荷，有利于维持城市河湖水体良好的水质，为居民创造良好的生活和工作环境。

2. 流域水健康循环

在流域范围内，水的健康循环要求上游城市的排放水必须是能够满足自然水体自净要求的再生水，能够成为下游城市水源的一部分，从而河流水系水质保持良好，沿江河都能满足上下游城市的用水要求。这样，流域内城市群之间就能够充分共享水资源以及良好的水环境。其简略示意如图 3-5 所示。

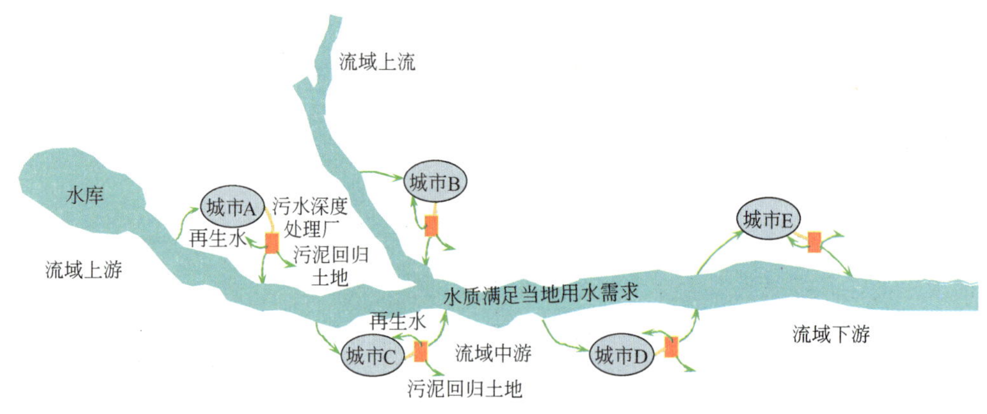

图 3-5 流域水健康循环示意图

可见，根据水健康循环的理念，水资源的利用将由过去的“取水-输水-用户-排放”的单向开放型流动，转变为“节制地取水-输水-节约地用水-再生水循环”的反馈式循环流程。如图 3-6 所示。通过水资源的不断循环利用，使水的社会循环和谐地纳入水的自然循环流程中，实现社会用水的健康循环。这是根据人类社会用水历史的发展和物质循环的实际规律探索水资源可持续利用和水环境保护的切实途径。这种认识恰恰正是可持续发展和循环经济“3R(Reduce、Reuse、Recycle)”原则(减少、回用、再循环)在水资源与水环境领域的生动演绎。

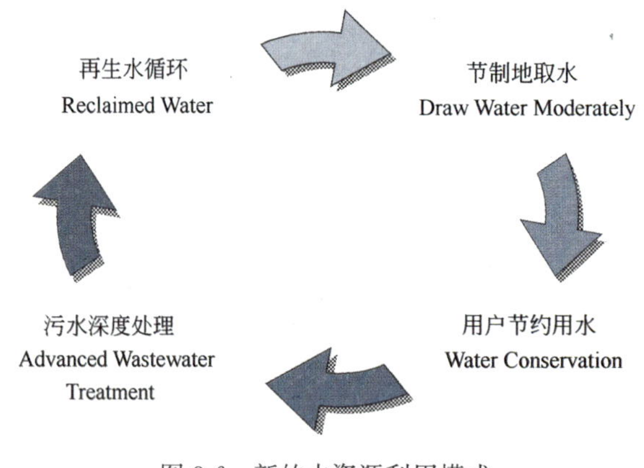

图 3-6 新的水资源利用模式

3.3.3 水资源与水循环关键特性

1. 水环境与水资源的动态关系

(1) 水环境和水资源的异同

水环境通常指的是包括江河湖海等地表水和地下水在内的所有自然水体，以及水库、湖泊、人工河道等“人工水体”及其周边外界物质条件的总和，是水体的客观存在。水环境质量就是这些水体的存在状态。

从书面定义上看，水环境和水资源很显然是两个不同的概念。虽然从描述对象来说都指的是水，但两者叙述的角度不同。水环境是从生态科学与环境科学角度出发的一个概念。例如一滴小露珠、小水坑、池塘、小溪、河流、大海、冰川雪盖等等都构成大大小小的水环境。水资源则是从人类利用水的角度来理解自然界中水的价值，这主要是从经济学角度出发的一个概念。因此，水资源与水环境只不过是人类从不同角度看待水的两种概念。水资源可以看成是水环境被人类社会所利用的部分。

然而，从地球环境系统角度以及水资源开发利用历史角度来看，水资源与水环境是很难简单地加以区分理解的。地球科学和生态系统科学告诉我们，从环境系统的整体效应上看，地球上所有的水环境对于维持水文大循环与人类社会用水的可持续性都具有自己特定的作用。而且，资源本身具有社会历史性，随着人类社会发展和科技进步，昔日不能开发利用的水很有可能会成为明天宝贵的水资源。例如人们从最初的直接利用地表水到开凿地下水，发展至今天的修坝筑库，乃至污水回用、人工降雨、海水淡化，水资源的种类不断发展，利用范围越来越宽。所以从这个角度上可以说，水环境就是水资源的基础。

(2) 水资源与水环境关系

从水资源与水环境的相互关系上看，两者具有辩证统一的关系。在特定条件下，通过人类的劳动，水环境的水就成了水资源；然而，同时，水资源经过利用之后，如果没有得到妥善处理，排入水环境之后，造成了水质污染，损害或丧失了水体的使用功能，此时，本来能够成为水资源的水体就成了退化的水环境。

可见，良好水环境具有两个基本功能，它不仅提供了人类赖以生存的物质基础——优质淡水资源；更重要的是它具有吸收、降解各类污染物的清洁功能，维持了水资源的良好水质并形成了人类生存与生活的优美水生态条件。这两个功能在水循环中密切相联不断更新。但是，由于人类的影响，全球水环境质量不容乐观，尤其是在发展中国家，水环境质量退化形势越来越严峻，许多发展中国家经历着不断增长的水污染，这两项功能正不断受到损害和退化。20世纪水资源的无序开发导致的沼泽和湿地消失，水流方式改变，以及工业和生活废弃物对水的污染等对淡水生态系统产生了重大的冲击。在很多地方，需水量的增加使得大江大河的来水量减少，对沿岸和临近地区产生了影响。在许多河流和湖泊，生态系统功能已经遭到破坏，或已完全丧失。水污染以及水环境的退化又进一步加剧了当地水资源的短缺，促使更多的国家将面临水紧张和水匮乏。

因此，解决水资源危机必须是在解决水污染与水环境退化危机的基础上才能得以实现。

2. 水循环关键特性

世界水资源与水循环构成了地球上的水环境系统，它除具有自然资源系统的一般特点外，还具有诸多独特的鲜明特性。其中有些特性是人类历经数千年发展之后才获得较深刻认识和了解的。

(1) 可更新性

水资源与水环境都具有可更新性(可再生循环性)。水资源的更新周期与水的分布、形态及用途有密切联系。自然界中最强烈的水交换为生物水，仅需要几小时就得以更新一次；大气水次之，需要8天时间以完成一次更新；最难得到更新的是极地冰川和雪盖以及永冻层中冰，约需要10000年才能得到更新。各种水体的更新周期见表3-1。

各种水体的更新周期 **表3-1**

水体种类	更新周期	水体种类	更新周期
海洋	2500年	沼泽	5年
深层地下水	1400年	河流	16天
极地冰川和雪盖	9700年	土壤水	1年
高山冰川	1600年	大气水	8天
永冻层中冰	10000年	生物水	几小时
湖泊	17年		

注：转引自《中国大百科全书-水利》：p295。

水资源虽然是可再生循环的资源，然而这种可再生性也是以一定的科技水平和水环境条件为前提的，一旦进入水体的污染负荷超过水体自净的阈值，水的再生循环机制就会被打破，水的自然循环就会失衡，水环境遭到破坏，水资源的可再生性就将丧失，从而导致水资源的不可持续利用。

(2) 有限性

水系统的有限性是指在一定的时空尺度，水资源总量是一个有限的量，水环境的自净容量也是有限的数值。据联合国环境署数据，全球地表和地下径流量大约为$4.7\times10^4km^3$。在一定科技水平下，人类社会开发利用水资源的能力、范畴以及水资源的适宜程度均有一定的限制性。从全球总水量、水环境总自净容量和现有人口条件来看，水似乎是极端丰富的，然而从可以方便利用的淡水资源来看，水资源的短缺性就显得十分突出，水环境容量就十分有限。2002 年，有 40%以上的世界人口居住在具有严重水资源压力的地区。随着未来世界人口的继续增长，全世界人均淡水资源量进一步下降，越来越多的人口和地区将面临水资源紧缺的状态，如果不能控制水环境质量的持续退化也将使越来越多地区的水环境容量逐渐丧失殆尽。

不仅如此，时间和空间分布的不均衡性也加剧了地区性的水荒。从全球范围看，水资源洲际、国际、地区之间的分布不均，在特定地区和时间，水资源短缺可能进一步制约当地的社会经济发展，贫困又反过来促进了水短缺的严重程度，加大了水环境的压力。

因此，无论是从地区角度，还是从全球角度上看，水都是十分有限的。水系统的这种相对有限性是引起水资源短缺的客观因素，这就要求我们必须高效、科学合理地利用珍贵的有限水资源，切实保护和维持水环境的可再生性，在水资源开发利用中做到以供定需，实现量水发展。

(3) 脆弱性

水是世界上最普遍的溶剂和物质交换载体，而水文循环又是包括降水、蒸发、蒸腾、渗流、径流、渗滤等复杂过程的活动。因此，不管是自然界物质还是人工合成的有机物，通过物质循环和水的不断循环运动，最终均可在水体中找到印迹。水资源的这种自然本质就决定了水资源与水环境所具有的脆弱性，决定了水极易受到自然界和人类活动的干扰，从而发生水质变化。虽然外来污染在一定程度上可以通过水环境中的物理、化学和生物作用得到降解和去除，然而对于难降解物质，尤其是人工合成的自然界不存在的难降解有毒有害物质，往往不能在水的循环中借助于水环境自净能力得到解决。人类活动导致的水环境退化已经在很大程度上减弱了水体(尤其是城市周边的河湖水体)受纳这些污染物并提供满足人类需要的环境服务的能力。

水体的脆弱性与水的存贮位置、形态和用途密切相关。例如埋藏较深的地下水要比地表径流脆弱，它更新量小且缓慢，几乎没有多少环境容量，更加容易遭到破坏，而且一旦被破坏之后，恢复起来比地表水系困难得多。

水系统的脆弱性在人类社会历经数千年发展之后，直至今天才逐渐得到较深入的认识和了解。从经济发展上来看，产业革命之前，一般生产规模都较小，生产设备比较简单，水资源利用量增长不大，由于生产造成的水环境污染，可以通过水体自净作用得到缓解和恢复，呈现出水资源充足，水环境容量无限的假象。这在一定程度上掩盖了水资源与水环境的有限性和脆弱性。从而孳生了水资源取之不尽、用之不竭，水环境的自净能力可以完全解决人类活动带来的污染问题的错误思想。在这一思想引导下，采用的大量开采、大量废弃的生产与生活方式，从而造成了世界目前的水资源短缺、水质污染与水环境退化的严峻局面。

(4) 动态平衡性

在水的自然循环中，不但存在水量的平衡关系，而且还存在着水质的动态平衡关系，即水质的可再生性。水质的动态平衡关系体现在水由雨、雪降落到地面、自然水体之后，挟带一定量的有机或无机物质，在水的地下、地表径流运动中，这些物质通过物理稀释、化学反应或被水中的微生物所分解，使得水质维持在原有水平上，在水的整个运动过程中形成一个动态的平衡。

(5) 整体性

水资源与水环境的整体性或者说系统性是指水在自然界中是作为自然资源系统存在的，是相互制约、相互联系的统一整体。这个特性是水循环本质特性，也是长期以来被忽视得最多的属性。

从整个地球来看，水圈与岩石圈、大气圈和生物圈共同组成地球的自然圈层。这些圈层之间存在着密切的相互作用，水存在于地球的这些圈层之中。在水的自然循环中，水在太阳能的驱动之下，不断发生形态转换，并实现在水圈、岩石圈、大气圈和生物圈中往复运动。所以，从地球整体角度看，水圈本身就是地球系统的一个组成部分。所以水资源开发利用与水环境保护工作的开展，必然要与当地的土地资源利用、大气污染控制、植被资源等方面密切结合，统筹考虑，才能顺利实现水资源的可持续利用。

从整个地球水圈本身来看，其自身又独成系统。各大洲、各国、各地的水系统也可以看成是相对独立的整体。在这种系统中，水的流域概念是值得特别重视的。

流域是自然水循环的基本地理单元，每个流域都有这样一个收集、存贮和安全排泄水的基本功能。在一个流域中，当雨水从天空中降落到地面时，有一部分会经由土壤表面的孔隙往下渗透，其余的部分则在地面上顺着地表的高低起伏，逐渐由高处往低处流动。水总是由上游地区汇水，形成地表和地下径流，再逐渐向中、下游地区运动，最后离开本流域，成为下一个更大流域的支流，形成百川入海、万流归宗的壮观景象。所以，从水的自然运动规律上看，水资源的开发、利用和管理都应该是以流域作为基本单位，统筹考虑流域单元内的水资源、水环境与经济社会发展的关系和相互影响，使水资源为整个流域的社会经济持续发展服务。以更好地协调流域内上中下游的水资源利用与水环境保护工作。图 3-7 所示为河流流域的示意图。

图 3-7　河流流域示意图

此外，水资源与水环境在时间变化上也具有鲜明的延承性。今天水资源短缺、水环境退化的局面正是过去我们人类活动没能与自然协调发展的恶果，而现在我们所采取的措施是否能真正从自然界物质循环的规律出发，开创性地按照自然规律协调社会经济发展与水环境保护之间的矛盾关系，这也将决定着未来水资源与水环境状况的变化方向，决定着人类社会未来永续发展的能力。

3.3.4　水环境与其他环境问题的关系

认识到水环境与其他环境之间的相互关系，及水污染可能的来源与分布是十分必要的。在地球表面圈层中，水循环活动与各圈层均有密切联系。既要依靠大气圈来输送水汽，也有赖于岩石圈的依托形成地表地下径流。自然过程和人类活动所产生的污染物质，无论是以气态形式散播于大气，还是以固态形式存在于土壤，最终都将归于水，水是地球上诸多污染物的最终集结地。因此，水环境退化与各类环境问题和生物活动都有很大关联，见图 3-8。

1. 大气污染与水环境

地球大气是运动的，地球上空大气层中大规模的气流运动称为大气环流。大气环流既有全球性和地域性的环流运动，也有水平方向和垂直方向上的气流运动，还有低层大气和高层大气中的空气运动等。由于大气环流的存在，才能实现全球大气中的热量交换、水分输送和能量交换等过程。

地球上的气温变化有其本质特征。对古气候的研究表明，地球上的气温总是以温暖时期和寒冷时期

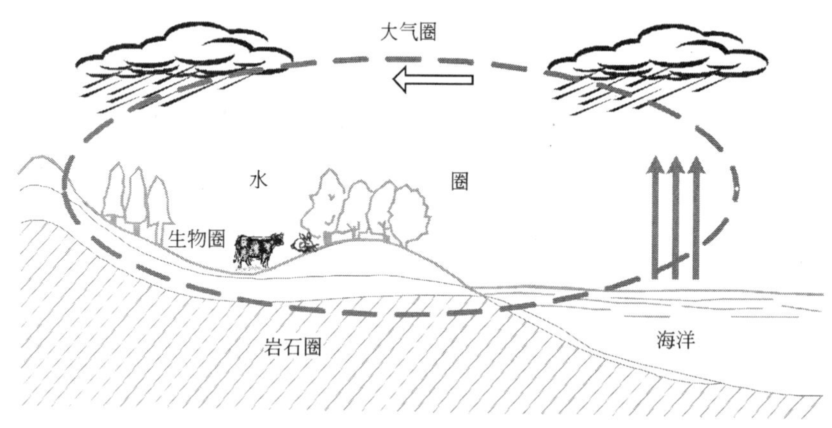

图 3-8 水循环与其他圈层的密切关系

(冰期)交替出现为基本特征的。

但是工业革命以来，人类活动已经极大地影响着地球气候的变化，例如大量排入空气中的二氧化碳等温室气体的增加导致“温室效应”增强，地球表面温度上升，引起全球水资源的重新配置。而地球温度的微小变动都可能给某些地区带来灾难性的气候变化。如 20 世纪 50 年代到 70 年代，季风雨的缺乏和减少对印度和非洲撒哈拉地区的人民来说，无疑是一场灾难。

同时人类生产生活排放的大量气体污染物，使得大气污染日趋严重，化学烟雾、酸雨等灾害性气象频率不断增加，在影响着人类身体健康的同时，也影响着地球上水量和水质的变化。

城市和郊区之间典型气候的悬殊差别就清楚地说明了城市空气污染对降水量的影响。城市空气污染物中大部分是吸湿的可成为云滴的核，加速了水的凝结；而城市空气的上升又有助于空气团的饱和，从而造成城市工业区产生的多云及降水现象比周围农村更为频繁，冬天城市有雾的频率比周围农村增多数倍。有资料显示，城市下风向地带降水量相应增加 5%～10%。

“酸雨”则是大气污染影响全球水质的明显证明。理论上，大气降水应为中性。但是由于大气中 CO_2 存在，当雨和雪从云层落到地面时，溶解了大气中的二氧化碳，产生了碳酸，所以正常情况下，雨水具有弱酸性，pH 值在 5.6 以上。酸雨通常是指降水的 pH 值小于 5.6 的大气降水。

引起降水中的 pH 下降的化学物质主要是 H_2SO_4 和 HNO_3，而工业排放的废气及烟尘是造成酸雨的主要原因。在空气受到了硫和氮氧化物污染的地方，降水就含有硫酸和硝酸，透过污染空气的降水比通常情况下的降水酸度可以高 200 倍。

酸雨是一种破坏性很强，影响很广的污染现象。酸雨的一个明显影响就是加速了建筑材料的腐蚀速度，特别是石灰石、大理石、混凝土结构，金属暴露在酸雾条件下比正常情况腐蚀得更快；这些被腐蚀脱落的物质通过风雨的迁移，又进一步污染了地下水或地表水。此外，酸雨较为隐蔽的影响是当酸雨落在没有中和作用的土壤和岩石上时，该地区的地表水酸度就提高了。这些更高酸度的径流会淋溶出更多的营养物质，引起土地质量下降、水体污染严重。酸雨在影响当地水资源质量的同时，也影响依赖水体生存的水生生物。例如纽约的阿迪龙达克山溪中鳟鱼的消失就是由于酸雨所致。

酸雨是当代世界面临的重大环境问题之一。20 世纪 70 年代初，酸雨只是局部地区的问题。但目前，酸雨已广泛地出现在北半球，在北欧、西欧、美国东北部以及加拿大等广大地区，酸雨已成为大气污染的主要特征。在亚洲如日本等地也出现了不同程度的酸雨危害。

我国酸雨危害也相当严重。1982 年我国平均酸雨出现频率为 44.5%；1996 年全国酸雨污染普遍加重，分布区域扩展，我国近 1/3 地区受到酸雨不同程度的危害，也影响到地区水资源的质量。“七五”期间，珠江三角洲降雨 pH 年平均值为 4.78，酸雨出现频率为 51.1%。2003 年，在监测的 487 个市、县中，出现酸雨(pH 值≤5.6)的城市有 265 个，占 54.4%。降水年均 pH 值小于或等于 5.6 的城市有

182个，占37.4%。全国酸雨污染呈加重趋势。

2. 土地利用与水环境

土地是水循环的载体，土地表面的属性决定着流经它上面的水体的质量。而土地的这些属性又与土地的利用有密切关系。很多研究表明，森林、草地等植被良好地区的径流量要远小于裸露地面如农田、施工场地的径流量，而径流水质却要比后者好得多。

因此，土地利用管理不当会对水资源与水环境产生深远影响。例如由于长江上游砍伐森林，到1986年，森林覆盖率已从1957年的22%下降到10%，导致上游的侵蚀和中下游的淤积十分严重，水环境严重退化。1998年，长江暴发了中国历史上最严重的洪涝灾害，使2.23×10^8的人口受到影响，造成的经济损失超过360×10^8美元。

此外，我国土地管理和保护措施很不完善，是世界上水土流失最严重的国家之一。全国水土流失面积$367\times10^4km^2$，占国土面积的38%，其中水力侵蚀面积$179\times10^4km^2$。全国每年因水土流失损失的耕地面积达$7\times10^4hm^2$之多，新增荒漠化面积$2100km^2$，土地利用价值和承载能力降低。我国每年流失土壤超过50×10^8t，严重影响土壤肥力。其中，黄土高原每年水土流失带走的氮、磷、钾就达4000×10^4t，相当于全国一年的化肥产量。黄河平均年输沙量16×10^8t，其中4×10^8t淤积在下游河床中，使下游河床以每年10cm的速度抬升，黄河已成为世界著名的地上悬河。与此同时，泥沙中所携带来的氮、磷是造成江河湖库面源污染的主要原因之一。

(1) 固体废弃物与水环境

随着城市的高速发展，现代城镇的固体废弃物产量也不断上升。固体废弃物的处理不当已经成为水环境污染的一个重要因素。固体废弃物的堆弃侵占大量土地、农田，污染土壤，也对水环境造成了很大的影响。固体废弃物随天然降水和地表径流进入河流湖泊，或随风飘迁落入水体能使地面水污染；随渗滤液进入土壤则使地下水污染；直接排入河流、湖泊或海洋，又造成更大的水体污染。固体废弃物曾经造成了大量水污染事故，例如美国的爱运河(love canal)事件就是典型的工业固体废物污染地下水事件。我国一家铁合金厂的铬渣堆场，由于缺乏防渗措施，6价铬污染了面积大于$20km^2$范围内的地下水，致使7个自然村的1800多眼水井无法饮用。我国某锡矿山的含砷废渣长期堆放，随雨水渗流，污染水井，曾一次造成308人中毒，6人死亡。

哈尔滨市韩家洼子垃圾填埋场，地下水浊度、色度和锰、铁、酚、汞含量及总细菌数、大肠杆菌数等都超过标准许多倍，锰含量超过3倍，汞含量超过29倍，细菌总数超过4.3倍，大肠菌超过41倍。贵阳市两个垃圾堆放场使其邻近的饮用水源大肠菌值超过国家标准70倍以上。

此外，采用焚烧法处理固体废弃物，已成为有些国家大气污染的主要污染源之一。尤其是焚烧尾气中剧毒物质二噁英等有害物质的发现，使得对固体废弃物的处理更加关注。因为这些被污染的大气将通过雨、雪、冰的淋洗，进而污染地面水体。

中国城市环境卫生协会提供的数据显示，目前我国人均生活垃圾年产量为440kg，全国城市垃圾的年产量达1.5×10^8t，且每年以8%至10%的速度增长。全国历年垃圾积存量已超过60×10^8t，堆占土地逾$5\times10^8m^2$，直接经济损失达80×10^8元人民币。

目前我国生活垃圾的处理仍以混和收集、混和清运、混和处置方式为主。而垃圾处置主要采取卫生填埋法，并且大多数垃圾未经有效处理被运到城郊裸露堆放。全国660多个城市中有200多个处于垃圾包围中。据统计，目前我国城市垃圾处理率仅为50%左右，真正达到处理标准和资源化利用的比例不足10%。这些固体废弃物对当地的地表地下水水质保护提出了严峻的挑战。

(2) 农业污染与水环境

人类社会形成以后，较早开始的人类利用自然并改造自然的活动就是农业活动，这种由来已久的农业活动对自然水资源产生一定的影响，随农业技术的发展和人口的增加这种影响也随之不断加深。

一方面，农业发展所需的大量水资源给当地带来了沉重的压力。全球从湖泊、河流和地下水资源中抽取的淡水量中约70%的部分为农业所用。其中大部分用于灌溉，从而提供了40%的世界粮食产品。

许多地区以大量抽取地下水来应对农业用水的增长。导致出现地下水位下降，漏斗中心降深不断加大，漏斗面积也不断扩大。如我国华北平原到20世纪90年代中期已形成地下水位下降漏斗总面积超过$1.5\times10^4km^2$，漏斗中心地下水埋深10～40m。在京、津、河北平原和山东德州等地甚至出现了深层地下水下降漏斗。这些深层地下水补给困难，一旦受损极难恢复。

我国南方的江苏苏州、无锡、常州地区从20世纪60年代初开始开采承压水，每年水位下降1.5～3m，到90年代初漏斗中心的埋深达63～76m。北方沿海地带，由于地下淡水水位下降，造成海水入侵，使大批机井报废，每年减少地下水开采量$1\times10^8m^3$以上，减少灌溉面积超过$4\times10^4hm^2$，使上百万人口饮水困难。当然，造成地下水位持续下降不仅是农业用水，也有工业和城镇生活用水的原因，但在上述地区，农业用水占用水总量80%以上，农业活动的影响是主要的因素。

另一方面，农业生产大量使用农药、化肥，导致面源污染的问题也相当突出。1972～1988年，世界化肥施用量以年均3.5%和每年400×10^4t多的速度增长。在我国，化肥施用量也快速增长。1989～2002年我国化肥施用量如图3-9所示。1985到1995年，我国化肥施用量翻了一番，虽然全国耕地面积有减少的趋势(总播种面积变化较为稳定)，但使用化肥的数量并没有减少，说明农业生产越来越多地依赖化肥。

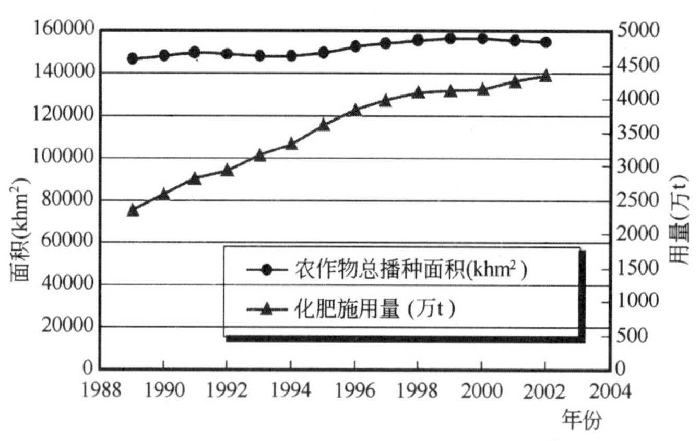

图3-9 我国化肥施用量与农作物总播种面积变化

而农田所施肥料中的氮磷一般不可能被充分利用，如水田的氮肥利用率一般仅20%～30%，旱地为40%～60%，旱季作物一般只能利用磷肥有效成分的10%～25%。由于化肥和农药的大量使用，每年由陆地被暴雨径流带入河流等水体的沉积物中携带大量氮、磷、钾等化合物，使水体遭到污染，特别对于湖泊、水库等造成富营养化，影响水产，危及人体健康。我国“三河三湖”污染严重，其中农业生产污染也是主要成因之一。

此外，畜禽养殖业的快速发展，致使其粪尿及废水的排放量显著增长，其中所含高浓度的有机物及氮、磷污染物成为城乡水体污染的重要组成部分。北京市畜禽养殖业排出的BOD_5已逾30万t/a，为全市工业废水与生活污水排放BOD_5总和的3倍。上海畜禽粪尿和废水年排放总量已超过1200万t/a，达到并超过工业废渣及生活垃圾的排放总量。

3.3.5 水健康循环社会基础

水健康循环是一个流域性，甚或是全球性的问题。社会用水健康循环的建立、维系和保护需要多学科、多社会领域共同努力。必须充分考虑水环境恢复固有的本质属性——可再生循环性、脆弱性、整体性，从流域角度出发，考虑上、中、下游地区的社会发展与水环境恢复、水资源利用的协调问题。

如前述，导致水环境退化的原因不仅仅是人口、技术因素或者是经济增长，它还涉及人与自然关系的认识、世界观与价值观、文化等方面的因素。其中在错误的人与自然关系观念指导下的传统生产、生活方式，也就是开放式的水资源利用方式是产生水污染与水环境退化的根本原因。

21世纪是协调人口、资源与发展的世纪，人类社会只有建立起物质循环型的城市和社会才能持续发展。社会用水的健康循环是循环型社会的基础。

建立水健康循环，首先必须具备一定的社会基础，这种社会基础可以简略地用图3-10表示。

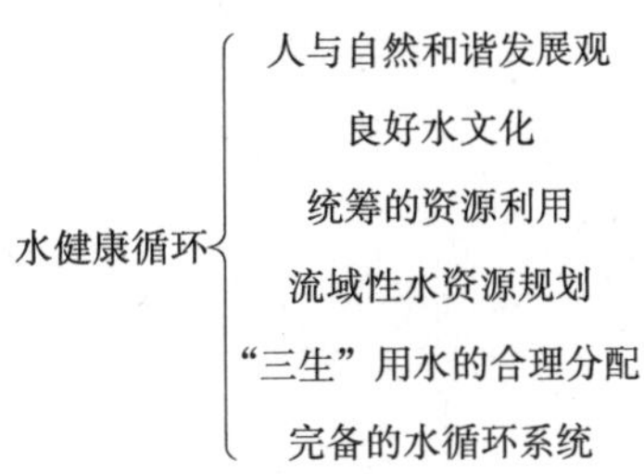

图3-10　水健康循环的社会基础

由图3-10可见，要实现社会用水的健康循环，人类社会至少应该在以下几个方面作出革命性的转变：①改变“二元论”把自然环境与人类，客观世界与主观世界分割开来的形而上学观念。从而提高社会对水与人类关系的了解；②培育珍贵水的意识，养成节制用水习惯。从而取得群众保护水环境和恢复水环境的理解和协力，育成良好的水文化；③在国土管理上，在城市总体规划上要注入水循环的概念，将土地利用与水资源和水环境保护统筹考虑；④在每个流域内，都要将河流、流域及社会经济发展视为一体，统筹考虑水的循环利用规划；⑤实现生活、生产、生态用水的合理分配，在每个流域内都要确保环境用水量，规范社会取水量，保护水流空间，维持丰富多样的生态系，良好的水流空间和秀丽的两岸风光；⑥每个城镇都要有完备的水循环系统，既要有安全、可靠的供水系统，又要有污水收集、处理、深度净化，有效利用与排除系统。污水处理程度应按下游水体功能要求而定。

从水健康循环工程科学的角度上说，要建立水系统健康循环，就要求在水社会循环中统筹管理，减少取水量，进行水资源的再生循环利用，降低污染负荷，确保生态环境用水，恢复河湖清流。这就要求从水质和水量两方面进行考虑，如图3-11所示。

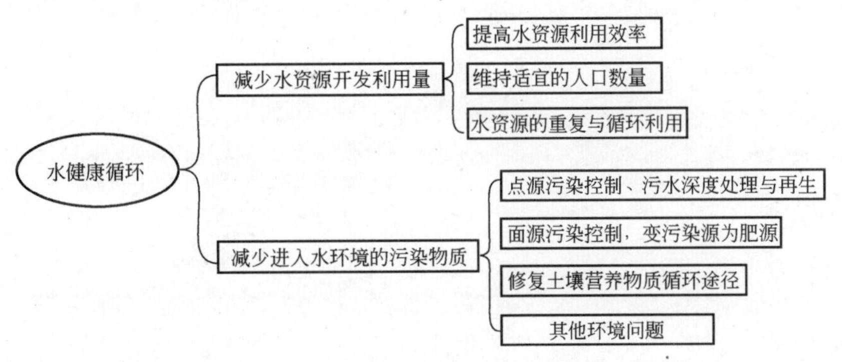

图3-11　水健康循环工程思路

水健康循环方略首先要求控制社会水循环的流量，这个目标的实现又依赖于自然观与价值观的根本转变，依靠人口数量的控制、水资源效率的提高、水资源的重复和循环利用以及用水习惯的改变等因素。另一个同样重要的是水质的控制。必须减少进入水环境的污染物质的量，满足流域水环境容量和自净能力的要求，这就需要控制城市、工业等点源污染的排放，普及污水的处理，进行污水的深度处理与再用，同时控制农田径流、畜禽养殖、工业废物、城市雨水径流、大气污染等形成的面源污染。此外，还应该同时注意修复土壤营养物质的循环途径，促进营养物质的循环利用，以及妥善解决土地利用、森林保护等其他环境问题，从而从整体上缓解水污染态势，促进社会用水的健康循环，实现水环境的恢复与维系。

第4章　水健康循环方略

4.1　水健康循环方略

建立水健康循环是一个涉及到经济、环境、发展等多方面的复杂问题，其建立途径也是多方面统筹兼顾的结果。

从宏观上来看，水循环的健康与否就在于是否使得在人类用水的同时保持良好的水生态环境，实现流域上下游之间用水的和谐。根据水健康循环理念，建立健康水循环，实现水环境恢复的方略主要有以下几个方面：节制与节约用水、水的深度处理和有效利用、污水厂污泥回归农田、恢复城市雨水水文循环途径、面源污染控制以及合理分配生态用水和流域水环境与水资源统筹管理等。其中，城市范畴上的污水深度处理与利用即再生水供应系统是关键，是我国水环境恢复的切入点。水健康循环的基本实施策略如图4-1所示。

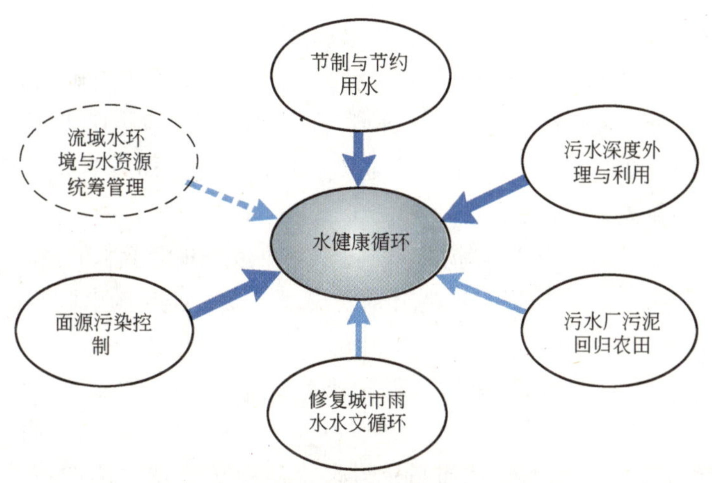

图4-1　水健康循环实施策略示意图

4.2　节　制　用　水

4.2.1　节制用水概念

节制用水首先是一种水资源利用观，或者是水资源利用的指导思想。在水资源开发利用过程中，不仅要节省、节约用水，更要在宏观上控制社会水循环的流量，减少对自然水循环的干扰。从这个意义上看，节制用水不是一般意义上的节约用水，它是为了社会的永续发展、水资源的可持续利用以及水环境的恢复和维持，通过法律、行政、经济与技术手段，强制性地使社会合理有效地取用有限的水资源。它除包含节约用水的内容外，更主要在于，根据地域的水资源状况，制定、调整产业布局，促进工艺改革，提倡节水产业、清洁生产，通过技术、经济等手段，控制水的社会循环量，合理科学地分配水资源。它与节约用水两者的区别可简要总结于表4-1。

节约用水与节制用水区别　　表 4-1

项　目	节 约 用 水	节 制 用 水
出发点	道德、责任、经济	可持续发展
介入点	已有的产业结构和布局	尚未规划或重新规划产业结构与布局
归宿点	提高具体行业的用水水平	实现水的社会循环与自然循环协调发展
实施主体	个体、用水单位	社会整体、政府水管理部门

水资源的短缺和污水处理费用的昂贵，要求每个城市都要大力节制用水，以缓解水荒和经济重负。节制用水是为了人类的永续发展，将水视为宝贵的有限的天然资源，在各领域均应改变观念，由传统的“以需定供”转变为“以供定需”的需求侧管理(DSM)，在国土规划上要将水系流域和城市统筹考虑，渗入节制用水的理念，在保障适宜生态环境用水基础上，合理规划、调整区域经济、产业结构和城市组团，促进工艺改革，提倡清洁生产与节水产业，采取以供定需，合理分配水资源，不断提高用水效率。

对于普通用户来说，主要是节约用水的范畴。按照不同用水户可分成工业、农业、生活节水等方面。

4.2.2　节制用水的意义

1. 节制用水减少了对新鲜水的取用量，减少了人类对自然水循环的干扰，是维持水的健康循环所必须的；

2. 节制用水可实现流域水资源的统一管理，可以提高水的使用效率，减轻水的浪费；

3. 节制用水减少了污水排放量，从而节省相应的排水系统和其他市政设施的投资及运行管理费用，同时，由于减少污水排放量、减少污染，改善了环境，可以产生一系列的环境效益及生态效益；

4. 节制用水不仅是用水户的行为，更重要的是政府行为，可以提高全社会节水意识，是创建节水型、水健康循环型城市的前提条件；

5. 节制用水可以促进工业生产工艺的革新，反过来又可进一步降低水的消耗量；

6. 节制用水可以节省市政建设投资，提高资金利用率，在目前我国市政建设资金普遍紧缺的情况下，具有重要的现实意义；

7. 通过节制用水的推广，社会水环境的改善和城市良好形象的建立，会产生一系列的增量效益。如由于投资环境的改善而使地价的增值；对于旅游城市，由于城市面貌的改善而提高旅游收入；提高了城市卫生水平，相应地提高了人们的生活质量；自来水厂由于原水水质的改善而减少了运行、改造费用。

4.2.3　节制用水的措施

1. 法律手段

法律是最具权威性的管理手段，依法治水是社会进步的必然趋势，也是现代化社会的内在要求。目前还缺乏对于节制用水的一系列相关管理、实施的法律法规，应该根据我国水资源的实际情况，在现有有关法律基础上，尽快建立可操作性强的节制用水法律法规。通过法律途径促进节水型社会的建设和高效水管理机制的形成，是节制用水策略得以顺利实施的前提和基础，也是我国节制用水得以健康发展的最有力保障。

在发达国家，水环境能够维持或恢复到较为良好的水平，严格、完善、可操作性强的法律法规体系起着重要的作用。如德国的环境法制体系已经进入较为完备的阶段，而且其法律规定明确具体，易于操作。如《水管理法》规定：违反本法，罚款 10 万马克。这些法律法规的颁布和严格执行收到了良好的效果，使德国的环境质量有了巨大的改善。20 世纪 50～60 年代曾是污染严重、鱼虾绝迹的莱茵河，如今其水质已达到饮用水标准。

2. 管理手段

管理薄弱是导致水资源未能合理利用的重要原因，在某种程度上也影响水问题的顺利解决。我国目前的水管理体制表现为条块分割、相互制约、职责交叉、权属不清、行政关系复杂，水资源的开发、利用和保护缺乏统一的规划和系统的管理。

水资源管理必须从全流域角度进行统一管理，改变传统的管理方法，由供给管理转向需求与供给有机结合的管理，进而逐步实现需求管理。在水资源管理当中，应强调政府的宏观调控功能应该得到加强和完善。

3. 教育手段

目前，虽然许多事例迫使人们对于水问题有了一定的认识，但是社会上有许多人包括政府各级领导人，对于水资源仍存在一些错误观念，对于水环境的退化没有足够的认识。因此，通过课本、电视、网络等多种媒体形式开展有针对性的宣传教育，向公众大力宣传我国水资源短缺的现状，增强公众对水资源的危机感和紧迫感；让人们感受到国内水环境退化的现状和危害，增强公众对再生水的了解，取得社会对节制用水的共识和支持。这样有助于纠正人们认识的误区、提高全社会保护水资源和水环境的意识，对于恢复流域水环境，提高用水效率等方面具有极其重要的作用。

在国外，对于水问题的教育已经渗透到了人们生活的许多方面。在美国，除了在小学至大学设置环境和水资源课程外，还利用电视、报纸、广播等现代媒体向公众传授水资源保护的重要性。

4. 科技手段

清洁生产、少或无水工艺等先进的生产技术可以从根本上减少水的消耗量。采用先进的生产技术包括工业上的新工艺、新设备，农业上的节水灌溉新技术、新品种等多方面的内容。例如农业灌溉用水中，发展了许多新的灌溉技术，包括小畦灌、喷灌、滴灌、低压管道灌溉技术等。采用喷灌比目前的畦灌可以节水50%，滴灌可以节水70%～80%。

5. 经济手段

环境问题是在经济发展过程中产生的，也必须在经济发展过程中解决，而最好的解决方法就是经济手段。这在国外发达国家多年实践中已得到证明。例如荷兰和德国，环境税已实施多年，环境保护的主要财政来源就是环保税收。居民的废物回收费和污水处理费(如德国柏林居民自来水费3.45马克/m^3，而污水处理费为3.86马克/m^3)，不仅有效保证了城市环保处理设施的正常运行，同时在很大程度上鼓励了公众节约用水和减少废物的产生。

4.3 污水深度处理与回用

4.3.1 污水深度处理与回用的必要性

欲维系健康水循环的功能，污水处理程度与普及率是应认真讨论的。诚然，提高污水二级处理普及率是控制水污染、恢复水环境必不可少的措施。但是国内外实践证明，仅仅依靠提高二级处理普及率是远远不够的。

根据中国工程院预测结果所示，2010年、2030年全国污水二级处理普及率分别达到50%和80%时，城市污水对水环境的污染负荷并没有明显减弱，近岸海域、江河湖泊的污染趋势仍然得不到遏制。这是由于污水处理率虽在增加，但污水排放总量也在增长，使得污染负荷总量削减有限之故。因此，在提高污水二级处理普及率基础上，推进污水深度处理的普及和再生水有效利用，就是解决水资源危机、建立健康水循环的必然选择。无论是国内还是国外，这都已经是发展的必然需要。据文献报道，东京都污水处理率达95%以上，区域内河川水质已有明显改善，但是东京湾富营养化仍有增长趋势，赤潮时有发生。日本东京湾特定水域高度处理基本计划的预测中，当东京湾流域的川崎市、横滨市和东京都的污水二级处理率都达到100%时，污水厂排放的负荷仍占入海负荷的大半，海水上层水质COD_{Mn}仍为5.46～5.75mg/L，还是达不到环境标准，这是因为普通二级处理只能去除易分解的含碳有机物，而对N、P和难降解有机物作用不大。1997年东京湾排放标准提高到COD_{Mn}为12mg/L，TN为10mg/L，TP为0.5mg/L，这就意味着东京湾的环境质量已寄希望于污水深度处理。

然而，普及二级处理的工程费用和维护费用已经十分惊人了，要达到上述中国工程院预测的污水处理率，污水处理设施的投资预计为年均约230亿元，这还不包括昂贵的运行费用。要普及深度处理，各级财政无疑更难以承受。

城市污水是城市内宝贵的淡水资源。如果在二级处理基础上进行深度处理，建设城市再生水道系统，即从整个城市角度出发，建立含污水处理、深度净化、管道输送系统在内的，以城市污水为水源的城市第二供水系统。将排放水变成再生水而成为城市稳定的第二水源，这也是最大力度地节约自然水资源。既可减少污水排放量，还可开发再生水资源，创造可观的经济效益以补贴运行费用，使财政可以承担，同时可减少远距离调水的巨额费用，是一举数得的明智之举。

当前我国每天产生1×10^8多m^3的污水，如果利用其中的20%～30%，就可以解决近10～20年的城市水资源的不足。这将大大减轻水资源压力，减少从自然水循环中取用的新鲜水量。不但缓解了水资源的不足，同时减少了社会循环的流量和污染负荷量，对改善水环境、解决水资源短缺具有战略意义。此外，还能带动污水处理事业的发展，取得更大的环境效益和社会效益。在闭锁性水域地区和缺水地区舍此别无出路，就是在水资源丰富地区，也是保持健康水循环的良策。

目前，国内外诸多污水回用工程的成功实例，已经有力地证明了这一措施在维持良好水环境和水资源可持续利用方面的巨大作用。

正是基于城市污水再生利用的显著经济、环境、社会综合效益，以色列甚至发布这样一条法令：在污水可利用潜力没有被充分利用之前，不宜利用海水。这种注重改善水环境与解决水资源短缺危机并举的做法是符合自然界水循环规律的。同时，也从另外一个侧面证明了污水再生回用的必要性和迫切性。

综上所述，污水的深度处理和再生利用是扩展意义上的节制用水，同时也是水健康循环的必要组成部分。要想恢复和维系水健康循环，保障水资源的可持续利用，扩大污水处理普及率、提高污水处理程度、实现污水再生回用，也是势在必行之路。

4.3.2 污水深度处理与再生的概念

污水深度处理是指在传统的污水二级处理基础上，通过改进处理工艺或延长处理流程，增加处理单元，进一步去除二级出水中难解决有机物、“三致”前体物质和N、P等营养物质的处理工艺过程。因为深度处理的出水水质可以满足工业用水、市政杂用水的要求，使污水得以再生，重新加入水的社会循环，所以称为再生水。

再生水排放到自然水体，可满足水体自净能力的要求，成为了下游城市水资源的一部分。

污水再生，减少了社会取水量，实现了水资源的循环与重复利用。和谐地联接了水的社会循环与自然水文循环。是建立健康水循环的重要环节。

污水深度处理与再生利用在经济发达国家已在推广，甚至普及。1996年日本有162处污水厂有再生水设备，再生水利用量为$48\times10^4m^3/d$。西欧各国远早于20世纪80年代深度处理率已达到50%～80%。

4.3.3 再生水作为水源的应用前景

根据不同用户的水质需要，再生水可应用于以下几个方面：

1. 创造城市良好的水系环境。补充维持城市溪流生态流量，补充公园、庭院水池、喷泉等景观用水。日本从1985～1996年用再生水复活了150余条城市小河流，给沿河市区带来了风情景观，愉悦着人们的心情，深受居民欢迎。北京、石家庄等地也利用污水处理水维持运河与护城河基流。

2. 工业冷却水。大连春柳河污水厂早在1992年投产了污水再生设备，生产再生水10000m^3/d，主要用于热电厂冷却用水，少部分用于工业生产用水，运行10多年来效果良好，效益可观。

3. 道路、绿地浇洒用水。大连经济开发区应用污水再生水喷洒街道花园、林阴树带，节省了大量自来水。喷洒用水的水质要求应该比工业用水更严格，因为它影响沿路空气并可能与人体部分接触。

4. 建筑中水。建筑中水以冲厕所等杂用水为主，一般是以大厦或居民小区为独立单元，自行循环使用。

5. 城市再生水道。在有条件的城市可以在大片城区内建设广域再生水道，以工业冷却用水，绿地、景观用水，河床生态基流为主，并可结合建筑中水，形成统一的再生水供水系统。

6. 融雪用水。日本融雪用水占全部再生水使用量11%，在我国北方也有应用前景。

7. 农业用水。污水处理水用于农业灌溉不仅节省了水资源，同时也使回归自然水体的污水处理水又经进一步净化。污水处理水用于农田应满足农田灌溉标准，一般二级出水经过适当稀释就可以达到水质要求。

8. 污染物处理用水。在处理城市固体废物时，可利用再生水作溶剂，不但可节约自来水用量，同时还可充分利用再生水中含有的一些杂质，省去另加药剂，降低处理费用。例如在烟道气的处理中用污水再生水比用自来水的处理效率还要高。国外还有利用再生水处理生活固体垃圾，回收其中的有用物质。

9. 含水层贮存与回收ASR(Aquifer Storage Recovery)是将雨水、再生水通过注入井、湿地等注入地下含水层中贮存起来，必要时抽取使用。

4.3.4 污水深度处理与再生水回用形式

污水的深度处理与有效利用有多种不同形式。最初出现的形式是“中水道”。“中水道”起源于日本。中水(再生水/回用水)主要是指城市污水或生活污水经处理后达到一定的水质标准，可在一定范围内重复使用的非饮用的杂用水，其水质介于上水与下水水质之间。中水的制备、输送、分配系统称为中水道。

按照当前再生水利用的发展阶段和应用范围，再生水利用系统主要有以下四种方式：建筑中水、小区中水道、城市再生水道、流域水循环系统。

1. 建筑中水

建筑中水立足于建筑大厦内部的污水处理和回用系统。该系统是将单体建筑物产生的一部分污水，经设在该建筑物内的处理设施处理后，作为中水进行循环利用。该方式具有规模小，不需在建筑物之外设置中水管道，较易实施等优点，但单位水处理费用大，不易管理，并存在卫生学上的问题。其典型示意图如图4-2。

虽然建筑中水对于缓解水资源短缺曾做出一定贡献，具有积极意义。但是应指出，小区、大厦中水系统由于其单元规模小、成本核算高、运行操作复杂等因素，常常不能稳定运行。已出现多处此类中水系统建成后短期内便停运的现象。例如深圳特区自1992年颁布《深圳经济特区中水设施建设管理暂行办法》以来，建成中水工程29座，总规模达400m^3/h。现在，大多数中水工程已停止使用，只有百花公寓和长乐花园2个中水工程还在不正常运行，规模为30m^3/h。

因此，事实已经证明了建筑中水的局限性，已经不足以适应目前发展的需要。只有将小区、大厦中水系统纳入城市污水回用大系统成为城市或区域再生水道，其经济效益、管理水平才会有大幅度提高。

2. 小区中水道

该系统可用在建筑小区、机关大院、学校等建筑群，共同使用一套中水输送管道及处理设施供应中水。小区中水道的特点是规模相对较大，较建筑中水的综合效益有较大提高。但运行管理需要专业技术人员，对小区的人员、管理水平有较高的要求。其典型示意图如图4-3。

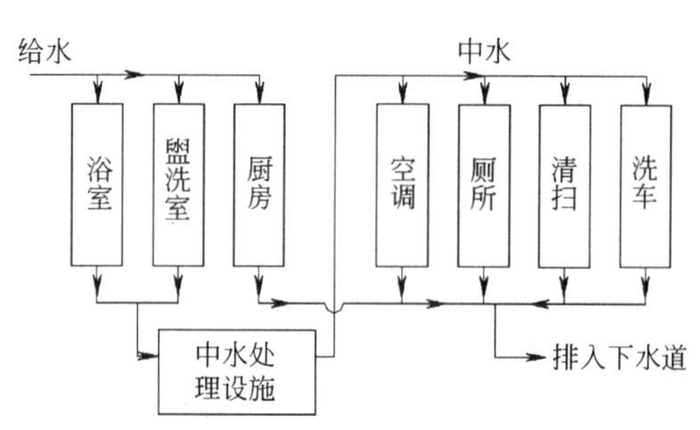

图 4-2 建筑中水典型结构示意图

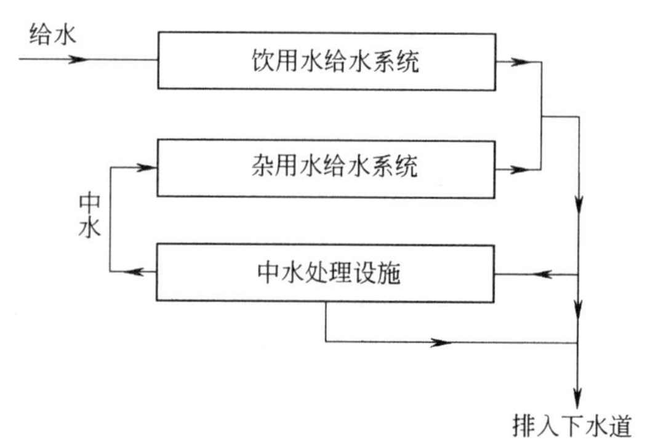

图 4-3 小区中水典型结构示意图

3. 城市再生水道

该系统的水源取自城市二级污水设施的出水，再生水处理设施可设于城市污水处理厂区内，亦可设于接近于再生水大用户的位置，城市二级处理出水经深度处理后，达到再生水水质标准，供给工业、农业、生活、景观绿化、市政杂用等。城市再生水道是目前污水再用研究的主要方向之一。新建或有条件改造的原污水二级处理厂，应该统筹规划设计污水处理、深度处理的全流程，在各净化单元之间合理分配污染物净化负荷，建立污水再生全流程水厂。其典型示意图如图 4-4。

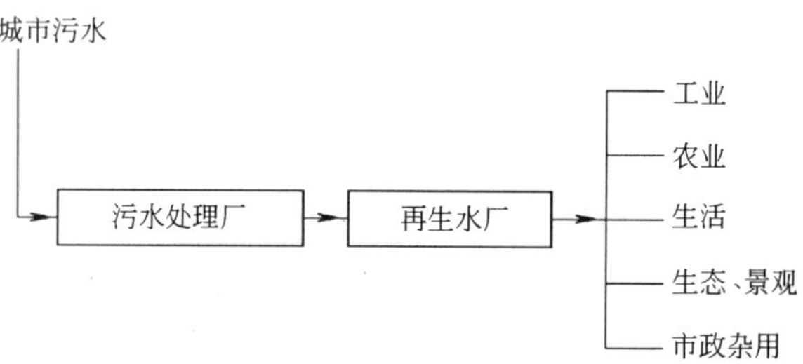

图 4-4 城市再生水道典型结构示意图

4. 流域水循环系统

流域水循环系统是广义上的"再生水道系统"，该系统的实质是从恢复水环境、实现流域水健康循环的角度出发，以流域为单位，规划若干城市群的污水再生利用系统，并与流域水系功能相结合，实现流域内城市群间水资源的重复与循环使用，以获取整个流域最佳水资源生态效益、经济效益和社会效益。由于此项工作需要强大的宏观调控作用，同时还会影响到某些局部城市的短期利益，因此当前其研究和应用还十分缺乏。

在建筑中水、小区中水、城市(区域)再生水道这几种污水再生回用方式中，城市再生水道具有经济、高效、可靠等诸多优点，并且是流域水循环系统的基本单位，已经逐渐成为发展的主导方向。这种城市范畴上的再生水供应系统是城市水系统走向健康循环的桥梁，是我国水环境恢复、达成水资源可持续利用的切入点。

4.3.5 国内外的污水深度处理与再生利用

从国内外大量相关实例来看，污水深度处理与再生利用无论是在理论上还是实际工程应用上都相当成熟，只要按照科学的规划、建设和管理运行的污水再生回用工程都获得了满意的效果。

1. 美国

污水再生和回用在美国的发展，可以追溯到 20 世纪 20 年代。目前，再生水作为一种合法的替代水源，在美国正在得到越来越广泛的利用，成为城市水资源的重要组成部分。20 世纪 80 年代，美国污水

再生利用量已达 $260\times10^4m^3/d$，其中62%用于农业灌溉，31.5%用于工业，5%用于地下水回灌，其余用于城市市政杂用等。

(1) 洛杉矶市污水再生利用规划

洛杉矶是美国缺水城市之一，在解决需水和缺水之间的矛盾时采用了较为系统的污水再生利用中长期规划。规划到2010年，该市再生水量是其总污水量的40%，到2050年再生水量为70%，到2090年将达到80%。

近期规划年限到2010年，延续实施20世纪80年代再生利用政策。

中期规划年限到2050年，主要应用于补充地下水和阻止海水入侵以及在圣约奎恩(San Joaquin)山谷地区，再生水用于农业灌溉。

在2090年远期规划中，着重考虑了用于饮用水和地下水补充。

(2) 佛罗里达的双重供水系统

在满足日益增长的需水要求方面，佛罗里达的圣彼德斯堡可称为典范。从1975年到1987年，圣彼德斯堡花费了超过1亿美元用于提高污水厂处理程度、扩建4个污水厂和建设超过320km的再生水管网，成为当时拥有最庞大的分质供水系统的城市。此系统同时还提供满足水质标准的居民区用水。到1990年，几乎每天有7000户居民使用再生水灌溉花草，2000年有12000户居民使用再生水，灌溉面积达到 $3600hm^2$。由于采用了饮用水和非饮用水分质供应的双重供水系统，使得自从1976年以来，该市在需水量增长10%的情况下，自然水取水量需求无增加。

2. 日本

到1996年底，日本用于保护指定湖泊、维系环境水质的深度处理厂共15座，保护水源水域水质的有28座，保护三大湾水质的有32座，服务人口达593万人。

据1996年统计，日本再生水总量是全国污水处理总量的1.5%。再生水厂162座，为全国污水处理厂的13%。最大日再生水量为日均水量的3.9%。深度处理主要应用的方面是用于防止指定湖泊和三大湾等封闭性水域的富营养化；保护城市水源水域的水质、维系水质环境标准等。日本再生水主要用途构成见图4-5。

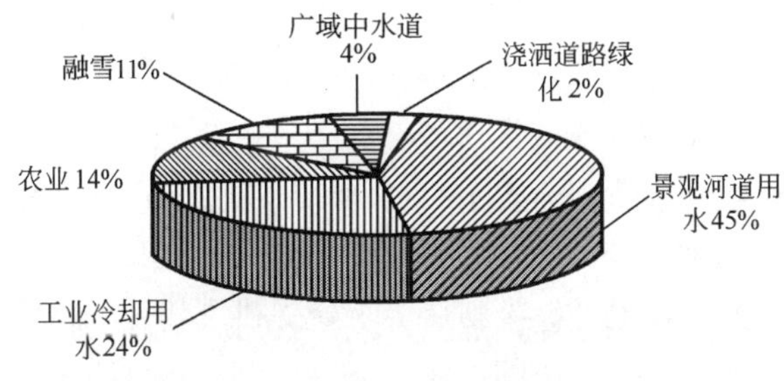

图4-5 日本再生水主要用途构成(1996年统计)

日本污水再生利用工程已见显著成效，目前福冈、高松市、琦玉县、长崎等各地已开始实施深度处理水利用计划。

3. 南非

作为世界上最缺水国家之一的南非，年降水量仅44mm。再生水是重要的供水水源，通过水的再生和回用提供的水量占总供水量的22%。在纳米比亚温德霍克市建了世界上第一座再生水饮用水厂。污水经二级处理后进入熟化塘，再经除藻、加氯、活性炭吸附后与水库水混合作为该市自来水水源，再生水量在城市供水体系中的比例达20%～50%。目前南非已广泛采用双重供水系统(也称双轨或双管系统)。再生水厂处于污水管网的中上游，接近用水点。由于回收水中含有营养盐，使灌溉的植被大大节省了肥料，因而作为城市中灌溉用水尤其经济。另外再生水用户支付再生水的费用要比用自来水低得多，体现了再生水在经济上竞争的优势并可使污水处理的运营盈利化。

4. 以色列

以色列是在再生水利用方面做得最为出色的国家之一。以色列地处干旱半干旱地区，解决水资源短缺的主要对策是农业节水和城市污水再生利用。现在，以色列几乎100%的生活污水和72%的城市污水已经再生利用。处理后42%的再生水用于农灌，30%用于地下水回灌，其余用于工业和市政等。该国建有127座再生水库，其中地表再生水库123座，再生水库与其他水库联合调控，统一使用。

世界上其他国家如阿根廷、巴西、智利、墨西哥、科威特、沙特阿拉伯等国在污水再生利用中也做了许多工作。

污水再生利用事业在世界范围内的发展，在农业灌溉、工业用水、市政用水以及以再生水补充饮用水源等方面的经验对我国污水再生利用事业的开展具有很大的帮助。我国是农业大国，历史形成了市郊的大范围农田包围城市内工业的布局，因此农业用水可望成为近远期再生水的主要用户；同时随着城市化进程的加速，城市工业的迅猛发展，工业用水逐渐成为再生水的大市场；此外，城市生态环境、绿化、景观用水也是再生水利用不可忽视的重要方面。污水再生利用于饮用在国外已有不少实例，但根据我国的现实经济条件等多方面因素的综合考虑，污水再生直接饮用难以效仿。但是，作为地下、地面水库的补充水是完全可以的。

5. 中国

我国对城市污水处理与利用的研究，早在1958年就被列入国家科研课题。20世纪60年代，污水处理及利用停留在污水一级处理后灌溉农田的水平。利用污水灌溉，其水源成本低、植物有效利用废水中含有的营养物质，当时有所丰产。但未经妥善处理的污水灌溉使其中的溶解物质在作物中形成毒物积累，对蔬菜及其他农产品的质量造成危害，不是合理的利用方式。事实上，若利用污水灌溉，应采用污水二级处理并经清水稀释，配合相应的施肥、灌溉制度，用于指定作物的灌溉。这样既可以解决干旱季节或地区的农业灌溉问题，又在保证灌溉安全的前提下，充分利用了污水资源。

70年代，我国进行水污染防治的重点放在工业废水污染的控制上，提出了“三同时”的方针，但处理率不过1%～2%。“六五”期间进行了城市污水以回用为目的的污水深度处理小试，工作重点主要停留在开发单元技术上。

80年代初，我国污水产生量为$6000\times10^4m^3/d$，处理率1.5%～3%。“七五”、“八五”期间，在北方缺水的大城市如青岛，大连，太原，北京，天津，西安等相继开展了污水再生利用于工业与民用的试验研究。中国市政工程东北设计院与大连市排水处经过了“六五”、“七五”、“八五”3个五年的技术攻关后，对大连春柳污水厂进行技术改造，建成$1\times10^4m^3/d$再生水量的深度处理示范工程。1992年投产运行，再生水水质长期稳定，浊度$<$5NTU，$BOD_5<10mg/L$，$COD_{Cr}<50mg/L$。再生水供给附近的大连红星化工厂为工业冷却水，并为热电厂、染料厂等企业提供了稳定的水源，解决了各厂因缺水而停产的问题，开创了城市污水作为城市第二水源的事业，树立了城市污水再生利用于工业的典范，为国家的回用水示范工程。

同期，建筑中水技术开始发展。建筑中水是住宅小区、大厦、机关大院的污水再生利用系统。日常生活中不直接接触人体的各种杂用水约占生活用水量的一半以上，即在保证同样生活质量的前提下，如普及建筑中水系统，可以节省用于生活的自来水30%～50%。但应指出，建筑中水系统由于其单元规模小、成本核算高、运行操作复杂等因素，常常不能稳定运行。已出现多处此类中水系统建成后短期内便停运的现象。因此，将小区、大厦中水系统纳入城市污水再生利用大系统成为城市或区域再生水道，其经济效益、管理水平会有大幅度提高。

90年代中叶之后，国务院开始了包括治理三河(淮河、海河、辽河)、三湖(滇池、太湖、巢湖)在内的绿色工程计划。尽管如此，2000年底我国城市废水处理率也仅为14.5%，主要水系的水质仍没有达到其功能的要求，约有40%以上的河段仍处于Ⅴ类或劣Ⅴ类的状态。点源处理与达标排放的策略已经由环境整体恶化的事实证明了其局限性。

21世纪初期，部分城市开始进行城市范畴上的污水再生利用规划。深圳2001年完成了规划编制，大连2004年完成规划战略研究，北京、天津等城市相应规划正在进行中。进入21世纪，我国的污水处理与再生利用趋向于城市范畴内水资源循环利用与水环境的维系。

4.4　污泥土地利用

4.4.1　现代营养物质循环

在自然界中存在着氮、磷、钾等营养物质的天然循环。其中重要的一条途径在于这些营养物质从土壤中被植物吸收，通过食物链，从低营养等级传递到高营养等级的生物，再从各类生物的排泄物和死亡的躯体中，通过分解者又回到土壤当中。

而在人工环境中，由于污水厂污泥处理费用昂贵，使得人们总是希望寻求一个简单的、经济的、方便的处理手段，从排江到投海，由堆弃至填埋。由于远离农业的时间越来越长，人们已经开始淡忘了自然界中存在的氮磷钾等的循环，有意无意地切断了这一自然循环链条。N、P等营养物质的循环现状如图4-6。

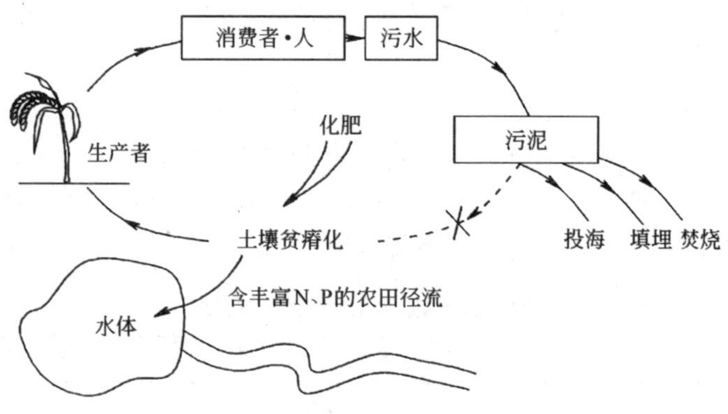

图4-6　现代不健康的营养物质循环

随着城市化进程的加快，城市人口的增加，工业和生活污水排放量日益增多，污泥的产生量也迅速增加。据资料显示，英、美两国在过去的几年中，污泥量年增长5%～10%，每年所积累的干污泥量分别达1.7×10^6t和9×10^6t以上。我国每年产生的污泥量更是高达1×10^8t以上。污泥中又含有大量有用的物质如植物营养素、有机物及腐殖质等，污泥中还含有植物生长所需的其他微量元素，如B，Mo，Zn，Fe，Mn等，这些元素对植物生长有利，而且往往是土壤中所缺乏的，此外，污泥中所含的蛋白质、脂肪、维生素是动物有价值的饲料成分。

就我国而言，目前存在着这样一个不争的事实。一方面，随着污水排放量的增加，随之产生大量的污泥，这些大量的有机污泥由于处理不当，正在污染环境、占用土地；另一方面，大部分的农田缺乏有机肥料，土壤质量日趋下降。

4.4.2　污泥处置方法分析

污泥的最终处置方式主要有投海、填埋、焚烧和土地利用等。

1. 投海

这种方法曾一度被认为是既节省费用又处理了污泥的有效方法，其理论基础是在于海洋的自净作用。但实质上，海洋的自净作用也是有限度的，随着污泥投弃量的扩大，会使海水中含氧量远低于海洋生物群的需氧量，严重破坏海生生物的生活区。如美国纽约，每年把 382×10^4t 的污泥投至纽约港外指定的海区，现已发现该海区近 25.9km^2的区域内，几乎所有的海底生物群都没有了，而且海底污泥的重金属浓度比无污染地区高 150～200 倍。因此，目前投海方法受到严格的限制，已禁止使用。

2. 填埋

陆上存放和填埋需要占用大量土地，并且投弃场所易产生恶臭，投弃物受雨水冲刷和土地渗漏会引起对地表水和地下水的污染。同时，污泥中含有大量有机物，填埋在适宜的条件下会发生消化反应产生污泥气(沼气)，一旦污泥气的压力释放不出去，或遇上火种随时都可能发生爆炸，造成人员伤亡和财产损失，垃圾填埋场爆炸的事件在我国已发生多起。此外，填埋将导致遗留土地污染，这些遗留土地污染的治理需要巨额的费用。如德国治理全国约 8000 处遗留土地污染源可能需要几百亿马克。因此填埋并不能最终避免和消除污染，它仅仅是减缓了污染的时间而已。

3. 焚烧

污泥的焚烧处理是目前国外使用较多的方法之一。焚烧可以使污泥的体积减少到最少量(减少到原有污泥体积的 5%)。另外污泥中含有的重金属在高温下被氧化成稳定的氧化物，是制造陶粒、磁砖等产品的优良原材料，可以进行综合利用。但是焚烧使得污泥中大量的营养物质丧失。此外焚烧炉的投资巨大，据报道建设一座日处理 100t 的垃圾焚烧炉，即使全部采用国内设备材料，一般仍需要 3500～5000 万元。并且污泥灰的处置目前还没有更好的解决方法。此外，如果燃烧装置有问题或燃烧不完全，焚烧法仍然会引起二次公害，例如可能产生废气(剧毒物质二恶英 Dioxin)、噪声、振动、热和辐射等。

4. 土地利用

将污泥作肥料施用于农田、林业、绿地等实现污泥资源化是正当的、彻底的最终处置方法。如前述，自然界中存在的氮、磷、钾的循环，一般是从生产者→消费者→分解者→再到生产者这样的往复循环。污泥中含有大量的有机物质和氮、磷、钾等营养物质，表 4-2 是国内若干城市污泥的肥料成分。

国内若干城市污泥的肥料成分 **表 4-2**

污泥产地	总氮(%)	总磷(%)	总钾(%)	有机物(%)
上海市东区	3～6	1～3	0.1～0.3	65
天津纪庄子(消化污泥)	2～5	2.0	0.3～0.5	50～60
天津开发区	2.2	0.13	1.78	37～38
桂林市	48.3g/kg	21.1g/kg	8.5g/kg	39.6
广州大坦沙	28g/kg	22g/kg	1.2g/kg	39.8
天津纪庄子	35g/kg	13.2g/kg	3.9g/kg	40
厩肥	0.4～0.8	0.2～0.3	0.5～0.9	15～20

利用污泥作肥料，可以充分利用其中的营养物质，维持氮、磷、钾的天然平衡，达到增产、生产绿色食品的效果。这与创建生态农业、生态林业和清洁生产的思想是一致的。国内外许多城市进行了污泥土地利用的探索研究，取得了良好的效果。部分国家的污泥农业利用量所占比例如图 4-7 所示。

国内许多田间试验结果表明，施用一定量城市生活污泥对土壤有机质、土壤腐殖化程度、土壤结构性等均有明显的提高和改善，合理施用符合控制标准的污泥有利于提高土壤肥力水平。

把经过处理的污泥辅以其他物料制成有机复合肥，对水稻进行肥效试验和重金属含量检测，结果表明，污泥复合肥有较高的增产效果，作物中重金属含量无显著差异。污泥有机肥施用后水稻增产 13%～19%，肥效略优于或等同于市场上出售的复合肥；施用于甘庶后，产量比施用市场上出售的复合肥高 22%，比施用尿素、钙镁磷肥和氯化钾混合肥高 29%。

可见污泥、有机垃圾是优良的有机肥源，如果制成肥料回归农田就减少了化肥用量，是减少农田径

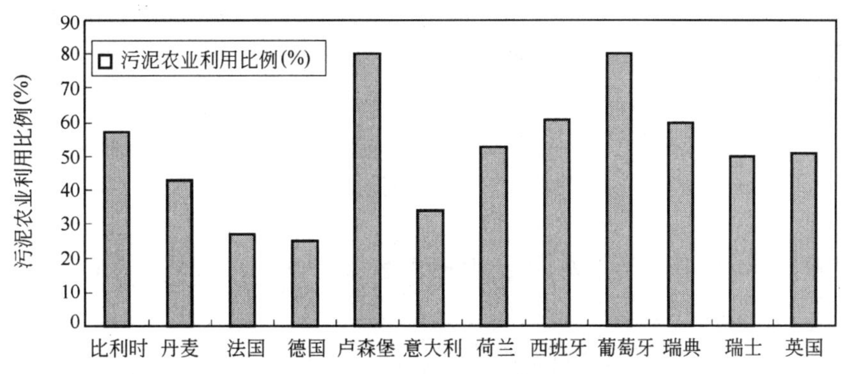

图 4-7 部分国家的污泥农业利用量比例

流营养物负荷的重要手段。既可恢复和维持土地营养物质的自然循环平衡、保持和提高土壤肥力、改善土壤结构，又可减少对水环境的二次污染，这是污泥、有机垃圾的正当出路，也是建立城市水系统健康循环的重要措施。

4.4.3 污泥土地利用的问题和防治措施

尽管城市污水有多种污泥处置的方法，但对我国这样一个中低产田的农业大国而言，将其用于农田、林地无疑是最好的选择。然而，在实际应用中，经常受到许多因素的制约，其中重金属是限制污泥土地利用的主要因素之一。

污泥中含有一定量的Cd，Pb，Ni，As，Hg等重金属离子，这些重金属离子的量取决于城市污水中工业废水所占比例与工业性质。一般情况下，污水经过二级处理之后，污水中重金属离子约有50%以上转移到污泥中。由于重金属离子超过一定的浓度会在土壤、植物中积累，引起土壤重金属含量增加，直接危害植物生长或成为潜在的威胁。土壤中累积过多的重金属，重金属进入食物链或地下水，还能造成新的环境问题。因此应该严格控制作为农田肥料的污泥中的重金属离子含量。

对于重金属可能带来的危害，通过一定的措施是可以做到安全控制的。其防治措施主要有以下几方面：①源头控制，防止含有大量重金属的工业废水进入城市排水管网中，这就要求加强对各工业企业污水排放的监控，实现有害工业废水的局部除害处理，使其排放水达到排入城市排水管网的水质标准要求；②一些学者用微生物方法降低城市污泥的重金属含量，如果重金属元素在污泥中的含量超过农用标准不是很严重的话，如仅超标2～3倍，那么，通过微生物方法把它们从污泥中溶解和淋滤出来，达到符合农用的标准，从而更加安全地作为有机肥料资源加以利用；③选择种植对重金属不敏感的植物，重金属含量过高的污泥应禁止农田特别是蔬菜地使用，这类污泥应选择用于林地和园林绿化；④要试验选择对植物生长发育最优的污泥使用量，避免造成土壤中重金属及有害物质的积累。

国内外许多学者在重金属安全性方面进行了大量研究。德国的研究表明，除了过度超量、超标(指污泥农用条例中的规定)的施用污泥会导致重金属在土壤中高出平均值的积累外，在其他情况下重金属的积累量在规定范围之内。根据其计算即使是在最不利的情况下(对于Zn)也需要大约165年才能达到土壤负荷的限定值。即使是在这种情况下，土壤也并未被毒化，只是不容许再在这块土地上使用这种超标的污泥肥料而已。我国有学者对施用污泥有机复合肥的稻谷进行的测试表明，其中的重金属含量与施用其他肥料的稻谷无明显差别。

因此，只要严格控制各工业企业的排放水中的重金属含量，加上科学合理地施用，污泥土地利用是安全、生态化的处置方式。如前述，在很多发达国家将污泥作为肥料的成功应用，也证明了污泥土地利用的安全性。

其次，有的工业企业废水中还含有微量人工合成有机物，难以生物降解，对生态与人体健康有长远影响，这些有毒有害污染物有一半左右会转入污泥之中，是污泥农田利用的又一障碍。解决的根本办法还是源头治理，提倡循环经济、清洁生产。对排放的有毒有害污染物严格的实行就地无害化处理，无害无毒的工业废水方可入管网。

4.5 雨水水文循环途径的修复

从地球系统的水循环与水量平衡来看，天然降水是维持整个陆地生态系统的基础，是地表、地下径流的来源。

传统的城市规划及建筑设计习惯于将雨水当作“洪水猛兽”，都是以“将地面降雨尽快排入城市雨水管网、尽快入河入海”为首要原则，贯彻的是使雨水尽快远离城市这一传统的防水思路。这就忽略了雨水蓄存、调节是涵养地下水，补充地表枯水流量的水文循环规律。随着城市化进程的不断深入，市区原有的自然环境如森林、农田、牧场等被建筑物、构筑物及硬化地面取代，原有疏松透气的地表被混凝土、沥青、砖石等坚硬密实的不透水材料所取代。在现代城市中，除了散布于市区的公园绿地及天然水体以外，整个市区几乎被一张不透水的大网所笼罩，它阻隔了雨水向市区下部土壤的渗透，截断了地下水径流，严重影响了城区雨水的水文循环，造成雨季市区成灾，枯水期小河干涸的局面。

我国绝大多数城市是以地下水资源和天然降水资源作为城市水资源供应的主渠道，而地下水资源主要借助于包括雨水在内的天然降水加以补充。目前城市地下水的过量开采造成城市市区下层地下水降落漏斗，越靠近市区中心漏斗越深。因此，充分利用天然降水特别是雨水的渗透是有效补充城市地下水及解决城市水资源短缺的重要途径。所以雨水水文循环的修复是建立健康循环的重要方面。

4.5.1 雨水水文循环途径修复措施

雨水水文循环途径的修复主要是通过雨水渗透和贮存来完成的。屋面、庭院、道路上的降雨经收集系统进入渗水设施——渗透井和渗水沟可将雨水渗入地下。设施的渗透能力是以 m^3/h 或 L/min 来表示的。如果除以集水区域的面积(比如屋顶面积或庭院面积)就称为渗透强度，与降雨强度单位相同(mm/min)。雨水渗透设施设计时，常应用雨水渗透率的概念，即渗入土壤中的雨水占总雨量的比例。

雨水贮存设施主要有市区水面的雨水径流调节，在庭院中和建筑物地下修建的贮水池来贮留雨水，达到抑制暴雨径流和雨水利用之目的。目前雨水贮留利用在世界上已经越来越受到重视。

4.5.2 国内外发展状况

1. 国外发展状况

20 世纪 50～60 年代，发达国家如日本、德国、以色列、澳大利亚和美国等都开始积极进行渗透贮存利用雨水，以减轻水灾。

日本在 20 世纪 70 年代经历了几次大水灾害之后，于 80 年代初期推行“雨水渗透计划”，采取了“雨水的地下还原对策”，先后开发应用了透水性沥青混凝土铺装和透水性素泥凝土铺装，日本透水性铺装主要应用于公园广场、停车场、运动场及城市道路。1992 年日本政府颁布了“第二代城市下水道总体规划”，正式将雨水渗沟、渗塘及透水地面作为城市总体规划的组成部分，要求新建和改建的大型公共建筑群必须设置雨水就地下渗设施。1996 年初，仅东京都就铺设透水性铺装 $49.5\times10^4 m^2$。据统计，东京透水性铺装市区雨水流出率由 51.8%降低到 5.4%。

德国针对城市不透水地面对地下水资源的负面影响，提出了一项要把城市 80%的地面改为透水地面的计划。德国城市铺设透水地面的区域包括：人行道、步行街、自行车道、郊区道路和郊游步行路、露天停车场、房舍周边庭院和街巷地面、特殊车道及公共广场等。德国明文规定：新建小区(无论是工业、商业、居住区)之前均要设计雨洪利用项目，若无雨洪利用措施，政府将征收雨洪排水设施费和雨洪排放费。

美国的许多城市建立了屋顶蓄水和由入渗池、井、草地、透水地面组成的地表回灌系统。如加州富雷斯诺市修建的地下回灌系统年回灌量占该市年用水量的20%。美国制定了相应的法律法规对雨水利用给以支持，其规定：新开发区的暴雨洪水洪峰流量不能超过开发前的水平，所有新开发区(不包括独户住家)必须实行强制的就地滞洪蓄水。

2. 国内发展状况

在我国，城市雨水渗透、收集利用长期以来没有得到应有的重视。直到20世纪末，除个别地区建设了一些小型、局部的雨水利用工程外，基本没有实施城区雨水渗透、收集利用。现在我国部分大型建筑物，如上海浦东国际机场航站已经建有较为完善的雨水收集系统，但是尚没有处理和回用系统。近年来，不少专家学者开展城市雨水的利用研究，也逐步由单纯利用雨水资源转向资源利用与环境建设相结合的综合化发展方向。但从总体上看，我国在这个领域的实践还刚刚起步。

4.5.3　雨水渗透利用效果

雨水渗透利用对于维持城市水资源供需平衡、增加当地溪流和地下水枯水季节补给水量、保护城市水环境具有重要意义。我国在这个领域的实践，尚缺乏系统研究，下文以日本相关研究资料为例进行分析。

日本昭岛市内一个占地27.8hm^{2}的住宅区，分成面积相当的两个区域。一个区域内集中建设了雨水渗透井40座，渗透管渠637m，渗水铺砌2405m^2，另一个区域只修建了常规雨水道。该区对1990年8月9日和9月30日的两场降雨进行了观测。观测结果如图4-8、图4-9所示。

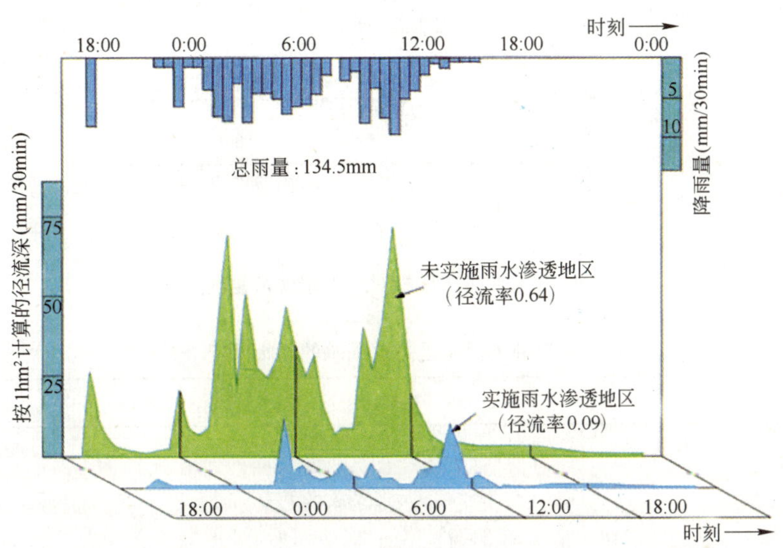

图4-8　1990年8月9日日本关东地区降雨径流逐时变化图示

从图中可以看出8月9日的降雨属于时大时小的雨型，总雨量134.5mm。由于人工渗透设施的设置，径流系数由0.64降至0.09。9月30日降雨属于后期大强度型，总雨量154.5mm。径流系数由0.72降至0.29。可见起到了很好的削减洪峰流量和径流总量的作用。

雨水循环途径的修复对地下水涵养及中小河川的枯水季节流量的恢复也有显著作用。日本关东地区有几个中小河川流域，在50%建筑住宅中，设置了屋面集水和渗透井系统。设计渗透强度为5mm/min，结果这些流域地下水位都有所上升。如图4-10所示，平均上升1～2m。

据达西法则，地下水位上升，就会增加泉水涌水量。世田谷区为涵养地下水，保护名泉，从20世纪80年代就开始了设置雨水渗透设施，经20年的努力已初见成效。如表4-3所示。

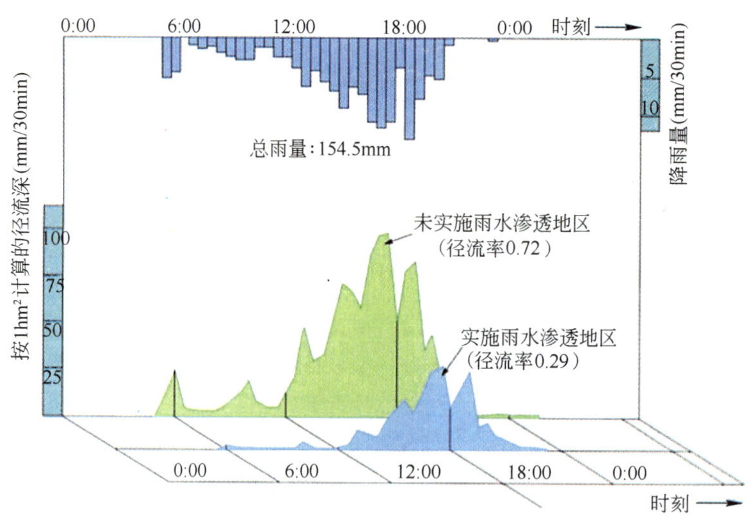

图 4-9　1990 年 9 月 30 日日本关东地区降雨径流逐时变化图示

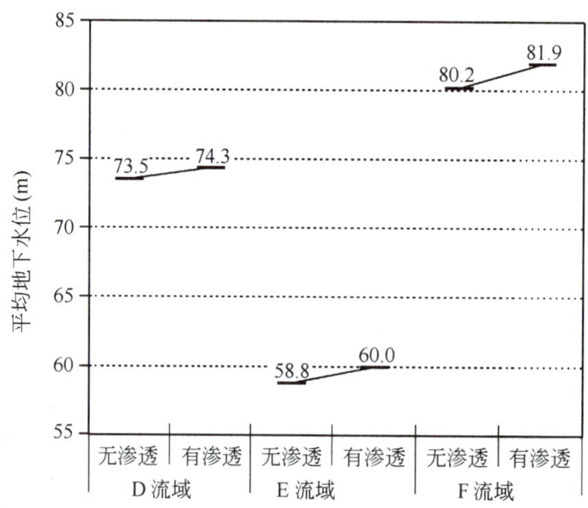

图 4-10　雨水渗透设施对地下水位恢复的效果

东京都世田谷区见池湧水的枯竭状况　　**表 4-3**

项　　目	1988 年	1995 年
渗透井设置个数	20 座	901 座
湧水枯竭期间	1988.1.31 始持续 52d	1995.2.10 始持续 34d
枯竭期间中的降水量	194.5mm	93.0mm
枯竭前 3 个月的降水量	139.0mm	104.0mm
枯竭前 1 年间的降水量	1，168.0mm	1，118.5mm

尽管 1995 年泉水枯竭期间和其前 3 个月、前 1 年的降雨量都少于 1988 年，但泉水枯竭天数却由 52 天缩短至 34d。地下水位的提高、泉水枯期日期缩短、湧水量增加，补益了中小河川的枯水流量。图 4-11是在 50%的住宅建设了渗水井，设计渗透强度 5mm/min 的条件下，河川枯水量变化情况。G 流域是一个小河川，没有过大的污水处理水排入，由于人工渗透设施的建设，枯水量由原来的 0.12m^3/s 增加到 0.29m^3/s。H 流域有大量的污水处理水入流，占据枯水流量大多数。枯水流量也由 15.7m^3/s 增加到19.0m^3/s。

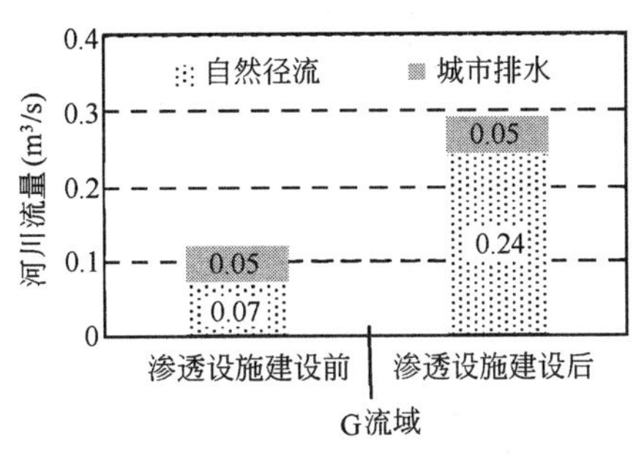

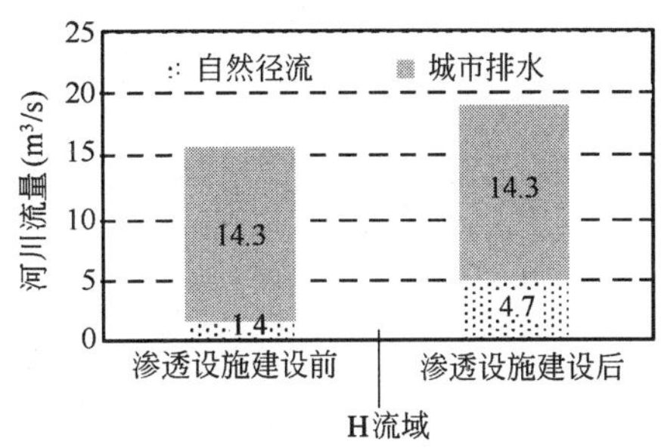

图 4-11 雨水渗透设施对丰富河川流量的效果

石神井川、神田川流域的城市化程度已超过 50%，由于设置了雨水渗透设施，如图 4-12 所示河流的枯水量一直较为稳定。与其相反空堀川等流域没有雨水渗透设施，枯水流量则逐年下降(图 4-13)。野川流域雨水渗井的座数由 1990 年的 1500 座增加到 2000 年的 14500 座。不但带来了枯水流量的增加，而且平均 BOD 值也在逐年下降(图 4-14)。尤其是 1994 年到 1998 年 4 年间天神森桥断面 BOD 值由 6.5mg/L 直线下降到 1.8mg/L。

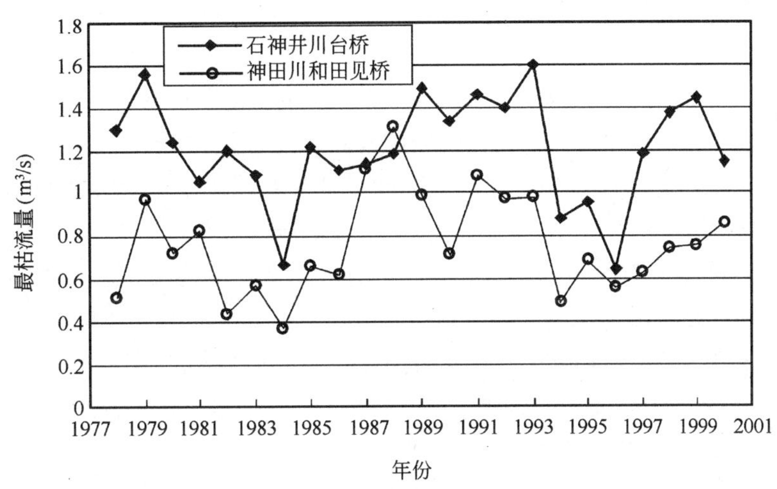

图 4-12 有雨水贮存和渗透设施河川

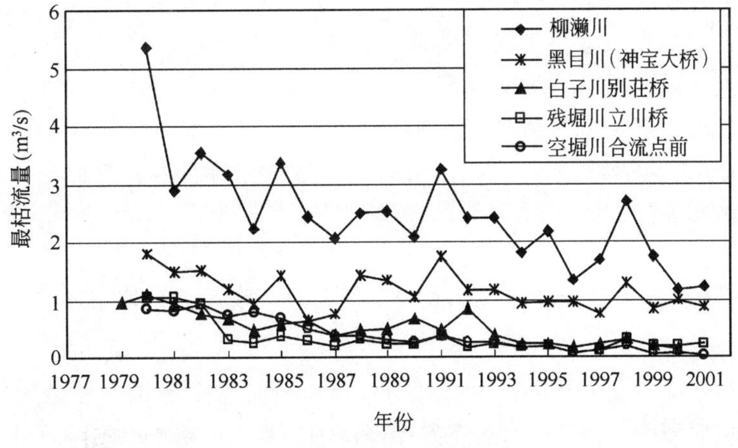

图 4-13 无雨水贮存和渗透设施河川

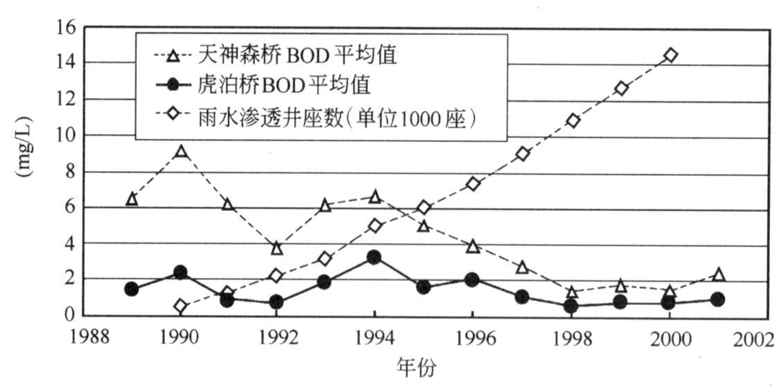

图 4-14 野川水质测定结果

4.6 面源污染控制

面源污染指的是，污染物进入环境的方式是扩散的、非点状的，包括各种无组织、大面积排放的污染源，如城市的雨洪水，空气污染导致的降水污染，含化肥、农药的农田径流，畜禽养殖业排放的废水、废物等，往往具有量大面广的特点。例如我国水土流失面积占国土面积的38%，每年流失土壤50×10^{8}t之多，严重影响土壤肥力。黄土高原每年水土流失带走的氮、磷、钾就达4000×10^{4}t，相当于全国一年的化肥产量。

很多资料显示，现代化的农业和养殖业对水环境产生了深远的负面影响，其影响甚至超过现代工业对自然水环境的影响。例如北京市近郊畜禽养殖场排放的有机污染物为全市工业和生活废水所含有机污染物总量的3倍。因为，工业过程和产品可以被限定在一定的范围内，其产生的污染物也容易收集和集中处置，而农业和养殖业活动量大面广，并且直接影响整个自然生态系统。例如，我国长江和黄河发源地农牧业过度活动，影响到了整个长江和黄河流域的水环境。农牧业污染是一个分散的环境污染物排放过程，不适于采用常规的处理方法。

据研究报道，裸露的土地氮、磷流失率是有植被覆盖土地流失率的10～100倍，而庄稼地氮、磷流失率是果林草地的近10倍。据此推算，土地在翻耕时的氮、磷流失率可能是草地的数十倍以上，甚至达到数百倍。加之，我国农田过量施用化肥，超过50%的化肥失效流失。因此，农业正在成为影响我国生态环境的主要污染源，尤其是湖泊的富营养化。在我国富营养化严重的滇池、太湖和巢湖等地区，湖泊周围大量的水田，是富营养化元素氮、磷的主要来源。据统计，我国农业污染对水体的影响已经超过工业和城市系统，成为我国也是地球上最大的污染源。

发达国家在水污染领域的发展表明，即使是点源污染得到有效控制，如果面源污染没有遏制也不能恢复良好的水环境。尤其是在农业活动密集的地区，农田径流的影响将更加突出。因此，控制面源污染，也是促进水健康循环以及水环境恢复必不可少的支柱。

但是面源污染是比城市点源污染更难以处理和控制的污染源。对于农业面源污染，除了采取节水技术，发展和普及有机肥料，提高土壤水土肥保持能力，实施科学的平衡施肥制度之外，进行灌溉水的回收利用也是相当关键的措施。

4.7 流域水环境与水资源统筹管理

水资源的分割管理、部门交叉重叠、以行政分区体制管理水资源也是导致用水效率低下、浪费严重、污染不能控制的重要原因。此外，过去在发展经济的过程中，对于生态用水问题重视不够，普遍存在挪用、挤占生态用水现象。为了防止生态环境的进一步退化，必须在各流域的水资源规划中确保生态环境用水。

在目前我国水资源紧缺和水污染问题越来越突出的情况下，应该将原来那种水量与水质分开、地表水与地下水分开、供水与排水、城市与流域分开管理的体制，改为对城市和农村、供水、节水、污水处理及再生回用、水资源保护等实行统筹管理的新体制。实现流域水资源水量与水质统筹；传统水资源与污水回用及海水利用统筹；流域上下游统筹的管理。统筹管理有利于促进水资源的开发、利用和保护，有利于统筹解决洪涝灾害、水环境退化等问题，有力地保障了社会经济的可持续发展和水资源的可持续利用。这种统筹管理将贯彻到其他策略的制定、执行、监督等各方面工作之中。

目前，我国七大水系都有流域委员会，但它还没有权力和能力统筹管理流域水系和社会用水健康循环，只是做了水权分配和水利工程建设。而各水系水体都有不同程度的严重污染，流域委员会应是流域水资源管理的权威机关，直属国务院的水事权力机构，有领导各地方政府和各部委在本流域水事活动的权力。同时应当有立法权力，其颁布的法令能进入地方法规，以地方法规支持委员会的行动。

流域委员会的职责是：

1. 制定流域水系健康循环规划；

2. 制定流域内各河段水体功能和排放水标准；

3. 协调环保局、水利厅、建设厅的水事职能；

4. 节制流域内各省、市、县的取水量，确定污水再生排放水质；

5. 建立流域水信息中心，建立环保、水利、建设各部门间信息共享，统一部署水文、水质检测网络；

6. 建立完善的水源、供水和污水收费体制。

第5章　21世纪城市排水系统新模式

5.1　城市排水系统发展历程与挑战

5.1.1　城市排水系统发展简史

城市是一个国家财富的集中地和社会经济发展水平的标志。它集中着国家很大部分的生产力，提供国家大部分的经济产出。就世界平均水平而言，城市地区拥有各国约60%的GNP。城市的重要作用不仅仅表现在能够提供较多的就业机会、居住地和服务，而且还是文化和知识技术发展的中心，以及农产品加工基地。

城镇的出现可追溯到遥远的古代。然而城镇的兴起也带来了公共卫生问题，为了解决这个问题，城市排水系统应运而生。城市排水和废弃物处理系统已经存在了至少5000年。在美索不达米亚帝国时期(公元前3500～2500年)，富人的住宅建有与雨水沟连接的排泄管道用来排泄住宅内的污水。在我国河南省淮阳挖掘出的龙山文化时期(公元前2800～2300年)的古城中也发现了陶质排水管。

最初的城市排水系统源于城市防洪排涝的需要。它的主要功能是尽快将雨水排除出市区之外，例如伦敦最早的排水系统是排除地表水，直到19世纪初还禁止往雨水下水道中排放污水或其他废物。

19世纪30～50年代霍乱和伤寒流行病蔓延整个伦敦、巴黎、汉堡和其他欧洲城市，导致每个城市成千上万的人死亡。著名的卫生运动的倡导者埃德文·查德威克爵士(Edwin Chadwick)认为，大多数城镇的不卫生条件是导致霍乱的主要原因。他强烈呼吁用冲水式厕所取代传统的厕所，还提倡建设城镇污水下水道。查德威克反对禁止将生活污水排放到雨水下水道的规定，并建议修建污水干线系统，用下水道同时排放暴雨水和生活污水。从此，18世纪末发明的水冲厕所开始在19世纪得到迅速推广普及。

水冲厕所的应用大大改善了城市居民的生活条件，也使得城市用水量和排水量迅速增加，由于水冲厕所的使用，伦敦的排水系统的水量在1850～1856年6年间几乎增加了一倍，极大地改变了城市排水系统的性质、结构和功能。此时城市排水系统的目的是改善城市居民卫生条件。它的主要功能是将雨水和来自不同人类活动的污水尽快排除出市区之外。

历史上，这种排水系统避免了大规模水媒流行病的爆发，成功地改善了城市居民的卫生条件，为人类的繁衍增长作出了巨大贡献。

但是由于缺乏污水处理，使得进入下水道系统的污水都直接排入了城市周边的河流水体，造成严重的水质污染。在“水冲厕所革命”的发源地英国，水冲厕所的应用大大改善了城市普通市民的生活条件，降低了疾病发生率，然而水冲洗革命的到来，也使河流水质严重下降。严重地污染结果，也使得欧洲的莱茵河曾一度被称为“欧洲最大的下水道”。早在1867年，英国土木工程师鲍德温·莱斯姆(Baldwin Latham，1836～1917)就指出：我们公民的生活和健康是以牺牲河流的代价换来的。

河流水质普遍退化以及伤寒等疾病的肆虐，迫使人们开始进行污水的处理研究工作。从大约1900年至1970年，污水处理的对象主要是：胶体物质、悬浮物质和可漂浮物；生物可降解有机物以及病原菌。从20世纪70年代初期到1980年前后，污水处理目标主要基于美学的和环境的角度，处理对象主要是生化需氧量BOD，总悬浮固体TSS以及更高水平地去除病原菌。同时，营养盐的去除，例如氮和磷，也开始得到研究，尤其是在内陆河湖和河口、海湾地区。此时排水系统的功能是：排除雨、污水，防止内涝，改善城区卫生条件，以及保护河川水质。20世纪80年代以来，延续了70年代提高水质的目标，但是强调的重点转移到去除可能引起长期健康危害和环境影响的物质。

5.1.2 城市排水系统面临的严峻挑战

1. 世界范围内的水环境退化

随着时间的推移，我们对污水处理的目标和对象不断增多，处理程度要求也越来越高。这些物质的主要来源是工业废水。随着社会经济和工业企业的发展，工业废水中污染物数量和种类不断增加，包括有毒化学物质、重金属、有机化合物和杀虫剂等使许多城市污水处理系统面临新的挑战。虽然污水处理出水的排放指标要求越来越多，越来越严，又不断促进开发出新的单元处理工艺，但是，世界范围内城市河湖水系的水质退化仍然相当严重。

例如美国，从总体上看，20世纪末期以来，美国江、河、湖、海的水质维持较好水平。根据美国环保局发布的资料，2000年美国近海海域中完全满足规划水体功能的占45%，水质受到污染不能满足使用功能的占51%，其余4%水质尚可满足大部分使用功能。

2005年，美国环保局关于近岸海域水质的评估结果显示，对于水生生物生产和人类居民使用而言，有21%的近岸海域水质未受损害，维持良好水质；35%受到污染，水质较差；另外的44%水质尚可，基本没有受到损害，但是也已经出现受污染威胁的迹象。由此可见，虽然美国的污水处理设备不断完善，降低了受污染水体的比例(由51%降低至35%)，然而未受污染的近岸海域水体比例也急剧下降了一半以上，而转变成为水质一般，受污染威胁的水体。

在著名的五大湖地区，近20年来，从营养盐的浓度变化情况来看，水质的保持工作基本得以实现，只是在局部地区，如伊利湖中部近年的总磷浓度在波动中呈现出增长的趋势。近20年来的五大湖总磷的变化情况见图5-1。

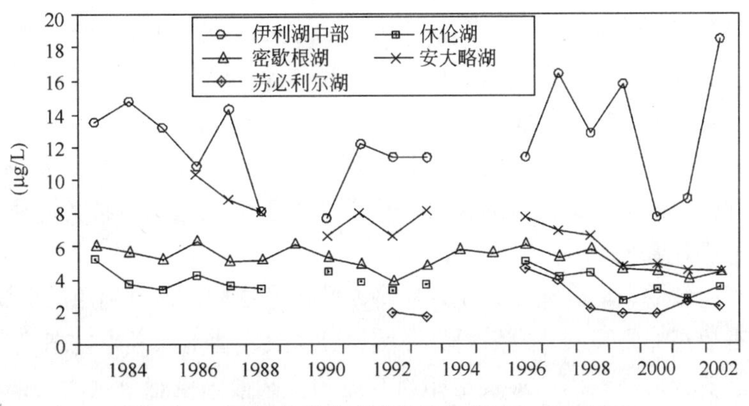

图5-1 五大湖总磷浓度变化趋势(1983～2002年)

此外，在1780～1980年的200年间，五大湖沿岸湿地遭受严重破坏，超过半数的湿地已经消失。其中俄亥俄州地区损失情况最为严重，湿地损失高达90%，即便是湿地保护得最好的明尼苏达州，损失的湿地也占42%，见图5-2。

从发达国家和地区现在的水环境质量以及它们的发展趋势来看，在历经了数十年的努力治理之后，许多河流水系水质情况虽有所改善，整体水环境却仍旧没有得到根本性的好转，可见水环境系统恢复和水质维持的难度之大。这也警示着至少在可以预见的将来，城市排水系统面临的挑战将是十分严峻的。因为在人类整个用水循环过程中，排水系统是控制污染物排放量的关键，是与自然系统的联结点。

在21世纪，世界城市的发展将越来越快。从全球城市发展的历史情况看，进入工业化时期以来，

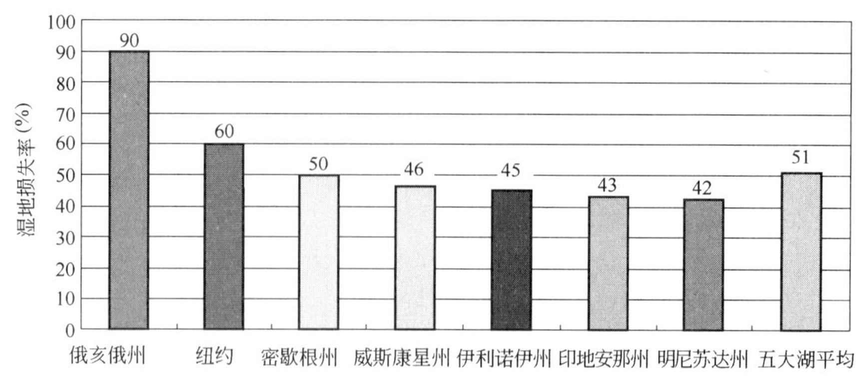

图 5-2　1780～1980 年五大湖沿岸湿地损失情况

城市化(urbanization)成了重要的全球现象。20 世纪初，城市人口仅占全球人口的 13%～14%，到 20 世纪末，城市人口的比例就已经提高到 47%左右。根据联合国 1995 年的资料，世界五大洲的城市化平均水平为：北美洲为 76.3%、拉丁美洲 74.2%、欧洲 73.6%、亚洲 34.6%、非洲 34.4%。

根据联合国环境署资料，目前世界上有近一半(47%)的人口居住在城市，据估计，2000～2015 年城市人口将以每年 2 %的速度继续增加。

如此急剧膨胀的城市人口所需的迅速增加的食品、能源和水资源消费，更加剧了水资源短缺状况，大量的水源不得不被输送到城市地区。在 21 世纪，人类需要“找到”比目前多 25%～60%的淡水来满足全球人口的饮用、卫生、农业和能源生产之需。这些大量的水资源利用也产生相应巨额的污水排放量，对城市排水设施带来了严峻的挑战。

2. 国际社会的努力

为了缓解城市地区水资源紧张与水环境退化的问题，国际社会付出了巨大努力，提出了许多概念和设想，例如生态卫生(Ecological Sanitation，有的译为生态卫生厕所)，城市的新陈代谢，水资源回收和再循环、再利用(3R 原则，Reclamation，Recycling，Reuse)等。

生态卫生系统发展的核心是要以安全、经济、可靠的方法，使水资源和营养物质在人类社会和经济发展中以闭合循环的方式运行，以提高用水效率，保护和节约有限水资源和营养物质。生态卫生系统是建立在 3 条基本原则基础上的，即：预防污染而不是在污染发生之后再进行治理和控制；粪便排泄物的消毒与无害化；将这些安全的粪便制成有机肥产品回用于农业，循环利用排泄物中的营养物质。因此，粪便的无害化和再循环是生态卫生最关键的特征。所以这种卫生设施又被称为“生态卫生厕所”，它与环境形成可持续的完整循环系统。

生态卫生是一个可持续的、闭合循环系统。它将人的排泄物看作是可利用的资源而不是废物，回收利用其中的养分，这种思想非常可贵。在农村、乡镇等经济欠发达地区考虑生态卫生厕所作为提高当地卫生条件、保护环境和资源循环利用的形式是相当有效的。其实，生态卫生厕所的根本原则并不新颖，以生态学原则为基础的卫生设施在不同习俗地区已使用上百年了，我国农村地区的大部分茅厕实际上就是早期的生态卫生厕所，距今已有几千年的历史。

但是生态卫生厕所要求以家庭为单位处置人粪尿，对于一个高度发展的城市而言，这种循环利用水资源与营养物质的形式实施难度大，很难适应城市的需要。尤其是在中国，城市排放大量的污水，其相对集中的污水收集和处理系统近期内不会改观，垃圾分类与分拣工作还没有实质性进展，居民对于生态卫生系统的观念、操作管理等相关知识的培训和掌握、千家万户家庭排水系统改造的可行性等等都还远远不足以满足在城市地区实施生态卫生厕所的需要。同时，对于城市人口密集地区，生态卫生厕所的适用性也是值得认真商榷的，毕竟这与农村地区地广人稀的环境有很大的区别，生态卫生厕所的维护、气味等问题更加复杂，一旦个别家庭出现流行性病菌感染造成的潜在风险也相当大，所以在城市地区，迫切需要在现有社会经济、文化发展水平基础之上，综合生态学、系统科学、环境工程等学科知识创建一种水和营养物质循环利用的排水系统新模式。

但是，目前总体上城市排水系统的功能和定义还没有从根本上加以改变，尤其是在发展中国家。在这些国家中，由于缺乏资金、教育等原因，对城市排水系统的观念仍旧维持在原来的水平。仅限于防洪、排涝，维系城市卫生，控制水体污染而已，完全没有污水再生再循环的概念。没有认识到地球上水循环的规律和人、水和谐的理念。例如在中国，目前许多城市在规划和建设城市污水处理设施时，仅仅强调规模效益、于城市下游设厂集中处理，然后尽快排除污水处理水，没有考虑到未来污水再生利用对城市污水处理布局的需要；在处理流程上，也没有考虑再生全流程的需要，没有预留深度处理的余地，只满足于达标排放。在未来需要大规模回用再生水的年代，必然造成极大的资金浪费以重新布局城市污水处理系统。

可见，我们必须发展一种新的城市排水系统，以提高居民生活卫生水平和循环利用那些潜在的宝贵资源，同时还要能够解决基建投资短缺的难题。这将是21世纪我们水务工作者的一项优先任务和艰巨挑战。

5.2 城市生态系统物质平衡分析

城市是水环境和水资源以及其他物质和能量消耗的最大用户，在中国，一个城市居民消耗的资源是农村地区居民的数倍。大量的水、粮食和其他物资从城市周边地区输入城市，经过居民消费之后，经城市排水系统，排入受纳水体，如图5-3所示。

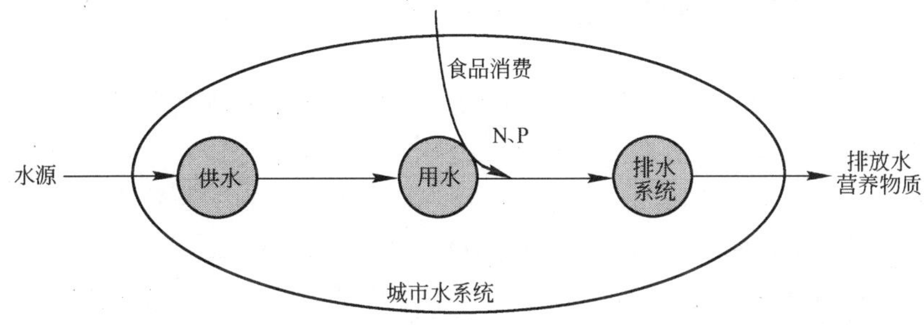

图5-3 传统城市水系统的物质平衡

这种模式在城市规模较小时并没有显出多大缺陷和危害，人们可以尽情享受城市的便捷和舒适。然而，随着城市居民的增加，需要输入的水和粮食的数量随之大幅增长。很显然，城市中氮、磷等营养物质的输入量与输出量也并不平衡，致使越来越多的污水和营养物质排入水体，造成了自然水体的污染和清洁水资源与营养物质的流失。而地球上的淡水资源和营养物质都是有限的，例如自然界中的磷。

尽管磷是地球上第11位含量最丰富的元素，但是磷从来都不以纯磷的形式出现。它总是与其他元素结合在一起形成另外一种化合物。例如磷酸盐矿石。农业对化学肥料的严重依赖性，导致了磷矿这种不可再生的资源正在以日益增长的速度被开采，以满足化肥的需求。总的说来，用于生产化肥的磷酸盐占全球磷酸盐利用量的80%，其余20%分别用于生产洗涤剂、动物喂养和其他特殊用途(如生产阻燃剂等)。

关于世界上磷矿目前剩余贮量的估计，以及这种无可替代资源全部耗光的年限估计都各不相同。主要是因为，在目前市场价格下，对未来供需的假定不同，因而预测年限范围不一。例如有的预测年限为60～130年，有的为90年左右，或者是100～150年。但是，所有的预测都认同这样一点：即随着时间的推移，磷产品在质量上将会不断趋于下降，而成本却相反会日益上升。当前我们所用的相对来说易于开采并不昂贵的磷，将会在50年内消耗殆尽。因此，在我们未来的发展战略中，增强农业生产力必然要强调应比过去更加有效地、更可持续地利用那些宝贵的营养资源，再也不能忽略生活污水中含有的大量营养物质。这就迫使我们必须从现在开始进行N、P等的回收再循环，将它回归土壤，以降低人工化肥对P的需求量。

在中国，这种需求更加迫切。2002年中国人口约为12.8×10^8人（不含香港、澳门和台湾）。其中约39.1%居住在城市。大量增长的城市居民给中国所有660个城市的水资源和水环境都带来巨大的压力。

同时，大量的污水以及其所蕴含的营养物质资源又给我们提供了解决问题的有利机会。2002年，中国城市生活污水量为$243\times10^8m^3$。如果能够回收其中的1/3，就能够解决今后10～15年的城市缺水问题，此外，污水中含有的大量氮磷营养物质也是相当可观的。因此，在中国的许多城市，尤其是象北京、广州等这些特大城市，城市污水是极为宝贵的水资源，不应该予以废弃。污水应该而且必须再生和再循环，污水中的营养物也必须进入土壤营养成分的循环系统，以解决缺水和水污染问题，维系水资源可持续利用及农业的持续发展。

5.3 21世纪城市排水系统

5.3.1 城市排水系统功能与任务

传统的城市排水系统是以防止雨洪内涝、排除和处理污水、保护城市公共水域水质为目的，认为污水是有害的，应尽快排除到城市下游。这种观念导致的结果往往是保护了局部的生活环境，危害了广大流域地区。

实际上，良好的水环境不是局部地域的，它的范围是整个流域的乃至全球的。给水系统和排水系统好比是城市水循环的动脉与静脉，排水系统起到回收城市污水和净化再生，畅通城市水循环的作用。

此外，排水系统还应该妥善处理污水厂产生的污泥。污泥处置的一个最具竞争力的出路是作为农业肥料——充分利用污泥中富含的N、P、K等营养物质，既可避免污染，又可创造经济效益。泰国南部的实践表明，在废弃物回收和公众参与的情况下，废弃物中的营养物质再循环利用是一种在技术上、经济上和环境等方面都可行的方法。许多田间试验结果表明，施用一定量城市生活污泥对土壤有机质、土壤腐殖化程度、土壤结构性等均有明显的提高和改善，合理施用符合控制标准的污泥有利于提高土壤肥力水平。

根据预测，在今后30年里，耕地的减少量在$3000\sim6000\times10^4hm^2$，届时全球剩余的耕地面积大约为$1\sim2\times10^8hm^2$。因此，随着人口的增长，耕地面积的大幅下降，农业如何能够提供充足的粮食，保证全球人口的食品需求，将是一个无比艰巨的任务。但是无论如何，其中关键的一点就是要尽力提高农田耕地的肥力，创造更高的粮食亩产量，通过不断地努力来实现土地资源的可持续利用，进而提高全球农业的可持续发展能力。对于保持和提高土地资源的生产潜力、耕地肥力的提高和土壤结构的改善，合理科学地利用尽可能多的有机肥料是必不可少的有效措施。因此，未来城市在消耗巨额营养物质的同时，其排水系统也同样应该承担起维系土壤生产能力的艰巨任务。

所以，21世纪排水系统的功能应从以前的防涝减灾、防污减灾逐步转向污水和营养物质的再循环，从而恢复良好水环境，促进水资源的可持续利用。它的基本任务是收集、处理、再生和再循环尽可能多的城市排水和营养物质。既要强调循环利用物质的数量，也要重视这些再循环资源的质量问题。

现在，越来越多的人意识到需要进行水资源的保护、污水再生和再循环，许多研究也显示只要是经过适当处理，即使是饮用再生水，也没有出现任何有害后果。在中东地区，污水再生回用已经相当普遍。以色列早在20世纪70年代就开始将废水再循环作为一项国家政策，而且其后10年间，以色列已将其70%的污水再生回用于灌溉。美国、瑞典、英国、德国等国家的污水再生回用规模也是相当大的，并且在这方面都不乏成功的实例。

5.3.2 现代城市排水系统模型

满足上述新功能和任务的现代城市排水系统，可以看成是城市物质循环的一个关键途径。它的模型如图5-4所示。

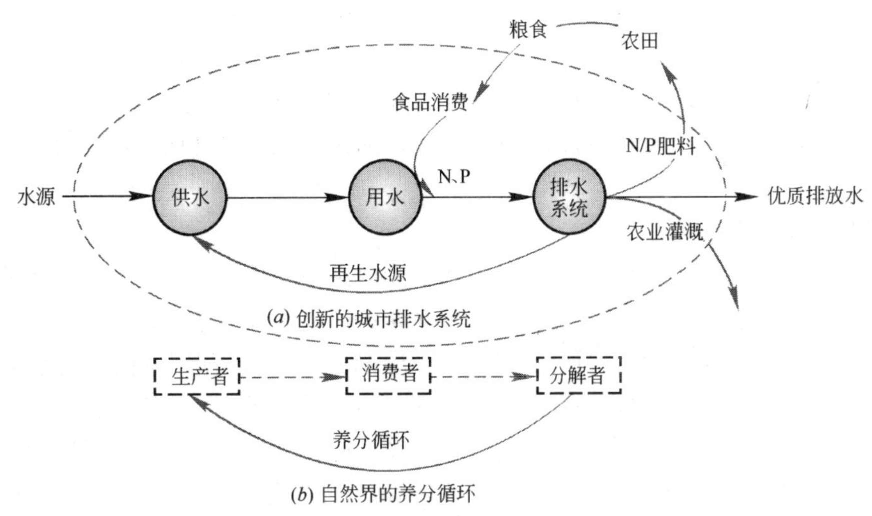

图5-4 创新的现代城市水系统

在经历人类数千年来的快速发展之后，我们越来越认识到，解决现行物质短缺和人类可持续发展问题的惟一出路是建立循环型社会，其中水的再循环利用是基础。在这样一种新的城市水系统中，水在排放至城市下游之前已经被利用了多次，排放的也是再生水。这是节水型社会的最好体现。如图5-4所示，城市排水系统为城市提供再生水，起到分解者的作用。这样的排水系统是城市用水循环的枢纽，是营养物质循环的纽带，是物质与能量回收的基地。而且它通过高质量的排放水将社会用水与水的自然循环联系起来，将降低城市取水量，从而保护了下游水体水质免于被污染。

从宏观角度看，与传统的排水系统相比，现代城市排水系统在以下3个方面呈现出根本性的变化，或者说具有3个显著的特点。

1. 系统性

系统性本来是自然界中事物普遍具有的一种特性，运用系统科学的思维和方法探索自然界的奥秘，这也是我们认识自然、掌握客观规律时十分重要的途径。然而，目前我们正在快速发展的科学技术，绝大部分仍旧在西方文明的还原论主导思想之下进行的。而这种思想在对于认识事物的整体方面存在着极大的缺陷。正如美国著名未来学家阿尔文·托夫勒(Alvin Toffler)在为伊·普里戈金的《从混沌到有序》(Order Out of Chaos)撰写的序中曾经说到的那样："在当代西方文明中得到最高发展的技巧之一就是拆零，即把问题分解成尽可能小的一些部分。我们非常擅长此技，以致我们竟时常忘记把这些细部重新装到一起。这种技巧也许是在科学中最受过精心磨练的技巧。在科学中，我们不仅习惯于把问题划分成许多细部，我们还常常用一种有用的技法把这些细部的每一个从其周围环境中孤立出来。这样，我们的问题与宇宙其余部分之间复杂的相互作用，就可以不去过问了。"

因此，以一种系统的思维模式和视点去重新审视我们城市的给排水系统，也许会使我们更加接近掌握自然界和人类社会发展的某些客观规律，从而为解决目前城市发展所遇到的水危机提供一种更加综合、更加可行的策略。而创新的现代城市水系统模型所描述的正是基于这种认识所提出的一种城市水系统发展的框架模型。将城市水系统作为一个统一的系统整体来考虑城市需水、用水、再生循环、排水以及居民生活条件、食品供应等方面的问题。不再把这些城市发展带来的问题孤立和割裂开来，而是系统考虑城市范畴的水资源流、营养物质流与能量流的合理分配和持续发展。既要保证水资源流和营养物质流的合理利用，又要兼顾能量流的可支撑性和合理性。

这种全新的城市排水系统模型，将原来传统意义上的城市排水系统研究对象的范围进行了扩大，使城市排水系统的系统边界拓展至城市水系统、物质流及能量利用系统。相应地城市排水系统的系统结构发生了变化，由原来的单一子系统变成由几个相关子系统构成的综合系统。

这个模型中的大部分子系统，或者说是组成结构，并不是什么新奇事物，或多或少已经被人们所认识，然而，将这些不同方面的元素综合起来一块考虑却给了我们许多新的启示。应该看到尽管这个模型离实际工程实施还有一段距离，但是，毕竟为我们城市水系统的未来发展方向提出了一个极富竞争力和吸引力的设想，构建了从更加系统、更综合的角度去思考和应对城市发展所带来的水危机和相关难题。

2. 资源的循环利用

自然界中没有废物，这是因为自然界中各种物质都能得到循环利用。可以说，循环是自然界得以存在和发展的本质特征。尽管从现时我们的社会水循环来看，还很难看到循环利用的影子，但是，可以确信的一点是，在未来10～20年之内，我们的城市就将会在物质的循环利用方面不可避免地呈现出比今天要强烈得多的要求，也一定可以促使在部分城市建立起物质循环利用的系统。

原来的物质利用方式，以及化肥利用效率的徘徊不前，造成了氮、磷等化肥用量的急剧攀升，对自然界中本就有限的自然资源施加了极大的压力。图5-5和图5-6分别是全球与中国化肥施用量的变化。

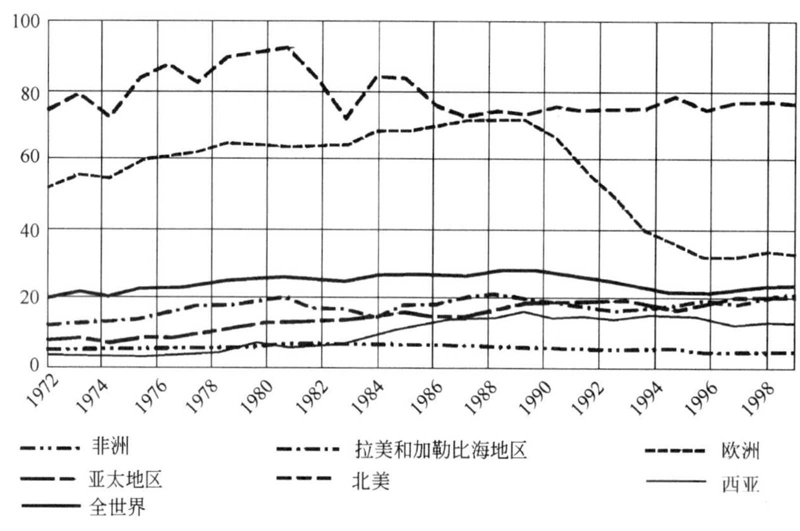

图5-5　全球化肥施用量变化(kg/(人·a))

创新的现代城市水系统就是在建立资源循环型城市方面的一种积极尝试和努力。从这种新的排水系统架构上看，城市中的水资源流不再是原来传统概念上的一次性利用后排放的单向流，而是变成为一种循环利用的闭环系统。例如在得到一次利用之后的污水，将会被收集起来，得到妥善处理，从而获取满足一定使用功能的再生水，这些再生水又通过专门的输配水系统，供给城市中的工业、市政等用水部门得到重复、循环地利用。

与此类似的是城市的营养物质循环状况也发生了根本性的变化。从原来依靠无休止地增加人工化肥来增加土壤中营养物质的量，而转变为积极利用富含营养物质的污水厂污泥制作成为安全、高效的有机肥料。

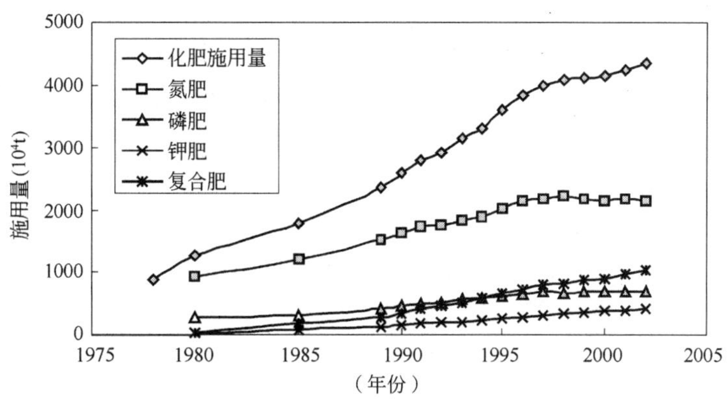

图5-6 1978～2002年我国化肥用量

因此，在创造如图5-4所示的城市排水系统之后，整个城市水系统类似于自然界水循环和氮、磷循环，城市的物质流形成了反馈循环的闭环系统，城市可以用较少的新鲜水量满足城市用水之需。同时也维持了自然界生态系统的物质循环规律。

3. 内在的可持续性

在20世纪，我们不断地修筑水坝、建设引水渠道、实施远距离输水工程，以寻求更多的新水源来满足城市扩张和人口增长的需要。水环境越来越退化，水资源越来越短缺，致使城市发展对周围环境的影响和压力越来越大，社会水循环已经逐渐成为人类社会发展面临的一个沉重负担。在目前人类用水强度日益加强的情况下，就要求社会水循环提供更高的可持续性。所谓可持续的水资源系统，是指这样设计和管理的系统，它不仅满足现代人的需求，而且满足未来人的需求。它是一个哲学概念，而不是一个确切的存在状态。

城市排水系统的可持续性是现代城市用水系统的内在特性，是人类社会发展的必然要求，为社会用水健康循环所必需。

健康社会水循环，正是将人类用水置于水的自然大循环系统之下，以一种更加符合自然界物质循环利用规律的方式，开发、管理和利用宝贵的自然水资源，使得水和营养物质都能够以环境友好的方式得到循环再用，从而力求达到一种更可持续的社会水循环。也就是说，在实现了社会用水健康循环的同时，也就使得我们人类社会的用水水平有了质的提高，在保障人类当前发展用水需求的同时，维持自然界良好的生态环境，从而提高我们水资源系统的可持续性。

5.3.3 现代城市排水系统规划与设计

随着社会的发展和人们环境意识的增强，我国水污染控制经历了由单一污染源的治理、污水达标排放到区域综合防治、总量控制的两个阶段。在20世纪70年代末期之前，主要采取的是点源治理策略，显然不足以防止水环境的污染。80年代开始进入污染综合防治和总量控制阶段。在过去的几十年中，由于我国的污染防治工作一直摆脱不了“点源治理、达标排放”、“三同时”和“谁污染、谁治理”的政策，实际结果并不理想。据国家环保总局1987年对我国5556套工业废水处理设施调查结果表明，“三个效率”(污染治理设施的运行率、设备利用率、污染物去除率)较好的仅占运行设施总数的35.7%，其污染物去除率达到设计能力的只有50%，总体有效投资只占全部处理设施总投资的31.3%，只有不足1/3的设备发挥作用。同时，对城市污水处理厂重视不够，尤其是缺乏污水再生、再循环的理念。原有污水处理系统的规划、设计原则，已不能很好适应当前我国经济发展、水环境恢复与水资源可持续利用的要求。

目前城市污水的来源和污染物也有了显著的变化。由于工程科技的突飞猛进，化工企业排放的废水中常常含有难降解有机物、有毒有害物质，对水生态和人体健康带来长远的影响。为了适应现代排水系统功能的变革，现今的城市排水系统组成应由污水收集系统(管网)、污水处理与再生系统(污水再生水厂)、再生水供水管网和优质处理水排放系统所组成。与传统的排水系统相比，它增加了污水再生与回用的内容，提高了污水处理程度，由污水二级处理提高到污水深度处理甚或超深度处理，达到再生水的要求，所以系统构成变化较大。

在污水深度处理与污水再生回用已经实用化了的今天，城市总规划与给排水系统规划都应当重新考虑，将污水的再生和回用放到重要位置上来。在进行排水系统规划时，应对整个城市的功能分区、工业分布、排水管网及污水处理现状等做周密的调查，调查现有的和预测潜在的再生水用户的地理位置及水量与水质的需求，并将这种结果反映到给排水专业规划中。恰当地确定排水分区、污水再生水厂的位置与个数，并将污水处理厂视为再生水厂，改变将污水处理厂摆放在城市最下游进行高度集中处理的传统做法。

在进行新建和扩建污水处理厂的设计时，要近远期结合考虑污水再生回用的需要，选择污水深度处理系统，预留污水深度处理的发展用地，使污水处理、深度处理系统和回用系统的总投资之和为最小。

在规划中还应该重视妥善处理和处置有毒有害工业废水，保证再生水使用安全，从 N、P 等营养物质自然循环规律出发，妥善处理与处置城市污水处理厂产生的大量污泥，避免城市环境受到二次污染。

1. 有毒有害工业废水的就地处理

城市污水含生活污水、普通工业废水和有毒有害工业废水，对于前两者可以直接进入管网收集系统。有毒有害工业废水，量虽然很少，但会影响全区污水的再生与再循环，必须就地处理。在产生有毒有害污染物的工厂甚至车间应就地进行无害化处理，然后再排入市政污水管网系统。这是城市排水系统不可忽视的问题。

2. 污水处理厂的选址与数目

按照传统规划方法，污水处理厂厂址要根据污染物排放量控制目标、城市布局、受纳水体功能及流量等因素来选择，一般尽可能地安放在各河系下游、城市郊区。但是这种系统布局使污水厂远离再生水用户，需铺设的回用水管网费用相应增加，不利于污水的资源化。因此，在确定污水处理厂厂址时，还应对再生水的用户进行调查分析(城市中的自然水面、小河、绿地和工业再生水用户)，并根据再生水量的需求，在城市中适当位置设置若干座污水处理厂(再生水厂)，收集上游和附近区域的城市污水，根据回用水质要求加以处理之后就近回用。

根据长期的实践经验，建设大型的污水处理厂可以降低建设费用和日常运行费用。但这种观点并没有考虑到污水回用的因素，如果考虑再生水回用所需铺设的输水管道、提升泵站等费用，考虑改善城市水环境以及因为污水回用减轻城市排水管网系统的负担所带来的经济效益，那么可以肯定，在城市下游建立集中的大型污水处理厂，在经济上并不是最优的，也是和促进污水再生回用相悖的。因为污水厂的数目过少，势必远离再生水用户，加大回用水输送管道的距离和投资，增加回用水成本，不利于污水回用。因此，城市污水厂的数目不应拘泥于传统经验，而应该依据城市实际再生水用户的需要在适当位置建设合适规模的污水处理厂，使得整个城市形成大、中、小，近、远期相结合的污水再生水厂布局规划。这样，既有利于污水回用，又减轻了城市排水管网系统的负担，易于实现分期建设，符合我国当前国情。

3. 处理工艺选择

污水处理的方法较多，应该根据污水水质和再生水用户水质的要求，对水处理单元进行多种组合，通过技术经济比较来选择出经济可行的污水处理流程。这就要求在确定污水处理工艺流程的时候增加对污水厂附近地区再生水需求情况的调查，以便未来对处理工艺进行适当的延长和完善，即可满足污水回用水质的要求。例如，当处理后的污水规划作为农田灌溉用水时，选择工艺流程时就可以不考虑或不注重其除磷脱氮效果，而侧重于其对水中病菌、重金属等的去除。而当作为工业循环冷却水回用时，就需注意去除表面活性剂等容易起泡的物质，尽量减少引起循环水设备堵塞、腐蚀和结垢现象的物质。污水二级处理是污水再生的基础，但是一般都还需要进行不同程度的深度处理，才能达到再生水用户的水质要求。

目前，在实际工程中，习惯上把污水二级处理与深度处理流程单独进行设计。其实污水二级处理仅仅是污水再生全流程的一部分，是深度处理的预处理，因此污水再生水厂不是污水处理厂和再生水厂的简单组合。应把污水处理厂视为完整的污水再生水厂，它本质上与自来水厂一样，是生产制备再生水的企业，应统筹规划设计污水再生全流程，统筹选择污水再生各处理与净化工序的工艺技术，力求再生水质优良和制水成本的最低化，避免了在限定的二级处理水的基础上重新考虑深度处理的流程。污水再生全流程统筹设计，可以在各工序间合理分配污染物种类和负荷，选择与其目的相应的技术和净化构筑物，使全流程的建设与运行成本最优，达到最好的投入与产出比。

例如，再生水一般要求脱氮除磷，二级生化处理往往采取 A^2/O 脱氮除磷工艺。这在理论和实践都证明了存在两个缺憾。其一，与普通活性污泥法相比，生化反应时间长，建设成本与运行电耗显著增高；二是由于除磷与脱氮生化过程的内在矛盾，脱氮菌与除磷菌争夺碳源，而两种菌世代时间的悬殊又产生了相应 BOD 负荷与系统污泥龄方面的差异。国内外建成的 A^2/O 系统都存在难以控制的问题，绝大多数不是除磷效果好，硝化效果差；就是硝化、脱氮效果好，而除磷效果差。按全流程统筹设计就可设成两个较好的选择方案。

(1) 二级为 A/O 除磷工艺，在深度处理中选择缺氧-好氧工艺，以两级生物膜过滤池实现氨的去除，同时截滤微量的悬浮颗粒碎片和降解难降解有机物。见图 5-7。

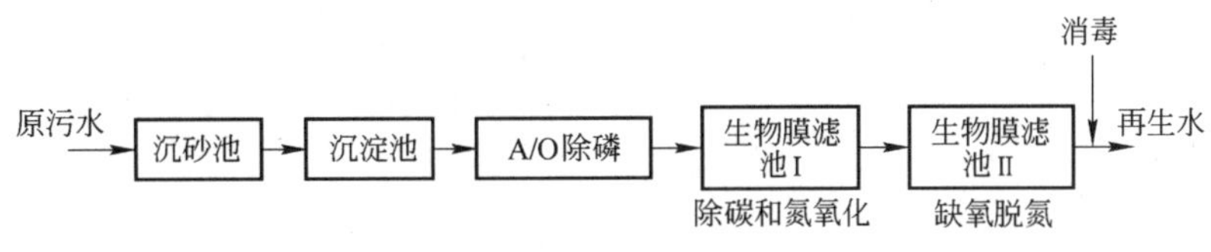

图 5-7 全流程方案Ⅰ示意图

(2) 二级为硝化脱氮 A/O 工艺，深度处理中采用混凝沉淀和生物膜过滤池。去除剩余悬浮颗粒、磷和有机物。见图 5-8。

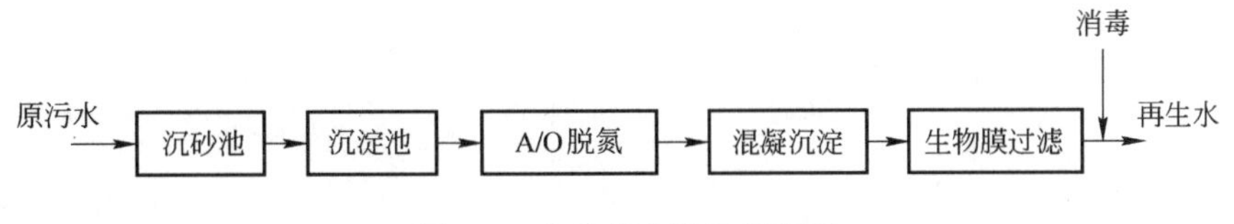

图 5-8 全流程方案Ⅱ示意图

4. 污水厂方案评价

废水处理长期以来总是从去除对环境有害的污染物的角度进行分析。

在满足出水水质各项指标前提下进行经济分析、方案比选时，除要考虑费用与技术等因素外，还应考虑该方案是否有利于实现污水再循环——即是在原有技术和经济分析因子的基础上，增加“污水与物质再循环适应性”的比较因子。其中有“污水再生循环”、“营养物质再循环”和“能量与物质的回收”等因素。虽然目前中国投入到污水厂建设的资金较为有限，要在全国范围内普遍地实现污水再生循环和物质循环还需要一个漫长过程，但是必须注意到这将是解决中国水问题的有效途径。应该从现在开始在有条件的城市和地区率先实现污水再生利用，努力探求适合中国国情的污水回用途径和相应的处理工艺。在各地污水处理厂建设方案的比较中，应从长远观点考虑该方案实施之后，对于解决当地水污染、缓解水资源短缺以及促进当地的水资源和营养物质循环是否具有最大贡献，全面统筹考虑方案的短期、长期的费用效益比，以便选择一个真正有利于当地水环境恢复的优化设计方案。

第 6 章　创新的水资源利用模式

纵观人类历史长河，人类社会往往都是在滨水地区繁荣昌盛，发展壮大。在人类历史的绝大部分时间里，河流、湖泊是全人类发展的基础与前提。在古代文明中，对水的认识和利用主要处于受自然支配的状态，人们总是主动逐水而居，寻找可以方便使用的淡水资源，同时又可以较易避开洪涝灾害。并逐渐发展成为人口聚集、各类活动集中的聚居地，演化成为不同规模的城镇。

城镇的产生和发展，除了人类活动的主导作用外，与当地的自然地理条件紧密相连。水资源条件作为重要自然因素在城市出现的早期就得到重视，这在很大程度上决定和影响着城市的布局、生存和发展。早在春秋战国时期，我国著名思想家管子就曾在《管子·乘马》中写道："凡立国都，非于大山之下，必于广川之上。高毋近旱，而水足用；下毋近水，而沟防省。因天材，就地利，故城郭不必中规矩，道路不必中准绳。"就是说城址的选择要利于供水和防洪，城池不必拘泥方正，道路不必拘泥笔直。他在《管子·度地》又提到："故圣人之处国者，必于不倾之地，而择地形之肥饶者，乡山左右，经水若泽，内为落渠之泄，因大川而注焉。"提出城池应该选择土地肥沃、水源丰沛的地方，以便于取水和排水。这种思想对我国城市的发展有着深刻的影响。例如我国著名古城西安，其在不同历史时期的建城位置几乎总是在地势开阔，依山傍水之处。见图 6-1。

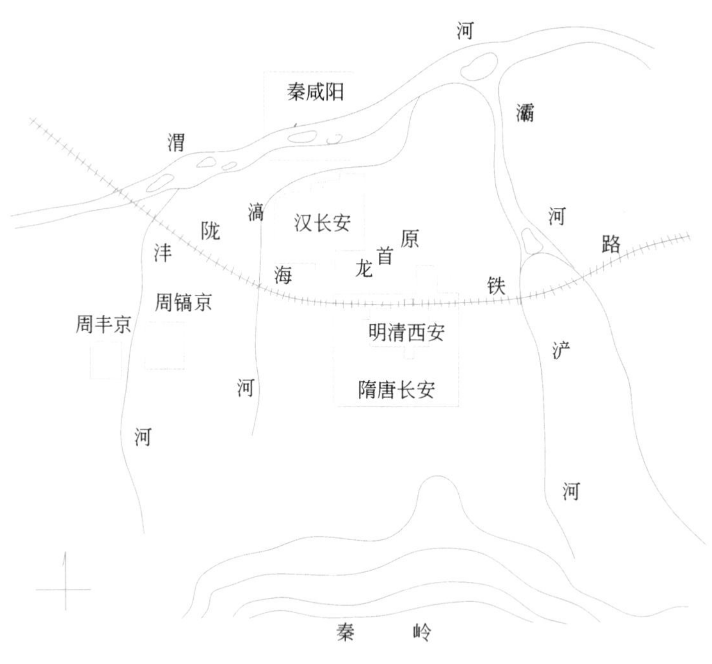

图 6-1　各时期西安及附近都城城址位置图

6.1　传统用水模式

这些城镇、村落最初利用的水源是当地就近清澈的湖水、河水、泉水、浅井水等。井水作为一种重要的水源，在古代文明中维持用水需求占据重要地位，这已经在考古学上得到证明。例如在美索不达米亚，他们对于井水是相当珍惜的。在新巴比伦法律中，规定了不精心使用井水进行灌溉将要受到惩罚。

这种珍惜甚至到了不惜为之付诸战争的地步。在闪族人(Sumerian)的传说中，吉尔伽美什(传说中的苏美尔国王)就曾集结他的子民，驱策他们为保护他们的水井而战。

在亚述(西亚底格里斯河流域的古国)，存在很多的水井。其中一座位于尼姆罗德(亚述的一座古城，在今伊拉克境内摩苏尔的南部)的古井，在1952年其产水量还能达到5000gal/d。

由于人口稀少，这时候的水源既洁净又丰富，通常情况下人们并不需要担心水的供给问题。这时的取水供水见图6-2。

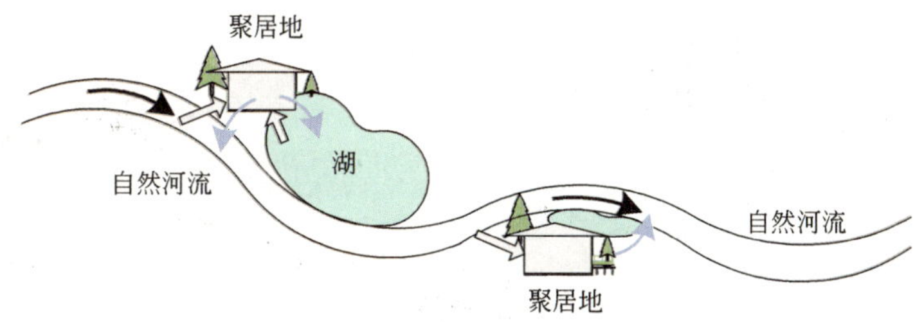

图6-2　人类初期就近利用水资源

随着人口的增长和人类活动强度的加大，聚居地范围不断扩展，部分用户与水源之间的距离也就越来越远。人类科技的发展进步，也产生了人工运河(人工输水渠道)，许多输水渠的建设水平、稳固程度都达到了一个很高的境界。例如著名古罗马输水渠，其中部分至今还在发挥作用。再后，科技的进步使我们能利用深层地下水作为供水水源。人工运河的出现以及地下水源的开采，使得水源的供给扩展到了比原来距离远得多、面积大得多的广阔的地域上，从而也使得城市的规模不断扩大，城市可以建设在离水源更远的地方。这时候城市的供水系统如图6-3所示。那时由于人口规模和密度较小，用水量也不至于影响河流的生态基流，尚能保持全流域的清洁水系。

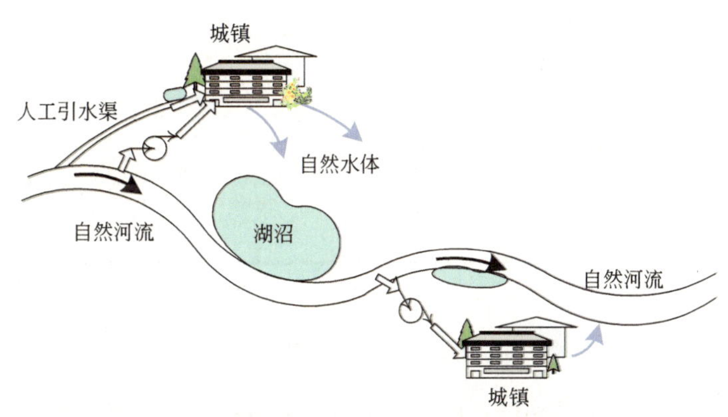

图6-3　早期人工引水渠供水使城镇发展空间扩大

虽然不少城市将河流引入运河改变流向，使城市能够方便取用，并兼有航运、排水之便。但是这种供水方式：已经存在着水质污染的隐患。手工业、商业和人们生活排水和废弃物对人工运河、自然水体的污染已开始显现。

进入20世纪中后期以来，城市人口迅猛增长，全球城市化的进程越来越快，城市需水也日渐增加。水污染状况有增无减，给城市水源带来了更大的供给压力。许多城市周边适于取水的河流已经基本开发殆尽，河流开发利用程度不断提高，为了满足供水，人类不断地从周边、越来越远的地方获取水资源，修建了越来越远的长距离、跨流域供水工程。很多引水工程发展成为跨越几个流域甚至是一个国家的巨型工程。例如深圳市东部供水水源工程，东起惠阳市东江泵站，西到深圳市宝安区的五指耙水库，全长160km，由东部引水工程、网络干线工程、宝安分部工程及位于市中心的调度中心组成，初期引水规模15m^3/s，最终可达30m^3/s，工程中共有5座泵站，连接了6个水库；再如以色列的北水南调工程，贯穿整个以色列。这些远距离供水工程普遍耗资巨大、运行费用昂贵。

从总的来看，城镇发展取水用水一直沿用这样一种线性思维：先从近处取水，不足时从上游或周围地区调水，用后水排放、废弃；水资源仍不足时，考虑从更远一些的地方去调水。这种思维方式的流行，促使很多地方建设的引水工程规模越来越大、距离越来越远。而将城市河流变成了天然下水道。这时候的取水情况如图 6-4 所示。

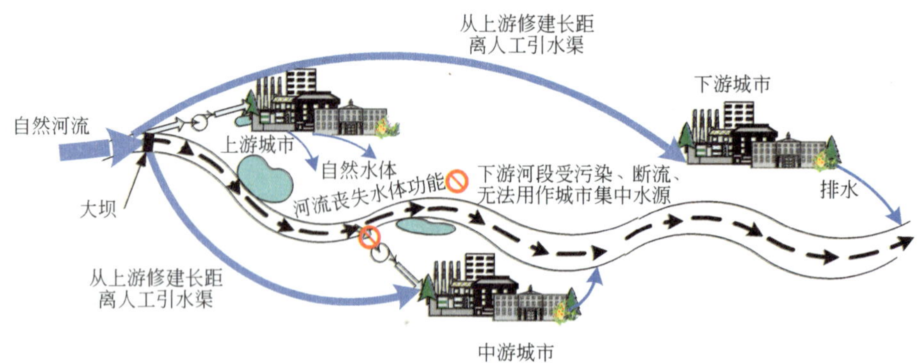

图 6-4　现代的城市取水不断修建越来越远的引水工程

6.1.1　纽约的城市供水发展

纽约市的供水是先利用浅井水，然后逐渐修建由近到远的多套引水系统来满足城市发展的需要，其水源发展过程参见图 6-5。

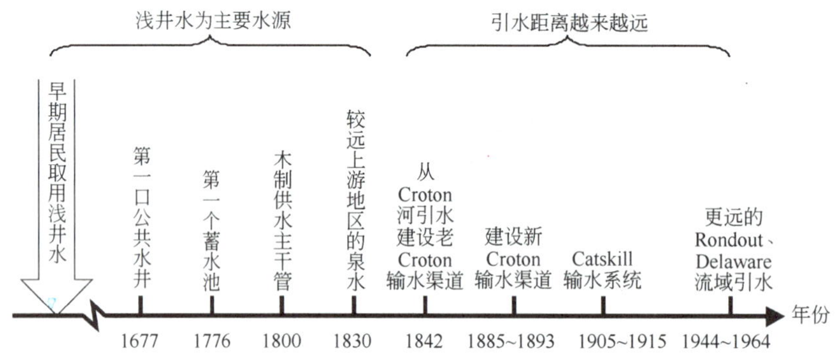

图 6-5　纽约市的取水水源发展示意图

早期的曼哈顿岛移民者从自家的浅井里取水作为生活用水来源。1677 年，挖掘了第一口公共水井，仍旧采用地下水为水源。到 1776 年，纽约人口约达 2.2×10^4 人，为满足供水需求，建设了第一个蓄水池。水从井中抽出后，进入蓄水池，再从蓄水池中给各主要街道供水。1800 年，由于供水量逐渐不足，增加了水井和蓄水池，并建设了一些木制供水主干管，以供给更多的水水户。1830 年，为满足防火需要，建立了第一个消防水池，由井水供应消防用水。

随着纽约市人口的不断增长，井水变得越来越不足以应对需水量的增长，同时井水也逐渐被污染。虽然采取一些增加供水的措施，如从曼哈顿上游地区的一些泉水中取水，通过水塔供应给居民，但是城市用水仍旧不能得到满足。

19 世纪 40 年代，纽约市开始从 Croton 河筑坝蓄水，并修建了一条输水渠道从老 Croton 水库将水送到城市中。这条渠道就是现在的老 Croton 输水渠道，1842 年开始投入运行，输水量为每天 9000 万 gal。

这之后，为了增加供水，1885～1893 年又修建了新的 Croton 输水渠道。这个输水工程于 1890 年就已经开始投入使用了，虽然此时还在建设当中。

自从修建了新、旧 Croton 两条输水渠道之后，自 1842 年至美国内战期间一直保持了正常的供水，满足了城市用水的需求。

到 1905 年，城市供水再次变得紧张，城市供水委员会决定将 Catskill 地区作为新的水源地。在该地区的水资源开发分成先后两次进行。先是在 Esopus 河建设了蓄水工程，以及 Ashokan 水库和 Catskill 输水渠，被称作 Catskill 输水系统，于 1915 年建成。此后，又于 1928 年建设了 Schoharie 水库和 Shandaken 运河。

1927 年，纽约市又开始筹划从距离更远一些的 Rondout 流域和在特拉华河(Delaware River)上游地区取水。特拉华河供水系统于 1937 年 3 月开始建设，在后续几十年间陆续投入使用。特拉华引水渠于 1944 年建成，1950 年建成 Rondout 水库，1954 年建成 Neversink 水库，1955 年建成 Pepacton 水库，1964 年建成 Cannonsville 水库。这个供水系统的水源储蓄在上游 3 个水库系统中，包括 19 个水库和 3 个人工湖，总的蓄水量约为 5800 亿 gal。这 3 个集水系统相互连通，水可以从一个水库中调入另一个水库，在一定程度上增加了供水灵活性。纽约市的引水工程见图 6-6。

图 6-6　纽约市引水工程示意图

此后，纽约市的用水需求基本得到满足，这主要得益于纽约市在用水方面的控制和管理，使得 20 世纪 70 年代后，用水不仅没有出现大的增长，反而出现了零增长和负增长。纽约市 1979～2003 年的用水情况见图 6-7。

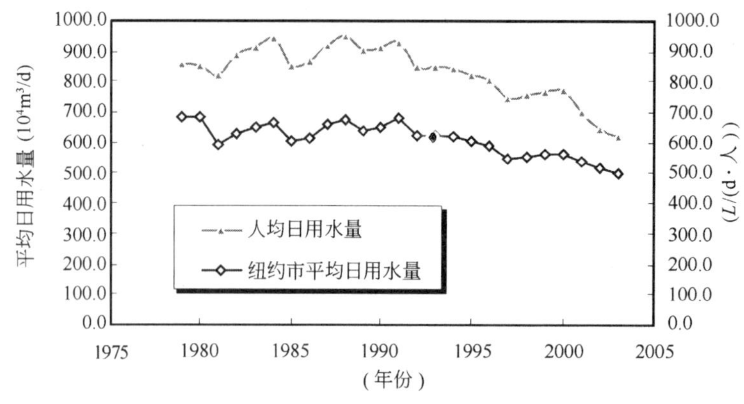

图 6-7 纽约市 1979～2003 年的用水情况

6.1.2 北京的城市供水发展

北京背靠燕山山脉，位于永定河与潮白河两大水系之间，水资源丰富。市区有温榆河，长河、通惠河水系，莲花河、凉水河水系。

北京在没有建城市自来水设施以前，很早就打井取用浅层地下水作为生活用水的重要来源。据记载，北京东周时即有大量的土井、瓦井，汉、唐、辽、金又建有砖井。金、元两代开始取用地表水，先后 3 次由永定河引水，一次由昌平白浮泉引水。至清光绪 11 年(1885 年)北京内外城已有土井 1245 眼，但水质多数咸苦。当时除皇宫内苑用水从玉泉山用水车取泉水外，普通市民主要依靠简陋浅井水作为生活水源。

1910 年，成立了北京最早的自来水公司——京师自来水公司。当时的自来水水源，取自于东直门外东北方向约 15km 处孙河镇的温榆河。由于供水量低，成本高，最初只向宫廷和王公贵族、使馆、洋行、政府机关、行政要员住宅和富有人家供水，后来才逐步扩大到部分市区百姓。

到 1930 年左右，由于人口增长，用水需求上升，净水能力不足，对已有水厂进行了设备改造和挖潜。到 1937 年日军接管自来水公司后，开始在孙河向东直门水厂输水管道西南段，沿途凿井，全部水源井共计 28 口。供水对象仍只限于机关单位和少数住宅，普及率很低。虽然当时北京为 100 多万人口的大城市，但每日供水量仅为 $3\times10^4m^3$。1942 年，孙河径流量减少，水量不足，加之水质恶化，雨季泥砂甚多，不得不停止取地表水供水，开始转向以地下水为主要水源。至 1949 年，北京市仅有一座孙河水厂，水源井 29 口，日供水能力 $5\times10^4m^3$，管线长度 364km。

解放后，北京市政治、经济、文化均得到迅速的发展，用水量也随着工农业发展和人口的增加而快速增长。到 1955 年全市每日供水量为 $19.87\times10^4m^3$(市区 $18.93\times10^4m^3$)。

在第一个五年计划时期内，开始在城市西南方寻觅新水源。在市西南郊莲花池、马连道一带凿井 12 口，建立水源四厂，供水能力为每日 $10\times10^4m^3$。

为了满足用水量不断发展的需要，第四水厂投产后，又在市区西偏北设计了水源三厂，设计供水能力为每日 $16.4\times10^4m^3$，共有水源井 12 口，在 1958 年建成投产。后来对第三水厂又进行凿井扩建，将水源井增加到 52 口，能力扩大到每日 $50\times10^4m^3$。

到 20 世纪 70 年代，水源选择开始跳出永定河冲积扇的范围，进入潮白河冲积扇的密、怀、顺地段。共开凿 37 口井，有效供水能力为每日 $42.9\times10^4m^3$。输水管 DN2000 长 40km，工程自 1974 年开工直到 1982 年才竣工供水，建设成了第八水厂，投产后又经挖潜改造能力达到每日 $50\times10^4m^3$。

第八水厂投产以后，虽然北京市供水能力增加较大，但是到 20 世纪 90 年代供水又现不足，而且市区地下水连年超采情况进一步严重。密云、怀柔、顺义地区地下水经第八水厂开采后已基本没有开发潜力。而官厅水库已受到较严重的污染，再加以上游修建较多的中小型水库的截流和库区多年的淤积，年供水量也在逐年减少。只有密云水库有 $43\times10^8m^3$ 库容，上游基本没有工业，水源基本未受到污染，水质保持在一二类之间，适合作为生活用水水源。但密云水库距市区远达 80km，沿河还有一定的污染源，且冬季输水困难。

1985 年开始筹建第九水厂，以密云水库为水源，自怀柔水库取水，在清河以南花虎沟建净配水厂。总体规模为每日 $100\times10^4m^3$，一期建设每日 $50\times10^4m^3$。1988 年 7 月 1 日通水。京密引水渠 100 余 km。

20 世纪 90 年代即开始着手九厂二期工程，为了供水安全改为自密云水库的潮河部分取水，于 1995 年投产。水源九厂一、二期投产后，基本满足了当时用水量继续增长的需要。1999 年 7 月，九厂东侧继续扩建，规模仍为每日 $50\times10^4m^3$，成为了九厂三期。

现在，北京市供水仍面临严峻威胁，市政部门已经进一步将寻找水源的目标扩展至周边省市地区，筹划从河北石家庄、山西等省市建设引水工程。而正在实施的南水北调工程，从加坝扩容后的丹江口水库陶岔渠首闸引水，经湖北、河南、河北等省，共计约 1200 多 km 距离，才将水输送至北京。

北京市城市供水水源发展过程参见图 6-8。

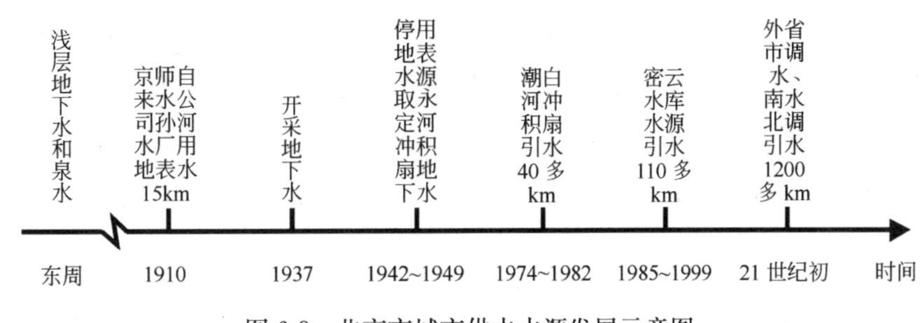

图 6-8　北京市城市供水水源发展示意图

6.2　传统用水模式的反思

直到现在，世界上许多城市的取水策略仍是基于从源头、上游取水的思想。动辄几十公里、上百公里乃至数百公里的引水工程早已是司空见惯之事。然而，这种用水策略越来越依赖于城市内陆腹地河流上游地区水源的可用性。这种可用性面临着越来越大的挑战。尤其是在各地用水量普遍增长的今天，河流上游地区的用水增加也将在所难免，下游地区可利用水资源量将不断下降，尤其严峻的是各城市下游段，乃至全水系都会遭到污染，最后只剩下源头一盆清水。从而给这种传统的城市取水模式的前景蒙上了一层层阴影。在进入 21 世纪的今天，面临的严峻水危机迫使我们必须对这种取水策略进行反思，以更好地利用地球上有限的宝贵淡水资源。

1. 日益增长的巨额费用，造成越来越重的财政负担

修建远距离引水工程从来就意味着是一笔巨额的投资，因此，采用远距离调水的供水方式会引起供水成本的剧增。一方面，建立新的水库会淹没大量的土地、房屋和森林，随时间的推移，支付给受淹地区居民的补偿费用越来越高，从而相应地引起水坝建设成本和供水成本的上升。另一方面，引水工程的日常运行、管理和维护费用通常也是一笔相当可观的开支，受水地区需要支付较高的水资源费，相应地增加了城市供水成本。据估算，由长江调水到北京，每立方米水的成本达 8 元。

由于供水成本上升，而自来水一直是作为社会公共福利事业来运营的，因此大部分依靠远距离引水工程供水的自来水售价都会低于其实际的制水费用。为了维持城市供水的正常运转，政府财政不得不为之提供相应的差额补贴。例如，天津市于 20 世纪 80 年代实施的引滦入津工程，每立方米成本达 2.3 元左右，而天津市的自来水价格为 1.4 元/m^3，不足部分 0.9 元/m^3 只能依靠政府财政补贴，从而造成调水越多，财政负担就越重的状况。

再如，1993 年总投资达 103×10^8 元的山西省万家寨“引黄”入晋一期工程正式开始实施。所引黄河水经 5 级泵站提升，扬程 630m，才能到达汾河水库，因此万家寨引黄一期工程把黄河水从晋蒙两省区交界的万家寨水库引到太原呼延水厂时，2003 年引水单位成本高达 6.98 元/m^3；再经水厂和管网到达最终用户，单位成本为 9.5 元/m^3，远高于 2003 年太原市城市 2.5 元/m^3 的综合水价。

目前，引来的黄河水虽然直接成本超过 5 元/m^3，却以 2.28 元/m^3 的价格卖给山西省黄河供水公司，黄河供水公司呼延水厂把买来的引黄水处理加压后，直接成本超过 4 元/m^3，却以 2.5 元/m^3 的价格卖给太原市自来水公司，太原市自来水公司再以 2.5 元/m^3 的价格卖给最终用户。结果是，引黄工程管理局每引 1m^3 黄河水，就需要补贴大约 3 元；黄河供水公司每处理 1m^3 黄河水，要补贴 1.6～1.7 元；太原市自来水公司把水卖给最终用户，由于水损和供水成本，每销售 1m^3 的黄河水，也要补贴 1.5 元左右。

为了维持万家寨引黄一期工程的正常运转，山西省每年从全省销售的电力和煤炭征收的 10×10^8 元“水资源补偿费”中设置专项资金补贴引黄工程。到 2005 年，这项专项建设资金已经为此补贴约 70×10^8 元。

引水工程除了巨额的投资之外，还要占用大量土地，且存在被引水地区的生态环境危害等问题。但是引水工程所引起的生态环境问题以及由此产生的成本，由于难以定量计算，通常只是简单加以论述，并没有真正计入项目的投资成本之中。因此，在实际的成本计算中，目前很多跨流域调水工程没有把工程投资费用以及被引水地区的间接经济损失计算在内，仅以日常运行费用、管理费计算其成本，这与引水的真正成本相去甚远。

而且，随着引水工程建设的增加，很多河流已经基本没有了筑坝蓄水的条件，使得开发新的水源和修建引水工程的难度越来越大。未来建设远距离引水工程的造价将会越来越高。城市供水成本的上升反过来又增加了城市居民的水费支出，虽然现在由政府实施补贴政策，但是，归根到底，政府财政收入仍旧是所有纳税人的钱，也就是说，尽管补贴这种支付的形式不同于自来水收费，但实际上这部分差额补贴仍旧是城市居民来分担的。对于城市中的低收入阶层，对这种水价提高的承受力较低，在实际运行管理中，如何制定合理的水价政策或补贴政策，使得这些阶层可以负担得起基本的用水需求，也是一个不小的挑战。

同时，我国是最大的发展中国家，社会经济水平还不高，财政实力毕竟有限，在有限的资金情况下，越来越高的引水投资和运行费用，使得新增单位供水量的边际成本不断上升，必然会降低城市开发水源总量的能力，对城市满足未来供水需求也埋下了潜在的隐患。

2. 水量不足与水质安全

城市取水距离越远，跨越的流域数量越多，受到的风险和威胁就越大。首先是水量的减少问题。随着各地用水的增长，引水工程的水量能否保证是值得重视的问题。退一步说，即使水资源外调区的经济发展用水不至于影响调出水资源的数量，但是在干旱年份这种威胁还是相当大的。

例如大连市的引碧入连工程，通过长 68km 的输水暗渠将水从碧流河水库引至大沙河水厂。修建的引水设施规模可达 $120\times10^4 m^3/d$。这套系统在平丰水年为大连市城市供水发挥了重要的作用。但是 1999～2001 年，大连市连续发生严重干旱。截止 2001 年仲夏，大连大部分河流断流，城市供水告急，引水工程的水源地碧流河水库由于连续几年来水不足，已失去调节能力，可供取用的蓄水量仅有 $1250\times10^4 m^3$。引碧入连供水工程输水能力虽有保证，但却无用武之地。

其次是水质的污染问题。长距离的输水工程，一般很难采取全线铺设管道的方式。为了降低造价，通常会尽量利用已有的河道和渠道作为输水渠。但是这种渠道，沿途经过的村庄、农田等排水造成的污染也是令人头疼的问题。例如为解决香港、深圳特区的用水紧张而建设的东深供水工程，全长 83km，在东江左岸的东莞桥头镇取水，经过多级泵站提升 46m，穿越石马河进入东深渠道，然后注入深圳水库，再通过涵管进入香港的供水系统。引水水源东江是广东水质保护最好的地区之一，东深供水工程吸水口处都基本保持在 I～II 类水质标准。但是由于经沿途工业区、农田径流、乡镇的污染，到达深圳水库时，水质已超 V 类标准。为此，东深供水工程不得不于 2000 年 8 月开始动工建设改造工程，投资 49×10^8元，将原来 51.7km 的天然输水河道，采用隧洞、涵管、渡槽等多种方式，建设成为全封闭式专用输水管道，以避免取自东江的源水受沿线污染，保证引水工程末端的水质。

3. 河流生命的丧失，景观和地貌的改变

美国科罗拉多河贯穿墨西哥和美国，由于 20 世纪 20 年代美国政府在制定分水方案时没有考虑维持河流生命所必需的基本水量，导致 1997 年科罗拉多河断流，从而引发了河道萎缩、水质恶化以及河口湿地锐减、一些野生生物失去栖息地等一系列生态危机。迄今人类文明最古老的摇篮尼罗河，近年来也频频断流。受断流影响，河口三角洲大幅度蚀退。

国外很多引水工程最终没有实施的原因，也是考虑到了这种跨流域引水工程对河流生命、当地生态环境的极大改变等诸多后果给人类带来的灾难。1980 年代以前，前苏联制定了一个宏大的跨流域调水方案，把前苏联北冰洋盆地主要河流的水调到乌克兰和中亚共和国，计划历时 50 年，每年调水 $600\times10^8m^3$，开发 $230\times10^4hm^2$ 的灌溉地，并减缓里海与阿拉尔海水位的下降幅度。前苏联最高苏维埃于 1982 年批准了实施计划，然而，戈尔巴乔夫政府 1986 年决定停止这项计划，他认为从环境与生态方面考虑，这项工程将对迁移性鱼类产生重大影响。同时，进入北冰洋淡水量的大幅度下降将减少海冰，从而对气候与海洋生态系统产生深远影响。

近几十年来，我国各大流域人类活动对流域地生态环境的影响正在日益强烈地显现出来。例如长江流域，由于流域内用水量的大幅度增长与不断增加的跨流域调水导致长江流量大幅下降，长江河口处水量平衡产生巨大变化，近 20 年长江口盐水入侵的频率与强度比以前显著上升。

而我国母亲河黄河的状况更加严峻。有关资料显示，自 20 世纪 70 年代以来，黄河入海年径流量逐渐变小。20 世纪 60 年代为 $575\times10^8m^3$，70 年代为 $313\times10^8m^3$，80 年代为 $284\times10^8m^3$，90 年代中期为 $187\times10^8m^3$。在短短的几十年里，黄河入海径流总量锐减了一多半。与此同时，黄河下游多次断流，特别是进入 20 世纪 90 年代之后，断流现象更为严重。黄河断流情况见图 6-9。

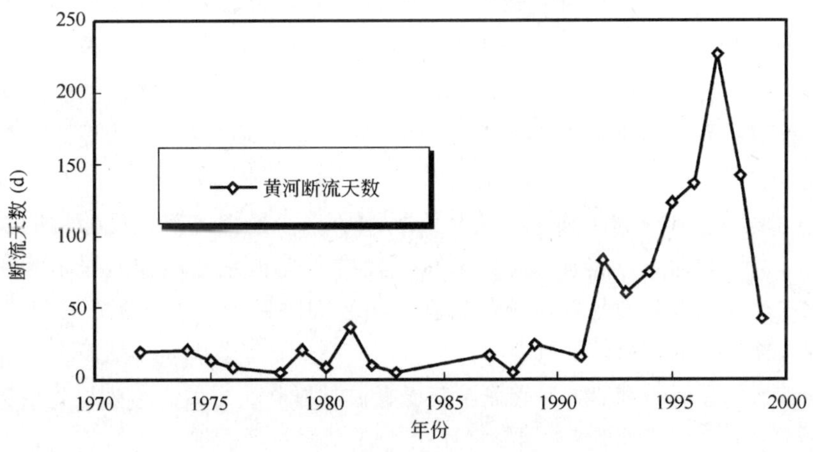

图 6-9　黄河断流情况(1972～1999 年)

黄河断流与中上游耗用水量逐年增加、下泄流量逐年减少有一定关系，但主要原因还在于黄河下游引黄灌溉用水量剧增，两岸的引水规模过大，引水量超过黄河的负载能力。与 20 世纪 50 年代相比，20 世纪 90年代黄河下游非汛期来水减少 $24.5\times10^8m^3$。

黄河季节性断流后，黄河三角洲地区缺乏足够的泥沙沉积与水量输入，地下水位下降，海水入侵，土壤盐碱化速度加快，降低了生物种群多样性，破坏了黄河下游原来的生态环境状况。

4. 城市、地区之间的冲突和潜在纠纷

流域是地球上天然的水文地理单位，在一个大流域内，经常存在不同的城市或者国家。目前世界上240条以上的河流流域由2个或更多的国家共享，5条河流由至少7个国家共享。例如约旦河由叙利亚、黎巴嫩、约旦和以色列共享，尼罗河流经苏丹、埃塞俄比亚、埃及等9个国家。流域上、中、下游国家、城市之间的用水如果没有一个强有力的协调部门和机制，常常会导致这些地区因为水资源的开发产生矛盾和冲突。尤其是那些跨国河流，这种情况更加严重。例如印度于1951年宣布建造法兰卡(Farakka)大坝时，就引起巴基斯坦的强烈抗议。法拉卡调水工程位于孟加拉国上游印度境内18km，有近2000m^3/s的水量被调往加尔各答(Calcutta)港口改善其航道的通航条件，1993年仅有260m^3/s的水量进入孟加拉国，至1995年，孟加拉国枯季流量下降80%，位于孟加拉国南部面积超过1.2×10^5 hm^2的全国最大灌溉工程不得不关闭。为此，孟加拉国从1971年开始在随后几十年间与印度就水源分配问题进行了长期的交涉和谈判。

在某些地方，因用水的竞争而引起的内部争端已经达到白热化的程度。仍旧以印度为例，由于水资源缺乏，其水资源供应一直很紧张。至少从20世纪60年代之后，印度不同的邦之间因水而发生冲突，这种冲突现在变得更为激烈。据报道，在1992年由于灌溉水分配不均导致的卡纳塔克邦(Karnataka)骚乱中，50多人丧生。旁遮普邦(Punjab)和哈里亚纳邦(Haryana)也在为比亚斯河(Beas)和苏特莱杰河(Sutlej)的分配发生争论。哈里亚纳邦和德里(Delhi)之间的关系也因Yamuna河水而处于尴尬的状态。

这些冲突也因进一步的城市化和工业化变得更尖锐。印度的Andra Pradesh和卡纳塔克邦因为克利须那河(Krishna)上Alamatti水坝的高度而发生争执，而Madhya Pradesh邦和古吉拉特邦(Gujarat)因纳尔默达河(Narmada)水而引起冲突。一些专家认为，如果不加注意，那么水资源所引起争论将成为威胁印度社会稳定的主要因素。

不同国家之间，城市化和工业化的进程也加剧了水源紧张的局面。以尼罗河为例，埃及用水中，约有97%来自这条河流，尼罗河水大多发源于尼罗河上游的盆地，包括苏丹、埃塞俄比亚、肯尼亚、卢旺达、布隆迪、乌干达、坦桑尼亚和扎伊尔等国家。当流域上游国家的人口继续增加，经济继续发展时，他们就需要截流更多的尼罗河水。从而减少了尼罗河进入埃及的流量，并且严重影响到它的农业生产，这一状况显然埋下了冲突的种子。

围绕水资源展开武力冲突的典型例子是中东地区幼发拉底-底格里斯河流域与约旦河流域。尽管在2500年以前在中东沙漠上因控制水井和绿洲而爆发的战争早已结束。但时至今日，中东地区为了控制水资源在很大程度上依然要诉诸于武力与军事行动。土耳其于1966年在幼发拉底河开始建造Keban大坝后，叙利亚竭力反对；而叙利亚在幼发拉底河上建造Tabqa高坝又进一步加剧了叙利亚与伊拉克之间的紧张局势。

1964年，以色列建成国家输水工程，开始从约旦河取水，最初这项工程的目的是将水输送至内盖夫(巴勒斯坦南部一地区)作为农业灌溉水源，现在，大约80%的水被用作居民生活用水。这项工程完工后，从约旦河取水就成了以色列与叙利亚和约旦两国之间关系紧张的起源。1965年，阿拉伯国家开始建设河流上游源头输水计划项目，一旦这项计划得以实施完成，约旦河的大部分水将不再流入以色列和加利利海，而是进入约旦和叙利亚，并转输至黎巴嫩。这样将会导致以色列已建好的引水工程水量降低35%以上，以色列国防部于1965年3月、5月和8月3次对上游输水构筑物发动了袭击，并最终导致了1967年阿以战争的爆发。1967年，以色列一方与埃及、叙利亚及约旦三国之间爆发的阿以战争，最终以色列取得了胜利，并占领了戈兰高地、耶路撒冷位于约旦的部分、约旦河西岸、以及埃及东北部的一大片领土。以色列至今仍旧占领着一些领土，认为他们从这些地方撤出，国家将会面临巨大的安全危机。其实质就是为了获得这些土地上宝贵淡水资源的控制权。因此，可以说正是为了控制约旦河的水源，引起了阿以之间长达数十年的冲突。

在国内，许多引水工程同样存在多种冲突隐患。例如江浙水事纠纷、苏鲁边界水事纠纷、浙闽大岩坑引水纠纷、川黔赤水河纠纷、晋豫沁河纠纷、漳河水事纠纷。以漳河纠纷为例，位于河南省林州市的红旗渠，建于1960年，全长1500km，穿越于太行山，将漳河水从山西境内引入林州。

早在20世纪50年代，漳河上游两岸之间因水而起的纠纷就时有发生。进入20世纪60～70年代，山西、河南、河北三省相继在漳河上游修建了数十座水库和大量的引水工程。进入20世纪90年代后，每逢灌溉季节，漳河上游河道径流不足每秒$10m^3$，而沿河两岸工程的引水能力却超过每秒$100m^3$。

1992年8月22日，红旗渠数十米渠道被炸毁，村庄被淹，直接损失近千万元。破坏者来自与林州一水相隔的河北涉县的村民。漳河红旗渠纠纷的直接原因，就在于漳河两边引水工程引水数量过大，漳河水量不足所致。

5. 新世纪呼唤建立用水伦理

河流是由源头、支流、干流、湖泊、池沼、河口等组成的完整生态系统。奔腾不息的河流是人类及众多生物赖以生存的生态链条，是哺育人类历史文明的摇篮。但是，由于长期以来人们过度开发利用，当今全球范围内的河流已经普遍受到污染或面临耗竭的危机。这一严峻的现实，迫使我们重新思考人类社会的用水模式和策略。同时，确保一个流域之间用水的公平性和可持续性也成为今天水资源开发利用的重大挑战。对于一个流域的用水而言，需要流域上、中、下游城市用水的合理分配和优化，以保证河流生态系统得以生存和持续发展。

水资源可持续利用就是人类对水资源的开发利用既要满足当代经济和社会发展对水的需求，又不损害为满足未来经济和社会发展对水需求的能力；既要满足本流域(区域)经济和社会发展对水的需求，又不危害其他流域(区域)经济和社会发展对水需求的能力。水资源可持续利用本质上是建立一种人与自然和谐相处、兼顾现代和后代公平的水资源开发利用模式。

在一个流域中，水资源可持续利用公平性原则的具体表现就在于流域上下游之间用水的公平合理，上游不能影响中、下游城市的用水。要想实现这种公平性，当然需要建立一系列的水资源分配法律和制度。例如借鉴国外发达国家的水权理论，建立合理的水价体系，进行水交易的市场机制等等。

此外，建立一种新的用水伦理也是非常重要和必需的选择。因为伦理是人与人之间的道德行为规范，是人类社会赖以稳定发展的重要力量。伦理学根源于人与人之间的社会关系，它尊重所有人的利益。伦理学从大多数人的利益出发，制定人类行为的道德准则和道德规范，并在人类社会活动中，使个人的行为受这些准则和规范的调节和约束。在人类社会中，习惯和传统往往具有极其强大的力量。当一种认识逐渐成为社会遵循公认的道德准则和规范，形成一种行为习惯的准则时，它就会对我们每个个体形成强大的约束力，让我们的行为遵循这种准则。

目前的城市用水模式已经导致了河流生命的丧失、供水成本的急剧上升以及上下游城市之间的潜在争端。原本流域用水中天然的水利用循环是上游城市的排水成为下游城市的水源。这就要求上游城市的用水不应该破坏下游城市用水的功能，应将排入河道的污染物进行妥善处理，实现河流生命的延续和水资源的可持续利用。这是每个城市不可逃避的义务与责任。用外流域引水冲刷污染，将污染物排入下游城市，成为下游城市的负担，这不是一种负责任的做法。

在一个流域中，我们应该提倡一种新的用水伦理。这种用水伦理的基本点是：(1)城市的用水立足于依靠本地区河流的水资源来解决；(2)在保证生态用水量的情况下进行取水。在不同气候、地理、水文地质条件下，河流的生态用水量并不相同，但是一般认为取水量不超出径流量的40%是较为合适的；(3)城市节约和有效地利用水资源，充分利用污水再生水，实现社会用水的健康循环，尽量减少淡水取水量；(4)在缺水严重地区，在取水量不得已超出径流量的40%时，必须根据河流生态需水的质和量要求，利用再生水补给河湖，增加相应份额的生态用水量；(5)上游城市的用水和排水不影响下游城市的用水，实现水源的共享。每个城市既需要限制取水的数量，也要控制排水的数量和质量，不至于污染下游河段，从而保证整条河流的水资源利用是可持续的。

综上所述，人类用水的伦理就是节制、节约、再生、循环和可持续，一言蔽之，即社会用水的健康循环。这种伦理的建立，并不是可有可无的。如果没有这样一种用水伦理来保护河流的生态系统以及上下游地区之间的和谐共处，那么整个流域地区的社会经济发展就要受到阻碍和制约。

6.3 取用水模式的革新

进入 21 世纪的今天，城市取水、用水策略必须进行根本性的转变。需要转变成为一种使上下游城市用水、人类用水与自然和谐发展的新模式。这种模式简略示意见图 6-10 所示。

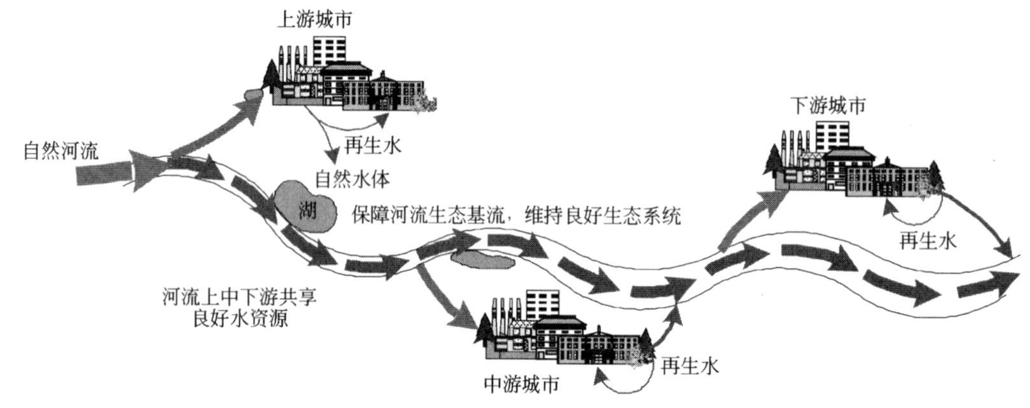

图 6-10 新的城市取用水模式

与传统的取水模式相比，这种新模式具有几个显著的特点。

1. 以流域为单元的水资源统筹利用模式

流域是一个从源头到河口的天然集水单元，也是水文大循环的基本单元。所以，在人类社会用水循环中，也必须以流域为单位进行管理才符合水资源本身的自然属性和系统特性。如图 6-10 所示，这种新的取水模式强调在每个流域内的用水立足于本流域解决，流域范畴内的用水，做到统筹兼顾上下游城市、人类和河流生态系统的用水，更大程度上体现了流域水资源的公平性和共享性。

这种以流域为单元的取用水模式打破了原来基于行政区管理水资源的模式，可以统筹兼顾上下游各城市、各地区间的利益。目前，以流域为单元对水资源进行综合开发与统一管理，已经得到世界上越来越多国家和国际组织的认可和接受，成为一种先进的水资源管理模式。

2. 水资源的共享与循环利用

城市用水的主要水源要在本地区河流流域内解决，就要求改变一次性用水的直流模式，在城市、流域范畴上实现水的利用、再生与再循环。这种方式主要通过城市用水的再生循环利用来实现。如图 6-10 所示，各个城市通过污水再生循环利用，进一步降低了城市的取水量，使流域内的水资源能够满足更多城市的用水需求。

在这种取水模式中，一个很大的特点就是可以实现水资源的共享。这种共享主要有两个层次，第一个层次是流域上中下游地区之间水资源的共享。如图 6-10 所示，河流上游城市的用水之后，排放的处理水是高质量的再生水，不会影响下游城市的使用，从而实现了一条河流上、下游城市对良好水资源的共享。也就改变了城市取水越来越向上游发展、修建越来越远的引水工程的局面，每个城市都可以从本地区河流上游取水，从而大大降低供水成本，提高供水服务水平。

第二是流域内人类用水与河流生态需水的共享，这种新的模式要求每个城市的取水必须满足河流生态需水的要求，这种要求不仅仅是水量或水质的某一方面，而是同时需要满足水质与水量这两方面的要求。从而，保障了河流的生命和富有活力的生态系统。

3. 经济、安全的供水系统

用水安全性有多种含义，其中包括具有满足使用要求水质的充足水量，它是水量和水质的函数。本地水循环的健康发展，可以减轻对外流域水资源的依赖性，相应地也就提高了本地用水的可靠程度。同时，新的流域用水模式增强了城市用水的安全性，如果城市实现污水再生水循环利用，在一定程度上可以减轻突发性自然灾害事件所带来的危害。例如由于取水口靠近城市，减少了输水管道长度和跨越山岭谷地的现象，当出现地震、飓风等自然灾害事件，也在一定程度上降低了受这些灾害事件破坏的机会，对于保证在这些灾害情况下城市的正常供水会有很大的帮助。

第7章　深圳特区水资源循环利用规划

7.1　深圳特区概况

深圳特区是我国第一个经济特区，也是最大的经济特区，经过20多年艰苦努力奋斗，深圳市已经从一个边陲小镇发展成为今天初具规模的、生机勃勃的国际化大都市，稳定良好的水循环在其中起着十分重要的作用。但是，值得注意的是，伴随着经济的快速增长、人口的急剧增加，给深圳市本来就并不富裕的水资源带来了前所未有的压力，加之对水环境的污染破坏态势仍没有得到有效的遏制，流经特区的各大小河流基本均属劣五类水体，丧失了原有的使用功能，特区的经济发展基本依赖远距离引水来得以维持。

虽然在市政府和各有关职能部门的努力下，深圳特区的污水处理能力近年来有了长足的提高，2004年城市生活污水处理率为62.9%，在国内居于先进水平，但是仍然远远不足以满足特区水环境改善的需要。污水只有经过深度处理或者是超深度处理才能够有效地改善类似于特区深圳湾、大鹏湾等封闭性、半封闭性水域的水环境质量，这已经逐渐成为国内外水行业专家的共识。

目前深圳特区正处于第二次创业的高速发展阶段。水，对于深圳市来说更是具有特殊重要的意义。如何较快地恢复良好的水环境，建立健康水循环，为特区创造一个良好的投资环境，是目前特区迫切需要解决的问题。2001年市政府有关领导接受了关于城市污水不是废水，而是宝贵的淡水资源以及城市用水健康循环的理念。委托笔者所在单位编制了“深圳特区再生水道系统规划”。其目的是以城市污水的再生、再循环来解决该市水资源和水环境问题。这是我国第一座想实现城市用水健康循环的城市。该规划也成为了深圳市用水健康循环和深圳河湾水质恢复的初步蓝图。本章介绍规划的具体内容。

7.1.1　自然地理概况

1. 城市性质、人口、面积

1980年8月，经国务院批准将深圳市的一部分辟为深圳经济特区。作为我国最早创办的4个特区之一的深圳经济特区，其发展目标之一是建立以高新技术产业为先导，先进工业为基础，金融、信息和新兴商贸业等第三产业为支柱，物流及旅游为优势的国际大城市。

深圳经济特区包含4个行政区，由东向西依次为盐田区、罗湖区、福田区和南山区。2000年末，特区内常住人口为205.3×10^4人，人口密度比1999年增加7.95%。2002年末，特区常住人口增至232.2×10^4人，其中户籍人口87.6×10^4人，暂住人口144.6×10^4人。各区面积、人口及人口密度见表7-1。

分区土地面积、人口及人口密度(2000年)　　**表7-1**

地　区	土地面积 (km^2)	年末常住人口 (10^4人)	户籍人口 (10^4人)	暂住人口 (10^4人)	人口密度 (人/km^2)
全特区	391.71	205.30	78.32	126.98	5241
罗湖区	78.89	64.09	28.56	35.53	8123
福田区	78.04	78.43	31.47	46.97	10050
南山区	164.29	50.46	15.66	34.80	3072
盐田区	70.49	12.32	2.64	9.69	1748

2. 功能分区

深圳市经济特区是深圳市行政、经济、文化中心，在空间上是市域城市结构的核心。按城市总体规划，特区土地划分为农业保护用地、水源保护用地、组团隔离带用地、旅游休闲用地、郊野游览用地、自然生态用地、远期发展备用地和城市建设用地等8大类。

按各区功能，特区现已形成东、中、西3个组团，各组团建设规模、功能定位如下：

(1) 东部组团由沙头角、盐田、梅沙地区组成，城市建设用地总面积为1478hm^2，人口控制规模18×10^{4}人。以国际性集装箱枢纽港——盐田港的建设为龙头，带动沙头角综合服务职能和东部旅游服务基地职能的充分发挥，形成以沙头角和盐田为次中心，集航运、商贸、仓储、旅游于一体的功能组团，争取在15年至25年的时间内，成为东部发展轴的核心区。

(2) 中心组团由福田、罗湖—上步组成，城市建设用地总面积为7442hm^2，人口控制规模115×10^{4}人。是全市的政治、经济和文化中心。建设重点是控制建成区过密增长，加快福田中心区建设，引导罗湖—上步城市形态及功能的更新，在城市中心区形成内部协调发展、外部吸引-辐射能力强劲的现代都会区。

(3) 南山组团为南山区行政范围，城市建设用地总面积为7170hm^2，人口控制规模47×10^{4}人。建设为特区西部区域性交通枢纽和物流中心，全市教育、科研基地和旅游度假胜地、高新技术产业基地和临港工业区、环境优美的海滨城区。规划期内重点建设西部港区、西部能源基地、深港西部通道、高新技术产业园区和南山商业文化中心区，完善华侨城旅游度假区，改善现有工业区，整治旧城和旧村，提高城市土地利用效率，集约利用土地，适度填海造地，为特区的远景发展作好土地储备。

以上各组团在形态上相对独立、功能上联动发展；组团间楔状绿化带既是城市环境的缓冲地带，同时亦维系了特区内外城市生态结构的连续生长，从而进一步完善了以“带状组团式结构”为核心的城市布局。

3. 自然概貌

(1) 地形地貌

深圳经济特区枕山面海，山湖风光优美，东起大鹏湾背仔角，西连珠江口之安乐村，南与香港新界山水相连，北靠梧桐山、羊台山脉，东西长49km，南北宽平均7km，面积391.71km^2，呈狭长带状。

特区地形呈北高南低，由北边梧桐山，羊台山脉逐渐向南边大鹏湾、深圳河和深圳湾倾斜。深圳河为深港界河，自东向西流入深圳湾。区内最高山峰梧桐山海拔943.7m。

(2) 气象

深圳特区由于地处南海之滨，属亚热带海洋性气候，气候温和，年平均气温22.4℃，雨量充沛，日照时间长，年平均日照时间为2020h，多年平均蒸发量为1330mm，空气湿度大，平均相对湿度为79%，最高可达90%以上。多年平均降雨量1948.4mm，年最大降雨量2662.2mm(1976年)，年最小降雨量912.5mm(1963年)。年内降雨多分布在5～9月份，日最大降雨量314.8mm(1966年)，小时最大降雨量99.4mm(1966年)。

4. 海湾河系

(1) 海湾

深圳特区东部盐田区东南侧面临大鹏湾，中西部罗湖区、福田区和南山区的南侧面临深圳河和深圳湾。这些海湾均受南海不规则混合半日潮影响，潮型呈往复流，历史最高潮位为2.66m，年平均潮差3.26m。从1965～1991年底赤湾水文站潮位观测资料分析，深圳海湾的潮位特征值见表7-2。

赤湾水文站潮位特征表(高程：黄海) 表 7-2

潮位		赤湾站(m)
历年	最高潮位	2.66
	最低潮位	-1.56
平均	高潮位	0.99
	低潮位	-0.38
	潮位	0.33
潮差	涨潮潮差	2.86
	落潮潮差	3.44

(2) 河系

深圳特区内有盐田河、深圳河、沙湾河、布吉河、福田河、新洲河、大沙河等主要河流，除深圳河自东向西流外，其余均是自北向南流的雨季泄洪河道。

深圳河是深圳与香港的界河，是特区内惟一具有航运功能的河道，其汇水面积约为 312.5km^2(其中香港新界约占 1/3)。全长 37.8km，河面平均宽 30m，年径流量 2.7×10^8m^3(其中丰水期 5～10 月占 87.2%)，最枯流量不到 1m^3/s。

福田河、新洲河均是深圳河的主要支流，其中，福田河流域面积 15.9km^2，新洲河流域面积约 20km^2，两河均属于福田区从北向南贯通的雨季泄洪河道。

布吉河是深圳河的又一条主要支流，发源于布吉镇，流经龙岗区布吉镇和罗湖区。深圳特区的河流分布情况见图 7-1。

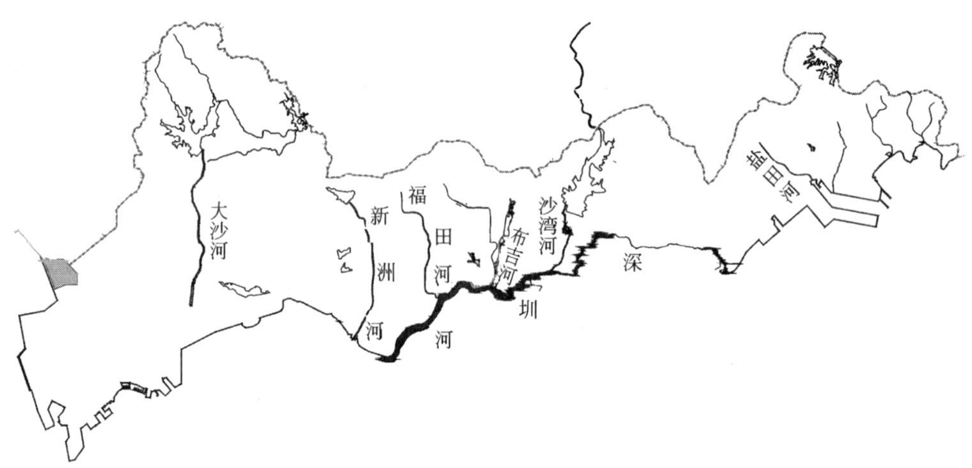

图 7-1 深圳特区河流分布情况图

7.1.2 社会经济概况

经过多年的努力，深圳经济取得了较大的发展。特区主要年份国内生产总值及人均国内生产总值见图 7-2。

2000 年，深圳的国内生产总值达 1665.47×10^8 元，按可比口径计算比上年增长 14.2%，第一、二、三产业分别完成增加值 17.43×10^8 元、874.01×10^8 元和 774.12×10^8 元，增长 3.8%、18.6%和 8.1%。三产业结构为 1.0∶52.5∶46.5。2000 年，深圳国内生产总值在全国大中城市中排第 4 位，仅次于上海、北京和广州。特区主要年份国内生产总值及产业构成见表 7-3、表 7-4。

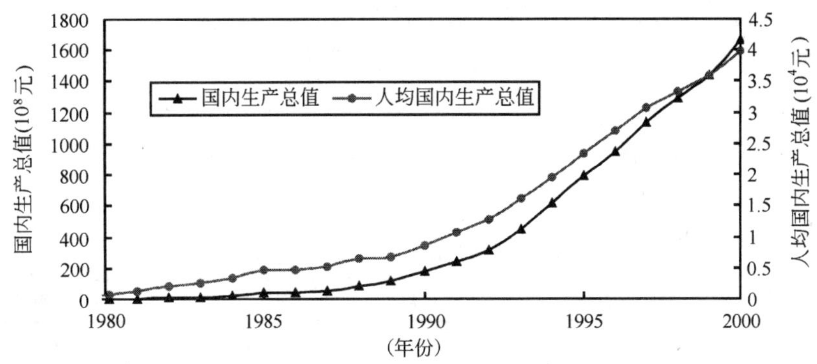

图7-2 特区主要年份国内生产总值及人均国内生产总值

主要年份国内生产总值 表7-3

年 份	国内生产总值(10⁸元)	第一产业(10⁸元)	第二产业(10⁸元)	第三产业(10⁸元)	人均国内生产总值(10⁴元)
1980	2.7	0.8	0.7	1.2	0.1
1985	39.0	2.6	16.4	20.1	0.5
1990	171.7	7.0	76.9	87.7	0.9
1995	795.7	12.9	416.9	365.8	2.3
1999	1436.0	16.5	727.1	692.4	3.6
2000	1665.5	17.3	874.0	774.1	4.0

主要年份国内生产总值产业构成 表7-4

年 份	国内生产总值	第一产业(%)	第二产业(%)	第三产业(%)
1980	100.0	28.9	26.0	45.1
1985	100.0	6.7	41.9	51.4
1990	100.0	4.1	44.8	51.1
1995	100.0	1.6	52.4	46.0
1999	100.0	1.2	50.6	48.2
2000	100.0	1.0	52.5	46.5

从以上统计数据可以看出，20多年来，深圳经济在高速发展的同时，结构也在不断地调整、优化，逐步发展为工业主导型的城市，同时，第三产业发达也是深圳特区经济结构的显著特点，20多年来，第三产业的比重一直在40%～50%之间。

7.2 水资源与水环境状况

7.2.1 给水工程现状

1. 水源

目前特区水源分为境内水源和境外水源(东深和东部引水)。自从特区建立以来，建成了以深圳水库、西沥水库、梅林水库及铁岗水库为调蓄的集供水、转输、调蓄等功能为一体的大型水源系统，并建有东湖泵站12.5m³/s，老虎坳泵站2.5m³/s，大冲转输泵站，梅林泵站，铁岗泵站以及建有深圳水库—大冲转输泵站(*DN*2400，*DN*2200)，西沥水库—大冲泵站(*DN*2200)，铁岗泵站—大冲泵站(*DN*1600)，老虎坳泵站—沙头角—盐田港(*DN*1200)、铁岗水库—蛇口(*DN*1000)间等大型原水输送管道系统，基本保证了特区近期的水源供应。目前，东深引水工程向特区供水 $4.93 \times 10^8 m^3/a$，随特区用水量的增加，特区远期原水将由东部引水工程和东深引水工程优化调度供给。

2. 水厂

至1999年底，特区内已建成有14座水厂，总供水能力达 $201.5 \times 10^4 m^3/d$，供水服务面积达 $124km^2$，配水管网1890km。特区内各区现有水厂、规模、服务范围情况如下表7-5所示。

深圳特区现有水厂一览表(1999年底) **表7-5**

区 名	水厂名称	水厂规模($10^4 m^3/d$)	服务区域
南山区	大冲水厂	35.0	南山区
	蛇口一水厂	8.0	蛇口工业区
	蛇口东滨水厂	10.0	蛇口工业区
福田区	梅林水厂	60.0	福田、华侨城
	笔架山水厂	32.0	福田区、上步
罗湖区	东湖水厂	35.0	罗湖区
	莲塘水厂	5.0	莲塘工业区
	大望水厂	0.9	大望村
	梧桐山水厂	0.5	梧桐山
盐田区	沙头角水厂	5.2	沙头角镇
	盐田港水厂	7.0	盐田港
	盐田水厂	1.5	盐田村
	大梅沙水厂	1.0	大梅沙
	小梅沙水厂	0.4	小梅沙
特区内总计		201.5	

3. 输配水管网

特区内已建成较为完善的给水管网，自来水普及率达100%。基本上可分为东部和中西部两个大系统，东部由莲塘、沙头角和盐田港区(含大小梅沙)形成一个系统；中西部由罗湖、中心区、福田区和南山区形成一个系统，其中蛇口工业区自成一个小供水系统；另外，罗湖区的大望村和梧桐山村各自形成小规模供水系统。

中西部供水系统根据1991年供水规划，目前已建成了一个由供水、转输、调蓄等功能组成的大规模的供水系统，形成了以东西走向的北环大道、深南大道、滨河大道干管以及众多的南北向管道为骨架的大型配水管网，连接着东、中、西部的东湖水厂、笔架山水厂、梅林水厂和大涌水厂，形成了由北向南供水且东西贯通的系统布局。

随着盐田区的成立和不断发展，东部供水系统也逐步形成，莲塘工业区、沙头角镇、盐田港、大小梅沙、梧桐山村、大望村均已建成各自的水厂和形成相应的配水管网，但各系统相互独立，供水管网互不相连。

4. 供水现状

特区历年供水量变化情况见图7-3所示。

由图7-3中曲线可以分析出，1983～1994年深圳市城市建设与经济飞速发展，供水量也高速增长，年均增长29.25%；1994～1997年均增长4.81%，呈现增长率变缓的趋势。究其原因，是因为此阶段深圳正处于调整时期，经济增长速度变缓，对水的需求量也相应降低，因此，供水量年增长率变缓；1998年至今，年供水增长率变化幅度较大，1998年供水量比上年增长10.6%，1999年供水量增长5.78%，2000年供水增长率为0.72%，与上年基本持平。这表明，产业结构调整之后，国内外技术、经济的大量引入，

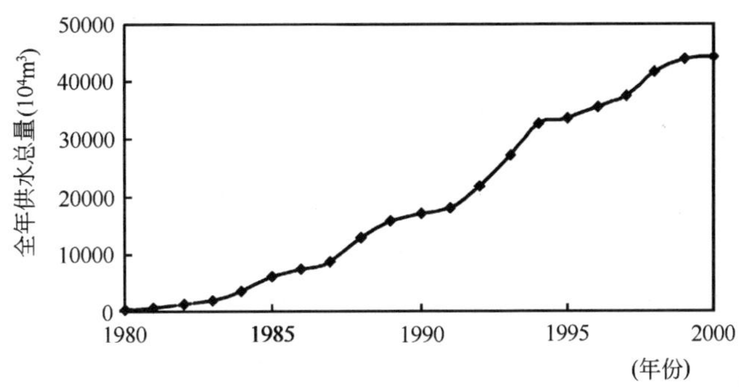

图 7-3　特区历年自来水供应情况

深圳经济得到高速发展，另一方面也表明，由于高新技术的引进、节水高效型工业的发展，使耗水量降低，相应对水的需求也趋于稳定。随着节水型工业发展、工业新鲜水取水量的降低、其他非常规水资源的开发和利用以及人们节水意识的增强，深圳特区今后将会出现供水量零增长甚至负增长的局势。

7.2.2　水资源开发程度与可利用潜力

1. 境内自然水资源开发利用现状

(1) 地表水资源

深圳市境内虽然河流众多，但集水面积都不大，大于 100km² 的河流只有 5 条，为深圳河、茅洲河、观澜河、龙岗河和坪山河；另外，河流径流量是由大气降雨补给的，虽雨量丰富，但降雨量在时间上分布不均。夏季多雨，冬春干旱，干湿季节分明，每年 5～9 月的降雨量约占全年降雨量的 85%，不仅在年内分配不均，年际变化也很大，1975 年降雨量最大，达 2662mm，1963 年最小，只有 913mm，差值达 2.9 倍。

全市多年平均地表径流总量 $18.27\times10^8m^3$，其中特区 $3.25\times10^8m^3$。

(2) 地下水资源

深圳市地下含水层富水性不高，其蕴藏量分布情况大致是：东部富水性较高，中部中等，西部为中等或贫水。龙岗河、坪山河、观澜河、茅洲河、深圳河等谷地平原多分布洪积层孔隙水，富水性为中等或贫乏，单孔涌水量约为 $300m^3/d$；海岸地带多属海积层孔隙水，富水性中等，单孔涌水量约在 300～$1000m^3/d$；基岩裂隙水在区域分布上比较广泛，但其富水性均属中等或贫乏，且地区差异较大，一般单孔涌水量在 2.5～$1300m^3/d$ 之间。

估算全市地下水资源总量约 $5\times10^8m^3/a$，可开采资源量仅为 $1.0\times10^8m^3/a$；而特区内地下水资源量仅约为 $0.9\times10^8m^3/a$。地下水由于贮量和开采条件的限制，不宜用作城市的供水水源，仅作为分散性供水水源的补充。

(3) 可利用的境内水资源量

1) 全市可利用的境内水资源量

至 1999 年，全市已有蓄水工程 251 座，集水面积为 590.87km²，其中中型水库 9 座，小型水库 184 座，小型塘库 58 座。已建的中型及小型水库均实现了以灌溉为主向供水为主型功能转变，同时又成为城市供水重要的调节水库。

1999 年深圳市辖区内中型及部分小型水库年末蓄水总量为 $1.71\times10^8m^3$，比上年末增加 $1047\times10^4m^3$，其中特区内减少 $121\times10^4m^3$。

1999 年深圳市总供水量 $11.5\times10^8m^3$，其中境外引水量 $6.03\times10^8m^3$，占总供水量的 52.45%。供水量组成为地表水源供水 $10.88\times10^8m^3$，占 94.60%；地下水源供水 $0.62\times10^8m^3$，占 5.40%，见表 7-6。

1999 年深圳市行政分区供水量状况表　　单位：10^4m^3　　表 7-6

行政分区	地表水源供水量				地下水源供水量			总供水量
	蓄水	提水	合计	其中境外调入水量	浅层水	深层水	合计	
特区	6243	40542	46785	40542	45	99	144	46929
全市	39528	69257	108785	60326	2573	3642	6215	115000

注：表格引自《1999 深圳市水资源公报》。总供水量包括农业用水量。

2）特区可利用的境内水资源量

在常水年特区地表水源年供水量约为 $6200\times10^4m^3$，加上特区内地下水可供水量约 $144\times10^4m^3/a$，特区内可利用的水资源总量约为 $0.64\times10^8m^3/a$。

（4）存在问题

1）特区内水资源量远远满足不了用水需求

1999 年，特区内可作城市供水的水资源量仅为 $0.64\times10^8m^3/a$，而据《深圳统计信息年鉴(2000)》，1999 年特区内自来水供水量已达 $4.40\times10^8m^3$，特区内水资源量仅占自来水总供水量的 14.5%左右，供水基本上依赖于境外引水。

2）特区内水资源普遍受到不同程度的污染

长期以来，人们对水资源的脆弱性没有足够的重视。随着城市经济的飞速发展和人口的急剧增长，大面积的城市工业和居住区的拓展，污水排入河道，使特区内几条主要河流的水质已受到严重污染，大部分流经城区河段水质劣于国家地表水Ⅴ类标准，特区水环境已急剧恶化。

2. 境外引水面临水量下降与水质污染威胁

（1）东深供水工程

东深供水工程主要是对港供水系统，始建于 1961 年，初期规模年供水仅 $0.6\times10^8m^3$，后经三期扩建到 1993 年底竣工，年供水 $17.43\times10^8m^3$，其中向香港供 $11.0\times10^8m^3$，向特区供 $4.93\times10^8m^3$，工程沿线供水 $1.5\times10^8m^3$。该工程自东江桥头镇取水，经抽升后经石马河河道逆流而上，经多级抽升后沿雁田隧洞流经沙湾河进入深圳水库，分别供给香港和深圳。

根据协议规定，深圳特区可取水量为 $4.93\times10^8m^3/a$，日最大供水量 $148\times10^4m^3$。另向龙岗区单独供 $0.3\times10^8m^3/a$，年总控制规模为 $5.23\times10^8m^3$。

（2）东部水源工程

1996 年 11 月经广东省水利厅批准，深圳市东部水源工程正式启动，东部水源工程是深圳市自己独立的供水水源系统。

东部水源工程分两部分，一由东江廉福地取水，近期均匀取水 $7.0m^3/s$，另一在西枝江老二山设取水口，近期均匀取水 $4.0m^3/s$，取水后汇入东江干线的箱涵，经永湖泵站加压送到三株围高位水池，线路长约 15.5km。两取水点合计取水 $11.0m^3/s$。再经全长约 24.96km 的输水隧洞将水自流送到松子坑水库 11# 坝后，再转输供入深圳特区。该工程年总取水量为 $3.50\times10^8m^3$。

（3）存在问题

从流域上可以看出，深圳市与东江有着密切联系，市域内 3 条汇水面积 $100km^2$ 以上的河流观澜河、龙岗河、坪山河分别是东江支流石马河及西枝江的上游。特区对境外引水的依赖程度较大，境外引水的比例约占特区内淡水供水总量的 85%。这使得特区供水面临两种风险：一是境外引水水源污染的风险，境外引水河(渠)道不在深圳市管辖范围，水质保护的工作难以协调；二是引水量不足的风险，遇到干旱年份，各地区都面临缺水的情况下，境外引水能否保证也是存在风险的。随着经济发展，东江上中游城市需水量势必增加，这个问题将愈来愈突出。

3. 可利用的水资源总量及人均水资源量

综上所述，特区内现有可供城市利用的水资源总量为 $5.57\times10^8m^3/a$。其中东深工程供水为 4.93×

$10^8m^3/a$，占 88.5%。而至 2000 年末，特区内人口已达 205.30×10^4 人，人均可利用水资源量仅为 $270m^3/a$，是全国严重缺水城市之一，水资源短缺已经成为特区经济可持续发展的瓶颈。

到 2010 年，根据《深圳市供水水源修编规划报告》，除原有东深引水工程提供的 $4.93\times10^8m^3/a$ 之外，东深改造工程和东部引水工程共同向特区提供 $6.7m^3/s$（$2.11\times10^8m^3/a$）的原水。特区可利用的水资源总量为 $7.68\times10^8m^3/a$，见表 7-7。

2010 年特区可用水资源量　　**表 7-7**

项　目	水量（$10^8m^3/a$）	项　目	水量（$10^8m^3/a$）
特区内可利用的自然水资源总量	0.64	东深改造工程、东部水源工程	2.11
东深工程供水	4.93	合计	7.68

总之，深圳特区虽降雨量丰富，但时空分配不均，开发利用难度大；水资源人均占有量低，供水主要依靠远距离引水解决。根据深圳市社会发展公报，目前深圳市供水的稳定性已受到威胁，2004 年全市最高日供水量突破 $430\times10^4m^3$，而东深、东部供水工程供给全市的日供水量仅为 $320\times10^4m^3$。

7.2.3　排水工程现状

1. 排水体制及城市排水系统建设

深圳经济特区是我国建立最早、范围最大的经济特区，在开始规划时就采用了雨、污分流的排水体制。

特区排水系统建设及处理能力变化情况如表 7-8 和图 7-4 所示。

经济特区市政工程设施　　**表 7-8**

年　份	城市下水道总长度（km）	污水日处理能力（$10^4m^3/d$）
1980	11	
1985	281	2.5
1990	560	14.3
1995	1746	17.0
2000	3158	78.7

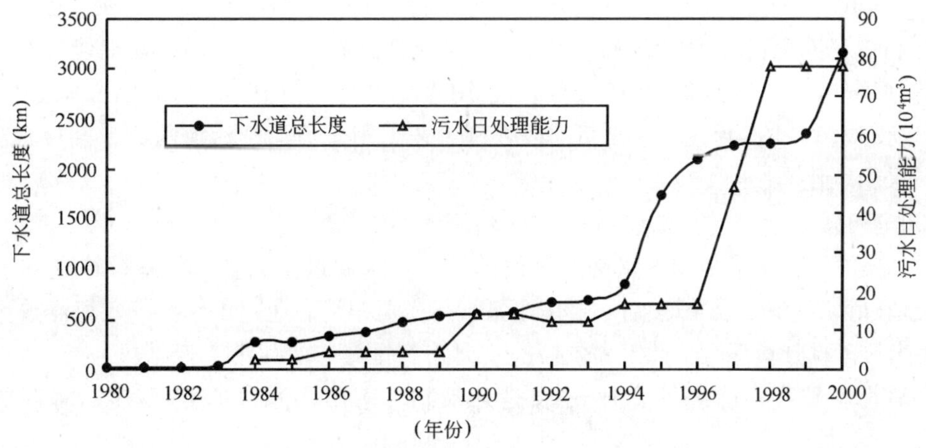

图 7-4　特区历年城市下水道长度、污水处理能力

由图 7-4 可以看出，特区污水处理能力的发展过程可划分为 3 个阶段：第一阶段从 1984～1989 年，为一缓慢增长阶段，其主要原因是国内外资金的大量引入，深圳由一个边陲小镇发展成城市，初步开始建设城市排水系统；第二阶段从 1990～1996 年，1990 年与 1989 年相比，城市污水日处理

能力提高了两倍多，但随后7年趋于稳定。这一阶段是特区的大发展和经济实力壮大时期，城市排水管网的建设相应有了较大的提高，但是污水处理能力明显不足；1996～1999年是城市排水系统建设发展的第三阶段，这一时期，城市污水处理能力得到飞速发展，到1998年，城市污水能力达到$78.7\times10^4m^3/d$，是1990年的5倍多，约为1984年的31倍。这主要是由于深圳市已经初步发展成为区域性金融中心，不断完善城市功能，对环境问题的日益重视、加大城市环境综合治理和建设力度的结果。

2. 污水处理厂

特区内现有污水处理厂5座，污水处理能力$78.7\times10^4m^3/d$。特区污水处理厂现状如表7-9。

特区污水处理厂现状 **表7-9**

污水厂名称	处理规模 ($10^4m^3/d$)	备注
滨河污水处理厂	30.0	二级处理
罗芳污水处理厂	35.0	
南山污水处理厂	35.2	一级处理
盐田污水处理厂	12.0	
蛇口污水处理厂	3.0	一级处理
小梅沙污水处理厂	0.5	
合计	78.7	

(1) 罗芳污水处理厂

罗芳污水处理厂是深圳市新建的大型污水处理厂，地处罗湖区罗芳村西南侧，占地218亩($14.53hm^2$)。该厂于1991年开始筹建，1998年7月一期工程完工并投入运行。总投资近8个亿，其中一期工程耗资2.5个亿，工程处理规模$10\times10^4m^3/d$；二期工程处理规模$25\times10^4m^3/d$。服务范围为罗湖区东片和布心工业区，服务人口为60×10^4。一期工程处理工艺采用AB法的二级处理工艺，其中B级为生物除磷脱氮A^2/O工艺；二期工程采用T型氧化沟。

(2) 滨河污水处理厂

深圳市滨河污水处理厂建成于1983年2月，占地面积$13.87hm^2$，服务面积为罗湖区的西部和福田区的东部约$27.5km^2$，服务人口为54×10^4人。一期工程于1983年破土动工，二期工程于1985年兴建，1987年投入运行。三期工程1991年10月动工，1997年7月投入运行。现总处理能力达$30\times10^4m^3/d$(一期为$2.5\times10^4m^3/d$，二期为$2.5\times10^4m^3/d$，三期为$25\times10^4m^3/d$)，一、二期工程总投资3300×10^4元，三期工程投资3.1×10^8元。一、二期工程处理工艺采用普通活性污泥法，三期处理工艺采用AB法，其中B段采用氧化沟。

(3) 污水排海工程

深圳市污水排海工程是将福田区皇岗路以西的城市污水通过截流管(渠)系统输送到南山污水处理厂，经一级处理(远期预留二级处理)后，再用水泵加压送至妈湾，通过工作井进入海洋放流管，经扩散器均匀地将污水排入珠江口深海。此工程包括从皇岗路到排海口的截污主管(渠)，长32.04km；滨河、新洲、风塘、后海、登良、前海等6座污水提升泵站；南山污水处理厂1座；海洋放流管1根，长1609m。

(4) 南山污水处理厂

南山污水处理厂位于南头半岛月亮湾畔，是深圳市污水排海工程的重要组成部分，总设计污水处理规模为$73.6\times10^4m^3/d$，服务人口为121.68×10^4人，占地面积$15.416hm^2$。一期工程前期于1988年3月动工，1989年11月竣工投产，规模$5\times10^4m^3/d$，投资4500×10^4元，其服务范围南头、南油以及蛇口的部分地区，服务人口为8.5×10^4人；一期工程后期于1989年12月动工，1997年6月25日海洋放流管及厂区污泥部分建成并投入使用；目前一期工程已经全部完成，污水处理能力达到35.2×$10^4 m^3/d$。

3. 污水处理现状

近年来，深圳特区污水处理发展情况见表7-10和图7-5所示。

特区历年污水处理率(1990～2000) **表7-10**

年 份	常住人口数(10^4 人)	污水产生量($10^4 m^3/a$)	污水处理量($10^4 m^3/a$)	污水处理率(%)
1990	100.98	15395	1319	8.57
1991	119.80	16114	1683	10.44
1992	122.01	19614	1962	10.00
1993	118.94	24651	2903	11.78
1994	147.53	29344	3172	10.81
1995	151.18	30422	2951	9.70
1996	160.30	32090	3170	9.88
1997	175.10	33786	4249	12.58
1998	184.63	37383	7097	18.98
1999	190.18	39544	13931	35.23
2000	205.30	39830	22278	56

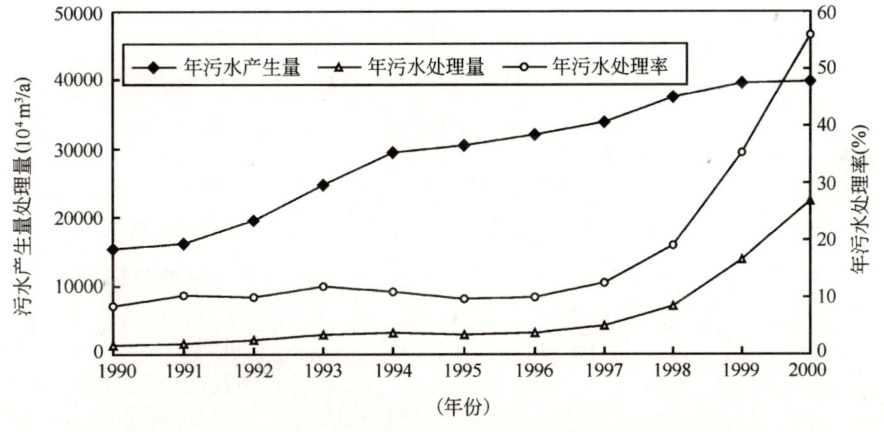

图7-5 1990～2000年特区污水产生量、处理量及处理率情况

特区污水处理率可划分为两个阶段：1990～1996年为第一阶段，这一时期特区污水处理率一直处于10%左右，几乎没有增长；1997年至今，污水处理率飞速增长，2000年污水处理率达到56%。2004年，深圳市城市生活污水处理率提高至62.9%。

7.2.4 水体污染现状

目前，全市地表水体和近岸海域受到以生活污水为主的废水污染有加重趋势。特区内的主要河流污染十分严重，基本丧失原有的使用功能。其中，深圳河、新洲河、福田河水质劣于国家地表水Ⅴ类标准，主要污染物是总磷、石油类和生化需氧量。

东部海域水质良好，西部海域水质受到一定程度的污染，主要污染物是无机氮和无机磷。

2000年，特区内主要河流水质监测数据统计如下表7-11、表7-12所示。

深圳特区河流水质(2000年)　　表7-11

项目	大沙河	布吉河	深圳河			
	大冲桥	人民桥	径肚	砖码头	河口	全河段
高锰酸盐指数(mg/L)	13.33	20.63	0.68	14.37	12.63	9.23
生化需氧量(mg/L)	25.21	57.64	0.83	31.78	20.94	17.85
非离子氨(mg/L)	0.340	0.344	0.000	0.186	0.183	0.124
石油类(mg/L)	1.46	2.62	0.03	2.91	1.60	1.51
溶解氧(mg/L)	0.74	0.31	6.72	0.34	0.41	2.49
总磷(mg/L)	2.112	3.267	0.015	2.384	2.110	1.503
悬浮物(mg/L)	47.2	107.3	1.8	46.0	36.9	28.3

特区河流水质监测项目超标统计表(2000年)　　表7-12

监测河流断面		全年超标指标	季节超标指标
大沙河	大冲桥	生化需氧量、溶解氧、总磷	高锰酸盐指数、非离子氨、石油类
布吉河	人民桥	生化需氧量、溶解氧、高锰酸盐指数、总磷	悬浮物、总硬度、非离子氨、石油类、总氮
深圳河	径肚		总氮
	砖码头	生化需氧量、溶解氧、总磷	高锰酸盐指数、总硬度、非离子氨、石油类、总氮
	河口	生化需氧量、溶解氧、总磷	高锰酸盐指数、总硬度、非离子氨、石油类、总氮、挥发酚、总氮

近年来，污染趋势仍在继续恶化，2004年，深圳河、布吉河、大沙河、茅洲河、观澜河、西乡河、龙岗河、坪山河、福田河及新洲河水质劣于国家地表水Ⅴ类标准，主要污染物为氨氮、总磷和5日生化需氧量。西部海域水质劣于Ⅳ类海水标准，主要污染物是无机氮和活性磷酸盐。

7.3 深圳特区水资源循环利用概况

7.3.1 深圳特区污水回用的历史与现状

1992年，深圳市颁布了《深圳经济特区中水设施建设管理暂行办法》，要求根据地区性质及建筑规模配套或逐步配套建筑中水设施；不按规定设计中水设施的工程项目，规划国土部门不得发给建筑许可证；中水设施由建设单位负责建设，并与主体建筑工程同时设计，同时施工，同时交付使用；中水设施的建设投资纳入主体工程预决算。

此后，深圳市曾计划在沙头角及福田中心区建设中水管道系统，并委托设计院进行了中水管道系统施工图设计，但最终未能实施，仅在福田中心区部分道路上预埋了部分过路套管。

目前，深圳市污水再生回用方式有两种：一种是用于建筑中水系统。迄今为止，深圳市内已建成的建筑中水工程29座，总规模达400m^3/h，现在，大多数建筑中水工程已停止使用，只有百花公寓和长乐花园2个工程运行正常，规模为30m^3/h。具体情况见表7-13。

深圳市建筑中水设施一览表　　表 7-13

设计规模 m^3/h	建成数量	运行数量
5	2	
10	13	1
15	6	
20	7	1
30	1	
合计	29	2

除了上述建筑中水系统之外，特区内进行污水回用的第二种方式是污水处理厂的厂内污水回用。目前只有滨河污水处理厂有少部分污水处理后(二沉池出水)用于污水处理厂绿化和设备冲洗用水，约 $1000m^3/d$。

7.3.2　深圳特区污水再生回用存在的主要问题

目前深圳特区城市污水再生与回用存在的主要问题是：

1. 没有健全的关于城市污水再生、回用及管理方面的法律法规，缺乏必要的鼓励污水再生回用的政策。虽然早在 1992 年就制定了中水设施管理暂行办法，但除此之外，并无其他所需的配套法律法规来推进污水回用。在水价、经济补助、行政管理等方面也缺乏适当的措施来促进污水回用的普及。

2. 缺乏城市污水深度处理及再生水回用的总体规划，现有各项专业规划中并没有考虑污水再生回用因素。

3. 目前的水价政策影响污水回用。已有的污水回用设施大多仅仅处于单幢大厦建筑中水水平，与当时的自来水价相比，污水再生成本明显偏高，水质不够稳定，同时运行管理较为复杂，污水再生回用并没有显示出一定的经济性。

4. 由于长期以来对水环境的流域性、全球性认识不足，没有意识到污水再生回用对水资源可持续利用及水环境恢复的重要作用；同时对水资源短缺和水环境恶化的关系研究不足，对于特区缺水的客观事实基本上是以境外引水的方式来考虑解决；漠视了城市用水的健康循环，对于污水再生回用事业造成消极影响。

5. 城市污水再生回用率极低，相应的应用技术研究不足，没有建立较大规模的示范工程。

6. 污水处理率和污水处理程度偏低，排水管网和沿各河流的截流管有待完善。特区污水处理率和污水处理程度虽然处于国内先进水平，各污水厂二级处理运行稳定，出水水质达标，但还不能满足再生水的水质与水量的要求，应进一步提高污水处理率、深度处理率和再生水回用率，完善配套管网建设。

7.3.3　变深圳特区污水处理厂为再生水厂的必要性

1. 提供新水源，建立特区第二供水系统

特区现有可利用的水资源总量为 $5.57\times10^8m^3/a$，2000 年特区的供水量为 $4.4\times10^8m^3/a$，尚能满足特区现在的需求。但是，特区正处于第二次创业的阶段，对水的需求量必定会有较大增长。据特区给水系统规划中预测，至 2010 年，特区的年需水量将达 $9.08\times10^8m^3/a$，依据有关规划，2010 年特区可用水资源量为 $7.68\times10^8m^3$，供需缺口为 $1.4\times10^8m^3$。因此，开发第二水资源、缓解特区水资源紧缺的局面，是当前亟待解决的问题。

污水再生回用将给特区提供新水源。据统计，在城市用水中只有 1/3 的水用于直接或间接饮用，其他 2/3 理论上都可以由再生水替代。加上河湖等所需的环境生态流量，污水再生回用的潜力会更大。目前，特区平均每天处理的污水量近 $60\times10^4m^3/d$，处理后的污水大部分均就近排入自然水体，这不仅给

自然水体造成了污染，而且浪费了宝贵的淡水资源。如果将这部分污水深度处理后，按 50%可以安全回用计算，则相当于少建一座 $30\times10^4m^3/d$ 的净水厂，并且减少了由于远距离引水引起的数额巨大的工程投资。随着特区污水处理厂的建设，污水处理设施的日益完备，污水再生回用将会给特区带来更大的经济效益。

2. 进行污水再生回用是城市性质的内在要求

深圳特区作为现代产业协调发展的综合性经济特区，其目标是建设成为一个花园式、园林式城市和现代化的国际性城市，而健康、良好的水环境是现代化国际性大都市的重要基础条件和内在要求。但是，目前特区内的主要河流污染已经十分严重，大部分流经城区河段水质劣于国家地面水Ⅴ类标准，河水发黑变臭，严重地影响了人们的健康生活和城市形象。根据《中国可持续发展水资源战略研究综合报告及各专题报告》，如果仅靠加快城市污水处理厂的建设，使城市废水处理率在 2010 年、2030 年、2050 年分别达到 50%、80%、95%，我国城市的水环境状况在 2010 年还会有较严重的恶化，至 2050 年也还不能得到根本性的好转，因此，为真正实现特区的城市建设战略目标，必须进行污水深度处理和再生水回用。并且，深圳市规划建成节水型城市，而作为节水型城市，要求城市污水再生回用率应≥60%，特区的污水再生回用现状还远远低于这个目标。

由上述分析可以看出，特区的城市性质决定了她必须实行污水深度处理和再生水回用，只有这样才能实现特区的城市建设战略目标，才能建设成为真正意义上的花园式、园林式、现代化的国际性节水型城市。

3. 节省水资源建设与水环境治理投资

城市污水在城市水资源规划中占有非常重要的地位，并且与开发其他水资源相比，具有非常可观的经济优势。它可以节省水资源费和巨额远距离引水的管道建设费和输水电费。深圳市东深供水改造工程从东莞桥头取水，通过多级泵站提升输送到深圳水库，输水线路长约 58km，总扬程为 69.37m；东部引水工程从惠阳的东江和西枝江取水到深圳松子坑水库，输水线路长 56km，再从松子坑水库转输至西沥水库和铁岗水库供特区和宝安区使用，又延长将近 50km，总扬程约为 71.1m，年用电量 3.02×10^8kWh，年用电费达 2.72×10^8 元。而污水再生回用基本是就地取水，无需远距离引水，污水再生回用自然要比境外引水经济。另据报道，发达国家 80 年代用于环境治理的投资占国民生产总值(GNP)的比例，一般均在 0.50%以上，而我国 90 年代用于环境治理的投资仅占 GNP 的 0.033%，投资强度与发达国家相比相差了 20～30 倍。污水再生回用在解决水资源短缺的同时，水环境污染也得到了改善，使有限的资金得到更高效的利用。所以特区应当在充分利用城市污水资源的情况后，再考虑境外引水。

4. 改善和恢复特区水环境

长期以来，人们对水资源、水环境的脆弱性没有足够的重视，致使特区内几条主要河流的水质受到严重污染。大部分流经城区河段水质劣于国家地面水Ⅴ类标准；近岸海域水质相对较好些，但是，随着特区的发展，填海造地对近岸海域的污染日趋增加，海域综合污染指数有逐年上升的趋势，特区水环境已相当恶化。

城市污水再生回用为特区水环境的改善提供了一个契机。从污水处理厂来看，二级生物处理可有效地去除悬浮物(SS)和生化需氧量(BOD_5)，但对难生物降解物质和 N、P 等营养物质的去除率较低，处理后的出水还不能满足恢复良好水环境的要求。而如果将城市二级处理水再稍加处理(深度处理)，然后将处理后的水作为工业、农业、生活杂用等非饮用水供应，一方面可以缓解城市对新鲜水的需求，另一方面也减少了排向城市自然水体的污染物量。由此带来直接和间接的社会、环境效益不容忽视。

因此，污水再生回用是缓解深圳特区水资源日趋紧张、维持特区社会用水健康循环的有效途径。

7.4 水资源循环利用系统规划

7.4.1 再生水需求量

再生水需求量不仅与当地城市的水环境、产业结构、居民生活水平等密切相关，而且主要受当地的政策和经济能力的制约。在不同的国家和地区，再生水具有不同的用水对象和用户，用水量也就相差甚多。例如在“中水道”技术的发源地日本，再生水主要是以城市生活冲厕和小溪河流恢复生态环境用水为主要用水对象，很少利用在农业方面。与此恰恰相反的是，世界上污水再生回用比例最大、应用范围最广、水利用效率最高的以色列，在这个极度缺水的国家中，污水再生回用率高达70%以上，农业回用十分广泛，目前已经建立了100多个供农业利用的污水贮存库，预计2025年农业用水的65%将来自城市污水，同时农业灌溉技术也非常先进，以色列全国已经废弃地面漫灌方式，基本上全部采用先进的滴灌技术。以色列甚至发布这样一条法令：在污水可利用潜力没有被充分利用之前，不允许利用海水。这种注重改善水环境，而不是单纯为了解决水资源短缺危机的做法是很值得我们借鉴和学习的。同时，也从另外一个侧面证明了污水再生回用的必要性和迫切性。

在深圳特区的用水结构当中，由于特区特殊的城市性质和工业结构，农业用水只占其中很少的一部分，工业用水也只占20%左右，主要的用水大户是居民生活用水和公共建筑用水，占75%以上，并有逐年上升趋势。因此，根据特区目前的用水情况和特区相关规划，确定特区的污水再生回用对象为农业用水、工业用水(主要是冷却用水)、绿化用水、市政杂用水以及城市河湖景观生态环境用水等几个方面。主要用户再生水需求量分析如下：

1. 农业用水

农业用水是再生水回用的一个重要用户。与其他用途相比，农业灌溉用水有以下几个特点：(1)对水质要求不高(生食瓜果蔬菜类灌溉用水除外)，一般二级处理水经过适当稀释即可满足水质要求；(2)对水中N、P等污染物不需额外单独处理，可作为肥料进行充分利用；(3)可利用原有沟渠输送回用水，需要的投资和运行费用较低；(4)比工业和市政用水量大，易于形成规模效益；(5)不仅节省了水资源，同时还使回归自然水体的处理水得到进一步净化。因此，农业用水是污水再生回用的首选用途。

农业用水受季节、气候的影响比较大，灌溉用水主要集中在春、夏、秋三季，而污水处理厂的出水是比较均匀的，这就要求有适当的存贮冬季污水厂出水的用地，或者在冬季的时候供给农业用水的管道关闭检修，将水量转移到其他的用途当中，以达到最大限度地利用再生水、节省新鲜水的目的。

据深圳市农业部门提供的资料显示，灌溉水源绝大多数是地下水，其余水源为河水、山塘水和水库水，甚至有些是直接采用未经处理的生活污水和工业废水作为灌溉水源，因此这部分用水量基本没有实测资料，只能根据规划农业用地面积和种类采用定额法预测。

根据《深圳特区城市中水道系统规划》，各个规划水平年的农业需水量见表7-14。

特区农业用水潜在再生水需求量表　　表7-14

规划水平年	农业用地(10^4亩)	农业用水量($10^4m^3/a$)	再生水潜在用量($10^4m^3/a$)
2005	5.5	1150	550
2010	4	920	450

注：农业用地主要包括蔬菜、水果、花卉、植树造林、幼林抚育和育苗种植面积。

从上述结果中可以看出，深圳特区的农业用地和用水量基本上呈逐年缓慢下降趋势，这与特区特殊的地位和城市性质相符，并且与特区内实行由“粗放型”用地向“集约型”用地转变的政策是相吻合的。

2. 特区主要工业区潜在再生水用量

工业用水是城市用水的重要组成部分。工业用水根据用途的不同，对水质的要求差异很大，水质要求越高，水处理的费用也越高。目前一般主要应用于需水量较大而又对水质要求不高的部门，主要有以下几种用途：

① 冷却水　工业用水中冷却水用量所占的比重较大(我国为 84%)，除考虑循环使用之外，补充用水量就占工业总取水量的 30%以上，对水质要求较低，间接冷却用水对水质的要求，如碱度、硬度、氯化物以及铁锰含量等，城市污水的二级处理出水均能满足，其他水质指标如 SS、氨氮、COD_{Cr}等，二级处理出水经适当净化后也完全能满足要求，因此城市污水再生水回用于工业冷却水是目前国内外应用较广的回用用途之一。西方早在 20 世纪 40 年代就已经开始进行，如南非约翰内斯堡的 Orlando 电站从 1942 年开始就利用经过二级处理的城市污水作循环冷却水的补充水；我国也有不少成功的应用，大连春柳污水厂 1992 年建设投产的 $1\times10^4m^3/d$ 再生水示范工程，主要用于热电厂冷却用水，运行 10 年来效果良好，效益可观。

② 工艺用水　工艺用水包括产品处理水、洗涤用水和原料用水等。这部分用水或与产品直接接触，或作为原材料的一部分而添加到生产过程中。因此工艺用水比较复杂，各行各业对水质要求也不尽相同，其适用性相对较差。

③ 锅炉用水　锅炉用水在工业用水中占较大的一部分，高、低压锅炉对水质有不同的要求，主要集中在硬度、腐蚀性和结垢等方面，这部分水质要求较高，利用再生水管网供应的深度处理的再生水一般较难直接满足其水质要求，但是可以作为锅炉用水的水源水，在需要使用的地方设置更高程度的处理设施，例如使用离子交换、超滤、反渗透、钠滤等处理工艺，使得出水可以满足不同锅炉用水的需要。

(1) 深圳特区工业发展与用水现状

1) 工业用水分类及定义

工业用水中的取水量结构示意图见图 7-6。

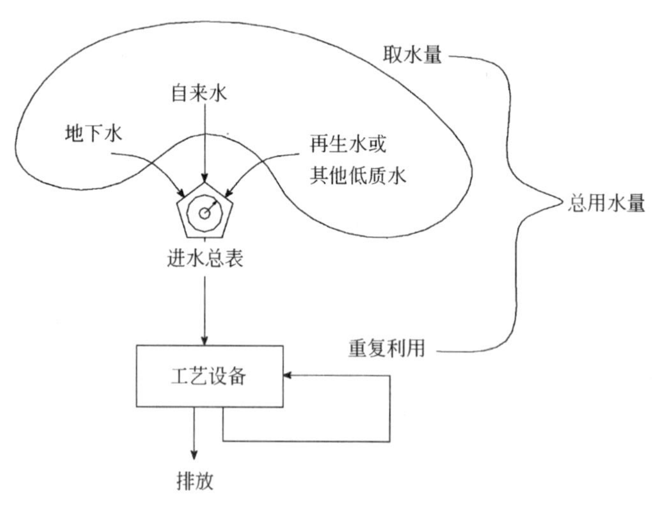

图 7-6　工业用水量结构示意图

2) 工业用水的构成

根据深圳市水务局的调查，1997 年深圳特区的工业用水结构见表 7-15。

1997年深圳特区工业用水调查统计表 **表7-15**

行业	工业产值（万元）	取水量（m^3/a）	取水比重（%）	万元产值取水量（m^3/元）
电子、通讯	3986960	5021850	25.9	1.26
仪器仪表	267580	179600	0.9	0.67
医药制造	269211	376100	1.9	1.40
金属制品	84953	617565	3.2	7.27
食品加工	120682	456509	2.4	3.78
化学制品	17248	184520	1.0	10.70
服装制造	30738	261265	1.3	8.50
电气制造	31334	91669	0.5	2.93
电力	55796	4627095	23.9	82.93
非金属制品	51413	653267	3.4	12.71
饮料制造	99362	1543001	8.0	15.53
印染	71006	2436201	12.6	32.20
其他	157495	2936526	15.1	18.65
合计	5243778	19385168	100	3.70

从表7-15可以看出，特区万元产值取水量最低的仪器仪表行业仅为0.67m^3/万元，而最高的是电力行业，其万元产值取水量高达82.93m^3/万元，两者相差120多倍，如果不计电力行业，则万元产值取水量最高的行业为印染行业，为32.20m^3/万元。其中部分行业取水量结构见表7-16。

部分行业取水量结构表 **表7-16**

行业	总用水量（$10^4m^3/a$）	取水量			重复利用率（%）
		取水量（$10^4m^3/a$）	冷却水比例（%）	冷却水量（$10^4m^3/a$）	
电子行业	4367.0	502.2	14.7	73.8	88.5
仪器仪表业	156.5	18.0	29.2	5.3	88.5
医药制造业	488.3	37.6	15.3	5.8	92.3
食品加工	291.1	45.7	31.2	14.3	84.3
饮料制造业	108.5	15.4	8.1	1.2	85.8
印染业	27.2	24.4	0.5	0.1	10.3
电力	18508.0	462.7	24.1	111.5	97.5
总计	23946.5	1106.0	19.2	212.0	95.4

3）工业用水的发展

由于20世纪90年代深圳市积极实施调整产业政策，使深圳特区以电子信息类为主体的高新技术产业发展迅速，1999年高新技术产值已从1994年的149×10^8元增加到819.79×10^8元，五年增长4.6倍，占工业总产值的比重由15.2%提高到40.5%，高新技术产业已成为特区工业经济健康发展的第一增长点。工业行业结构发生了较大变化，低耗水高产出的工业行业（如电子及通讯行业）占据主导地位。1991～1997年深圳特区工业用水量情况见表7-17。

深圳特区工业用水情况　　表 7-17

年　份	工业产值(10^4 元)	总用水量(10^4m^3)	总取水量(10^4m^3)	重复利用率(%)
1986	311104	4046	2540	37
1987	490011	4828	2945	39
1988	772097	7772	4508	42
1989	1002891	10302	5666	45
1990	1416923	12480	6511	48
1991	2235481	11610	8359	28
1992	3268092	—	5708	—
1993	4361626	—	13359	—
1994	6252728	—	6730	—
1995	8068294	15158	7276	52
1996	9058539	—	8068	—
1997	10681734	—	8611	—

注：1996、1997 年数据工业取水量为自来水取水量。

1997 年深圳特区工业总产值为 1068×10^8 元(1990 年不变价格，下同)，工业取水量为 $8611\times10^4m^3$，工业总用水量为 $15158\times10^4m^3$，万元产值工业用水量为 $14.2m^3$，取水量 $8.06m^3$/万元，用水效率有较大的提高，在国内居于领先地位。与国际发达国家工业取水量相比，虽然并不算太高，但与先进国家在提高用水效率方面取得的进展相比，仍有一定的差距。

由表 7-17 可以看出，特区的工业总用水量在经历了 1987～1990 年的高速增长之后，逐步趋于平缓，1995 年工业用水量比 1990 年的工业用水量仅增加了不到 21.5%，而同期的工业总产值(按可比价格)的增长幅度却高达 5 倍，实现了在用水量低速增长条件下保持了工业的高速增长，同时也充分说明工业结构对工业用水量具有决定性的影响。

需要引起注意的是，在近几年的工业用水增长中，部分是由于水环境质量的下降造成的。月亮湾电厂就是一个典型的例子，在去年以前，月亮湾电厂一直采用海水作为冷却用水，但是由于近几年来特区西部沿海海水水质不断下降，大大增加了海水冷却用水系统的设备维修和运行管理工作的负担和难度。不但海水利用的经济性逐渐被削弱，而且用水安全可靠性也较差，因此月亮湾电厂在 2001 年 5 月份和 8 月份新装的两套机组中，均放弃了采用海水冷却方案，而改用自来水作为冷却用水。仅仅这部分水量就超过 $10000m^3/d$，相当于 5×10^4 人一天的生活用水(按现状平均 200L/(p・d)计)。

(2) 特区工业布局与规划

深圳特区内目前拥有的工业主要位于南山区、福田保税区、梅林工业区和沙盐保税区等区域内，2000 年深圳特区重点工业废水污染源统计见表 7-18。

2000 年深圳特区重点工业废水污染源统计一览表　　表 7-18

企　业　名　称	企业所在区域	年排放总量(10^4m^3)	废水排往去向
铭基食品有限公司	罗湖区	47.12	深圳河
喜上喜肉品加工厂	罗湖区	9.97	深圳河
深圳百事可乐饮料有限公司	罗湖区	14.40	深圳河
深圳兴时年服装公司	罗湖区	35.68	深圳河
深圳金威啤酒有限公司	罗湖区	80.82	深圳河
深圳肉类食品联合加工厂	罗湖区	27.00	深圳河

续表

企　业　名　称	企业所在区域	年排放总量(10^4m^3)	废水排往去向
深圳三星电管有限公司	福田区	72.01	深圳河
深圳工业废物处理站	福田区	19.70	深圳河
赛格日立彩色显示器有限公司	福田区	196.32	深圳河
深圳市赛格三星股份有限公司	福田区	128.00	深圳河
深圳兴泰印染有限公司	南山区	17.11	深圳湾
联昌印染有限公司	南山区	31.86	直接排海
南华印染有限公司	南山区	91.82	直接排海
东吴染织复制有限公司	南山区	9.69	直接排海
深圳新龙亚麻纺织漂染厂	南山区	20.62	直接排海
深圳永新印染厂有限公司	南山区	134.70	直接排海
深圳海润纺织有限公司	南山区	162.00	直接排海
中联丝绸印染有限公司	南山区	15.30	直接排海
深圳市南山肉联厂	南山区	16.48	直接排海
华丝公司印染厂	南山区	20.91	直接排海
三洋电机(蛇口)有限公司线路板厂	南山区	14.76	直接排海
至卓飞高线路板(中国)有限公司	南山区	100.50	直接排海

依据《深圳市城市总体规划(1996～2010)》，确定将要在全市范围内建立合理分工协作的工业地域体系，实行全市工业重心向特区外转移的发展战略。建立市级工业区(包括高新技术开发区)、区级工业区和一般工业区等三级工业区结构，并注重提高工业用地使用效率，特区规划工业用地1400hm^2。特区工业向高新技术化、总部化发展，工业重心向东、西两港地区转移，尤其是向用地条件较好的南山转移。因此，南山工业区将是再生水工业用户的重要集中地。

(3) 特区主要工业区再生水潜在用量

根据上述调查资料，特区工业取水量占特区总用水量比例较小，而且多为电子通讯等高新技术产业，工业取水量中冷却水用量比例较国内其他城市小，约为20%左右。加上工艺用水等其他可以利用再生水的部分，(不计电力工业)可利用再生水的工业用水量约为25%。其中港口片区、梅林、莲塘等高新技术产业比例较低的工业区，可利用再生水的工业用水量较上述比例稍有提高，约为30%计。

根据《深圳特区城市中水道系统规划》，特区主要工业区潜在再生水用量2010年将达到$9.45\times10^4m^3/d$，见表7-19。

深圳特区主要工业区潜在再生水需求量表　　表7-19

工业区名称	取水量($10^4m^3/d$)		潜在再生水用量(m^3/d)
	2000年	2010年	2010年
前海湾港口工业区	1.06	5.5	16500
南油工业区	4	0.8	3000
蛇口工业区	0.29	1.8	4600
蛇口港工业区	—	4.8	13000
赤湾港工业区	—		

续表

工业区名称	取水量($10^4m^3/d$)		潜在再生水用量(m^3/d)
	2000 年	2010 年	2010 年
深圳湾高新技术产业园区	0.23	5.4	12500
华侨城工业区	1	3.4	8500
车公庙工业区	1.79	2.8	7000
沙嘴工业区			
福田保税区	1.3	1.6	5300
梅林工业区	0.82	1.5	4500
彩电工业区	3.01	0.7	2300
上步工业区	1	0.6	1500
水贝工业区	2.2	0.7	2000
布心工业区			
八卦岭工业区	0.4	1.0	2500
莲塘工业区	—	1.0	3000
盐沙保税区	0.6	2.4	8300
总　计	17.7	34.0	94500

注：工业区再生水需求量中包括工业区内的工业用水、绿化、市政杂用水以及部分生活杂用水的再生水需求量。

3. 绿化用水

绿化用水水量较集中，且用水地点便于管道敷设，是再生水回用较易实现的一个大用户。参考深圳市城市总体规划中特区的绿地分类，考虑不同分类绿地的绿化用水特点，特区内的绿地系统可以划分为：公共绿地、郊野游览用地、旅游休闲绿地、组团绿化隔离带用地、道路河流绿化带用地和建筑附属绿地等部分。

(1) 公共绿地

公共绿地是城市建成区内城市公有、为市民服务、向市民开放的公园和集中绿地等，这部分绿地的大部分一般是需要经常浇灌的草坪、林地，例如皇岗双拥公园总占地为$16\times10^4m^2$，其中90%以上为绿地面积，此外还有部分具有人工湖面的公共绿地还需对湖面进行人工补水。特区内现有较大的公园有中山公园、莲花山公园、中心公园和洪湖公园等，此外还有一批中小型公园散布于特区各处。见表7-20。

特区内较大公园一览表　　表 7-20

行政区	公园名称	绿地面积(10^4m^2)	平均月用水量(m^3)
南山区	中山公园	6	1500
	四海公园	6	—
	荔香公园	19.6	5000
福田区	莲花山公园	59.4(含安置区 19.4)	4000
	笔架山公园	70	4000
	中心公园	105.9	25000
	皇岗双拥公园	15	3596
	荔枝公园	13.5	3000

续表

行政区	公园名称	绿地面积(10^4m^2)	平均月用水量(m^3)
罗湖区	东湖公园	138.2	—
	洪湖公园	19.7	4500
	人民公园	10.85	1500
	儿童公园	2.5	—
总计		466.65	52096

从表中可以看出，目前特区的公共绿地用水量是比较大的，仅仅是上述不完全统计就已达每月 $5.21\times10^4m^3$。依据《深圳市城市总体规划(1996～2010)》中规定，到2010年特区内将建成市级公园11个，区级公园25个，总面积达 $1217hm^2$。如前述，公共绿地用水不但较为集中，而且根据实际调查结果，管理人员普遍希望能尽快落实再生水利用，具备良好的公众心理承受基础，是近期再生水规划的重点用户之一。

(2) 郊野游览用地

郊野游览用地指以自然景观为主的游览区，主要包括近郊公园、郊野公园和风景名胜区等用地。根据实地调查推算，该部分用地约有20%比例的面积为需要绿化用水的草坪等绿地。但是由于近郊公园和郊野公园多位于城市郊区，距离市区较远，在再生水管道没有大规模普及的情况下难以应用。

(3) 旅游休闲绿地

旅游休闲绿地是以人工开发为主的旅游、休疗养及健身活动场所，包括高尔夫球场、游乐场、主题公园等大型旅游休闲用地。特区内用于这部分用地的面积为 $23.66km^2$，其中部分是需要浇洒的绿地，不同的用地具有不同的绿地比例，其中高尔夫球场基本上全部是需要经常浇洒的草坪绿地，而游乐场如欢乐谷(一、二期占地总面积为约 $37\times10^4m^2$，其中绿地面积为约 $20\times10^4m^2$)等需要浇洒的绿地面积大约占总面积的60%左右。见表7-21。

深圳特区主要旅游休闲用地一览表　　表7-21

名称	总占地面积(10^4m^2)	绿地面积(10^4m^2)	用水量($10^4m^3/a$)
名商高尔夫	—	110	—
沙河高尔夫	—	120	60
欢乐谷	37	20	9.6
世界之窗	48	29	14.3
中国民俗文化村	18	10.4	5
锦绣中华	30	18.5	8.9
香蜜湖度假村	—	23.2	11.2
深圳市高尔夫	—	100	45
合计		431.1	154

根据实际调查的用水情况，目前这部分用水存在相当多的问题，由于用水量大，不堪自来水用水费用的重负，很多地方的绿化用水水源均采用地下水、雨水，甚至采用未经处理的污水和混有海水的污水，既有异味等不快感，又存在一定的安全隐患。

特区内较大的旅游休闲用地除了西沥高尔夫球场以外，基本均位于城市的主干道旁，具备良好的利用再生水条件，是近远期优先考虑的再生水重要用户。

(4) 组团绿化隔离带

组团绿化隔离带是为防止城市建设用地的无序蔓延，在城市组团之间设置的绿化隔离带，宽一般约为100～800m左右。依据总体规划，特区内分成东部组团、中心组团和西部组团等三个组团，特区内的组团绿化隔离带主要有南山区内部的大沙河绿化隔离带、南山区与福田区之间的绿化带、福田区与罗湖区的绿化隔离带，罗湖区与盐田区之间由于特殊的地形自然构成了天然的绿化隔离带。其中福田区与罗湖区的绿化隔离带由中心公园兼作隔离带，其绿化用水已经在前面章节加以讨论，在此不重复计算。上述绿化带的总面积约为 10.10km^2，各个组团功能定位明确，绿化隔离带的面积也相对稳定。

(5) 道路、河流绿化带

道路、河流绿化带是指道路、河流两侧的防护隔离绿地，是构成城市绿地点、线、面结构中的线，是城市绿地整体结构中的重要纽带。依据《深圳市城市总体规划(1996～2010)》，道路的绿化面积，其中主次干道绿地面积应不低于 25%(8～30m 宽)，支路应不低于 20%。特区现状 2000 年末实有铺装道路总长为 1198km，道路面积为 $2182\times10^4m^2$，由于特区注重增加城市绿化面积，致力于建设园林式、花园式城市，实际的道路绿化面积远超过 25%，仅仅是福田区、罗湖区和部分盐田区的道路绿化面积已达 $750\times10^4m^2$，实际每平方米绿地年平均用水量约为 0.336m^3，照此推算特区的道路绿化用水量将是相当大的再生水用户。

实际调查资料显示，特区道路绿化带的用水主要存在以下两个问题：①绿化用水水源主要为自来水，优水低用，造成水资源的巨大浪费；②还有少数地区由于自来水暂时尚未接通而采用抽取雨水井中的存留水作为浇洒绿地水源，不但水量得不到保证，而且由于这些水基本上没有经过任何处理、消毒过程，与前述利用污水和海水混合浇灌草坪一样存在卫生安全隐患。因此，应尽快利用再生水作为这部分绿化用水水源，这样既节约了大量的新鲜水，同时也保证了绿化用水的安全可靠，是近期规划的重点用户之一。

《深圳市城市总体规划(1996～2010)》同时规划从蛇口半岛南端沿深圳湾至深圳河上游，设置一条沿海、沿河绿化带，约为 80～100m 宽，成为深圳城市绿地的一条主要绿化风景线；同时流经规划建成区的主要河道两侧设置宽度为 30～80m 左右的绿化带，在东部地区的城市建成区内规划的临海生活岸线均设置 30～80m 的绿化带。

(6) 建筑附属绿地

建筑附属绿地指的是住宅居住小区、企事业单位和大型公共设施等建筑庭院内部的绿地，根据《总规 1996～2010》不同类型的住宅小区和公共建筑具有不同的绿地指标，从 20%～45%不等，平均约为 30%。这部分绿地一般均属于需要经常浇洒的人工绿地，但因其分布较为分散，只在临近城市再生水道有条件的居住小区内考虑使用。根据《深圳特区城市中水道系统规划》，特区绿化用再生水需求量为 $7.73\times10^4m^3/d$。

4. 河湖景观、生态环境用水

(1) 特区河湖概况

依据深圳特区内水资源及水环境的现状和特点，按照特区地表水系水体功能划分，可以将特区内的水体功能划分为如下几类：饮用水源、农灌、景观、泄洪排污等，对于某一水体可能兼有几项功能的，以满足水体功能的最高要求为目标。按照国家《地表水环境质量标准》划分，特区内的河湖水系属于Ⅱ、Ⅲ、Ⅳ、Ⅴ类水体，其中集中式生活饮用水水源一级保护区执行国家《地表水环境质量标准》Ⅱ类标准；饮用水源二级保护区执行国家《地表水环境质量标准》Ⅲ类标准。饮用水源准保护区执行国家《地表水环境质量标准》Ⅲ～Ⅳ类标准；农灌用水区执行国家《地表水环境质量标准》Ⅴ类标准及GB 5084《农田灌溉水质标准》；一般景观用水区执行国家《地表水环境质量标准》Ⅳ～Ⅴ类标准。

深圳特区内的河流主要有深圳河、大沙河、新洲河、福田河、布吉河、沙湾河、盐田河等河流，除深圳河自东向西流外，其余河流均是自北向南流的雨季泄洪河道，基本没有纳污自净能力。目前，特区内的主要河流污染十分严重，大部分流经城区河段水质劣于国家地面水Ⅴ类标准，地表水体和近岸海域受到以生活污水为主的废水污染日趋严重。

此外，原有特区内各主要河流的规划功能(除深圳河Ⅳ类外，其余为Ⅴ类)对于特区的建设目标和城市性质而言相对较低，不能满足特区建设发展的需要，远期规划应该提高其水质标准至《地表水环境质量标准》Ⅲ～Ⅳ类标准，为将深圳市建设成为区域性经济中心和花园式、园林式的现代化国际性大都市创造一个良好的水环境和优美的城市生态环境。

(2) 特区主要河流治理规划

为了改善特区内河流的水质污染现状和防洪要求，特区政府各相关部门已经对各主要河流编制了相应的治理规划。

1) 深圳河：深圳河治理工作从1982年开始，深港双方进行了多年的谈判，达成联合治理深圳河的方案。深圳河治理的中心思想是，两岸用块石及混凝土预制块护坡，同时结合两岸的环境绿化工程和沿河市政工程设施的完善工程进行。深圳河治理工程分三期进行，第一期工程主要是对福田至落马洲河段等两个弯道进行裁弯取直与整治；第二期工程主要是对罗湖铁路桥以下的河段进行拓宽、挖深、裁弯取直的全面治理；第三期工程对罗湖铁路桥至三岔口路段进行全面治理，治理标准是50年一遇洪水。

2) 大沙河：大沙河治理工程目标是建成深圳市河流治理的“样板河”，规划设计思想是实现河道防洪功能与城市环境美化相结合，河道横断面设计为复式梯形断面。枯水季节仅深槽过流，两侧平台种花植草，并在沿河规划6座橡胶坝壅水，在平台上建小墙、铺彩砖、两岸设栏杆和种树绿化，供居民休闲娱乐；汛期橡胶坝下塌，全断面行洪。此外，大沙河流域的水土保持工作和治污工程的规划设计也正在进行当中。

3) 沙湾河全长19km，现为东深引水系统输水主干渠，东深水通过该河进入深圳水库，但其水质污染严重，深圳水库污水截排工程实施之后，沙湾河将不再作为东深引水干渠，而恢复其城市排洪与纳污功能，水质将会进一步恶化。沙湾河治理工程主要是拓宽加深原河道、改梯形断面为底宽40m的矩形断面，计划总投资为9300×10^4元。

4) 布吉河为雨源型河流，起源于深圳市布吉镇水径村，是深圳河的一级支流，流域面积63.4km^2，全长16.9km，干流长10km，现为布吉镇区的防洪排污主干渠，水质污染严重，据检测，布吉河水COD、BOD_5、氨氮、总磷等项超过地面水环境质量Ⅴ类标准。

布吉河干流沿岸均为密集的楼宇、铁路、公路，河道拓宽困难，布吉河的改造计划通过扩宽挖深原有河道，将现状梯形河道扩建成矩形或挖深河底，成复式梯形断面，同时完善河流流域范围内的市政设施建设工程。

5) 其他小流域河流治理：特区内的小流域(流域面积<30km^2)河流主要有深圳河的一、二级支流福田河、笔架山河，以及独流入海的凤塘河、新洲河、盐田河等。其河道主要特性见表7-22。

小流域河道特征表　　**表7-22**

河流名称	流域面积(km^2)	河道长度(km)	备　注
福田河	15.9	6.8	
笔架山河	11.54	8.87	上游有银湖水库控制面积2.62km^2
凤塘河	14.9	2.5	
新洲河	19.8	7.82	上游有梅林水库控制面积3.4km^2
盐田河	20.3	6.8	

上述小流域河流的流域面积虽然较小，但是由于大部分均为穿越市区的雨季排洪河道，河流的水质状况和环境质量直接影响特区的形象。有效地改善这些河流的水环境质量可大幅改善城市居民的生活环境和市区空气质量。

随着特区建设的发展，这些河流的汇水方式已经发生变化，两岸的雨洪水全部通过市政管网排入河道。另外，由于市区污水管网系统尚未完善，污水大部分排入河道，造成河道和环境的污染。治理规划的设想是在流域范围内实现雨污分流，污水截流至污水处理厂，雨水直排入河；沿河建立橡胶坝，美化环境，供居民休闲娱乐。

现状河流的主要问题是水质污染和泄洪能力不强，两者结合将造成更大的环境问题，尚未引起人们足够的重视。在洪水季节，河水常促使全河污水向两岸泛滥，遍地积水，使环境恶化，对居民健康的危害，目前还没有切实的调查研究资料。

特区内的河流经过上述治理之后，河流的行洪能力将得到很大的改善，但是随着治理工作的进行，在很大程度上改变了河流的集水方式和补给来源，改变了原来的河流的水力特性，使得流入河流的水量大为减少，在枯水季节各河流将更加频繁地发生断流现象。

采用截流两岸污水，并以再生水作为河湖的景观补给水源，可以在一定程度上弥补现有河流治理计划的不足，既补充了河道基流流量，增加非雨季时期的河水流量，又可以改善河流中的水质污染情况，使河流治理与环境美化结合起来，可以起到复活天然河道、创造优美城市水环境、给城市居民提供一个良好的亲水空间等多方面的作用。

(3) 深圳特区主要河湖景观再生水需水量

特区内所有河流均为雨源型河流，径流决定于降水，由于特区内降雨大多集中于5～9月，约占全年降水的85%，在非降雨时段，河流净泄水量小，导致河流的自净能力低，进入的污染物在河内既不易得到降解，也不易排入海湾。

根据资料显示，特区内第一大河——深圳河多年平均降雨量为1926mm，常年净泄水量小于10m³/s，流量为2m³/s的时间约占全年时间的3/4左右，历年最小值平均只有0.78m³/s。据研究，枯水期排入深圳河的污染物，一般在河流中回荡多次，经过7d才能进入深圳湾。只有净泄流量大于25m³/s，超过平均潮交换量44.7m³/s的1/2时，污染物才可较快排入深圳湾，河流水质保持原有状况。其他河流的枯水期流量更小，甚至经常出现断流现象。

对于在平原城市或者是地势平坦的河流，景观用再生水补给方式大多按照平均蒸发水量和每年平均换水次数计算补给水量，而对于深圳特区的各河流，基本属于山区河道，地形高差相差较大，不宜采用上述补给方式。因此，考虑连续补给景观用再生水，同时在河流中间适当位置和入海口处设有溢流堰，以保持水位和防止海水入侵。

在考虑各河流的规划功能和地理位置等情况的基础上，结合特区现有的经济技术现状，确定各河流景观生态再生水用量见表7-23。

特区内主要水面景观生态再生水需求量表 **表7-23**

河流	最小流量(m³/s)	再生水需求量	
		平均日需水量(10⁴m³/d)	年需水量(10⁴m³/a)
深圳河	0.78	—	—
大沙河	断流	2.5	375
新洲河	断流	2.0	300
福田河	断流	1.5	225
布吉河	断流	2.0	300
沙湾河	断流	2.5	375
沙头角河	断流	1.0	150
盐田河	断流	2.0	300
总计		13.5	2025

应当指出，在此确定的各河流景观生态再生水用量仅为水面景观的补充水量，其环境与社会效益虽然显著，但很难实现近期的经济效益，目前不宜过大，以免增加再生水厂的经济负担。远景可根据特区的实际情况，增加其用量，为特区创造更良好的景观生态环境。

5. 深圳特区特大潜在再生水用户

从深圳特区的工业用水构成上可以看出，在特区所有工业行业中，电力行业的产值占据比例并不高，但其用水量却很大，电力行业的取水量几乎占据了特区工业总取水量的1/3左右。特区内目前有3

个电厂，分别是南山热电厂、月亮湾电厂和妈湾电厂。这3个电厂均位于南山区，其中除了南山热电厂一直采用自来水作为冷却用水以外，月亮湾电厂和妈湾电厂曾采用海水冷却，这3个电厂的冷却用水量是相当惊人的。其中妈湾电厂采用海水作为直接冷却用水，年用海水量为$5.67\times10^{8}m^{3}$，相当于特区2000年全年总用水量的1.2倍还要多，见表7-24。

1997年深圳特区电厂海水利用量表 **表7-24**

电厂名称	海水利用量($10^4m^3/a$)	用途
妈湾电厂	56700	直接冷却水
月亮湾电厂	590	直接冷却水
合计	57290	

但是随着近几年来特区西部沿海海水水质不断下降，大大增加了海水冷却用水系统的设备维修和运行管理工作的负担和难度。不但海水利用的经济性逐渐被削弱，而且用水安全可靠性也较差，因此月亮湾电厂在2001年5月份和8月份新装的两套机组中，均放弃了采用海水冷却方案，而改用自来水作为冷却用水。电厂的冷却用水水质要求较低，完全可以用再生水替代。

在实际调查资料当中进行的随机调查显示，电厂的技术人员普遍认同再生水用作冷却用水，具备良好的心理接受能力。而且南山热电厂曾经就再生水回用作冷却用水与南山污水处理厂进行过洽谈，但是最后由于价格因素未能实现。随着水资源短缺的加剧、自来水价的上涨，再生水用于电厂冷却水将具有显著的直接经济效益。所以，变海水直流冷却为淡水循环冷却是有益于生产的。根据《深圳特区城市中水道系统规划》，各电厂的冷却用再生水需求量见表7-25。

深圳特区电厂再生水需求量表 **表7-25**

电厂名称	冷却水补水量($10^4m^3/d$)	2005年再生水需求量		2010年再生水需求量	
		平均日需水量($10^4m^3/d$)	年需水量($10^4m^3/a$)	平均日需水量($10^4m^3/d$)	年需水量($10^4m^3/a$)
妈湾电厂	3.2	1.6	584.0	3.2	1168
月亮湾电厂	1.3	1.3	474.5	1.3	474.5
南山热电厂	1.2	1.2	438.0	1.2	438
合计	5.7	4.1	1496.5	5.7	2080.5

7.4.2 特区内污水再生回用的规模

污水回用规模按照“先近后远、先易后难”原则，考虑各个回用对象的现状用水量和各自的发展规划，结合特区污水处理设施和地形地势加以确定。

由上述分析可得，2010年特区再生水利用规模为$49\times10^{4}m^{3}/d$，见表7-26。

深圳特区再生水利用规模总表 **表7-26**

项目	再生水利用规模($10^4m^3/d$)	备注	项目	再生水利用规模($10^4m^3/d$)	备注
工业	9.25		特大用户	5.7	
市政杂用	7.27		盐田生活杂用	3.7	
绿化	7.73		合计	47.05	
河流景观生态	13.5		规模	49	

7.4.3 深圳特区城市再生水道系统总体布局

深圳特区的地势总体上呈北高南低、东高西低之势。特区目前共有南山、滨河、罗芳、盐田等4个主要的城市污水处理厂和规划$56\times10^4m^3/d$的福田污水处理厂，计5个主要的城市污水处理厂。虽然特区的污水处理厂数量和处理能力在国内居于先进水平，但是，原有的污水处理厂并没有考虑污水再生回用因素，几乎所有的污水厂均位于城市水系的下游。因此深圳特区的再生水厂应在已有和规划的污水处理厂基础上，根据再生水用户的分布、再生水用量、回用距离、地形地势情况，统筹考虑再生水厂的数量、供水范围和供水规模。初步拟定以下两个总体布局方案。

1. 方案一

根据《深圳特区排水规划图集》所确定的污水处理系统，并综合考虑再生水用户的分布、预测再生水用量、再生水回用距离、地形地势等因素，将特区城市再生水道系统划分成6个系统，见图7-7。

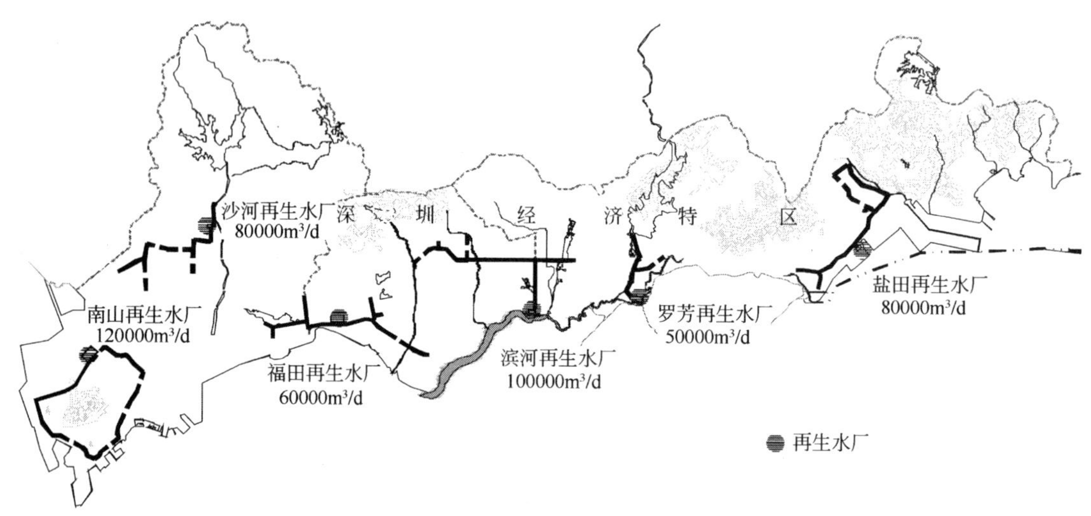

图7-7 深圳特区再生水道系统总体布局方案一

(1) 南山再生水厂

南山再生水厂建于南山污水厂内，其主要特征指标如下：

供水范围：桂庙路、滨海大道以南，大沙河以西的南山区部分，包括蛇口工业区。另给特区内的3个电厂提供循环冷却补充水。

供水规模：$12.0\times10^4m^3/d$。一期工程建设$6\times10^4m^3/d$。

供水干线：成环状布置，南线沿月亮湾大道—妈湾大道—赤湾二路—赤湾路敷设，供给南山热电厂、月亮湾电厂、前海湾港口工业区、赤湾港工业区用水；北线沿月亮湾大道—内环路—工业大道—港湾大道—赤湾路布置，供给南油工业区、蛇口工业区以及蛇口港工业区，另外还供给四海公园、景园公园等的绿化用水。供水干线的管径为$DN300\sim DN1200$，总长度约31.37km。

(2) 沙河再生水厂

沙河再生水厂为新规划的污水处理与再生水厂，位于茶光路与沙河西路交叉口以北，在规划中应将茶光路、龙珠大道以上的城市污水划为该厂处理。其主要特征指标如下：

供水范围：北到西沥镇，南到滨海大道，东到侨城西路，西至特区二线，包括高新技术产业园区。并且给中山公园、荔香公园、名商高尔夫、沙河高尔夫和组团隔离带提供绿化用水。此外还给大沙河提供河流生态用水。

供水规模：$8.0\times10^4m^3/d$。一期工程建设$4\times10^4m^3/d$。

供水干线：北线沿沙河西路—沙河西路与乐丽路交叉口敷设，供给西沥镇用水、大沙河生态用水以及名商高尔夫、沙河高尔夫等的绿化用水；名商高尔夫、沙河高尔夫的绿化用水通过大沙河输送。南线沿宝深路—科苑路，供给高新技术产业园区用水，沿科苑路—郎山路—中山园路布置，供给第五工业区、绿化隔离带用水，另外还供给中山公园、荔香公园等的绿化用水。供水干线的管径为 *DN*300～1000，总长度约 19.4km。

(3) 福田再生水厂

福田再生水厂建于规划的福田污水处理厂内，其主要特征指标如下：

供水范围：北到北环大道，南到滨海大道，西到侨城西路，东至福田保税区。包括侨城工业区、车公庙工业区和金地工业区。

供水规模：$6.0\times10^4m^3/d$。一期工程建设 $3\times10^4m^3/d$。

供水干线：西线沿滨河大道—侨城东路敷设，供给侨城工业区用水以及世界之窗、民俗村和锦绣中华等绿化用水；东线沿滨河大道—香蜜湖路供给香蜜湖度假村、市高尔夫球场用水，沿福强路供给金地工业区、沙嘴工业区、福田保税区和皇岗双拥公园用水。供水干线的管径为 *DN*300～800，总长度约 24.38km。

(4) 滨河再生水厂

滨河再生水厂建于滨河污水处理厂内，其主要特征指标如下：

供水范围：北到梅林工业区，南到滨河大道，西到新洲路，东至儿童公园、文锦路。包括上步、八卦岭工业区、莲花山公园、笔架山公园、洪湖公园等，此外还包括新洲河、福田河、布吉河的生态用水。

供水规模：$10.0\times10^4m^3/d$。一期工程建设 $5\times10^4m^3/d$。

供水干线：沿红岭路—笋岗东路供给洪湖公园、人民公园和文化公园等绿化用水，以及布吉河的生态用水；沿笋岗西路—皇岗北路供给福田河生态用水；沿笋岗西路—莲花北路供给彩电工业区、梅林工业区和莲花山公园用水，此外还供给新洲河的生态用水。供水干线的管径为 *DN*300～1200，总长度约 23.76km。

(5) 罗芳再生水厂

罗芳再生水厂建于罗芳污水处理厂内，其主要特征指标如下：

供水范围：北到东湖公园，南到深圳河，西到沙湾河，东至莲塘工业区。

供水规模：$5.0\times10^4m^3/d$。

供水干线：沿罗芳路—沙湾河—水库南路敷设，供给东湖公园绿化用水和沙湾河的生态用水；沿罗沙公路—莲塘工业区供给莲塘工业区用水。供水干线的管径为 *DN*400～1000，总长度约 9.74km。

(6) 盐田再生水厂

盐田再生水厂建于 2002 建成一期工程的盐田污水处理厂内，主要特征指标如下：

供水范围：沙头角镇和盐田港片区。

供水规模：$8.0\times10^4m^3/d$。一期工程建设 $4\times10^4m^3/d$。

供水干线：西线沿深盐路—深盐路与沙深路交叉口敷设，供给沙头角保税区用水、沙头角镇生活杂用以及沙头角河的生态用水；东线沿深盐路—梧桐山大道处分成两支线，其一沿洪榕四街—洪安路—东海大道；另一分支沿盐港三街—明珠三街—永安一街，供给盐田港片区生活杂用水和盐田河的生态用水。供水干线的管径为 *DN*400～1200，总长度约 26.29km。

再生水总供水规模为 $49\times10^4m^3/d$，供水干线管径为 *DN*300～1200，管道总长约为 132.22km，中途加压泵站 $1.1\times10^4m^3/d$ 一座。

2. 方案二

充分利用现有和规划的污水处理厂，不新规划沙河污水处理与再生水厂。将特区城市再生水道系统划分成5个系统，分别为南山再生水厂、福田再生水厂、滨河再生水厂、罗芳再生水厂和盐田再生水厂，见图7-8。其中后3个再生水厂与方案一相同，下面不再加以叙述。

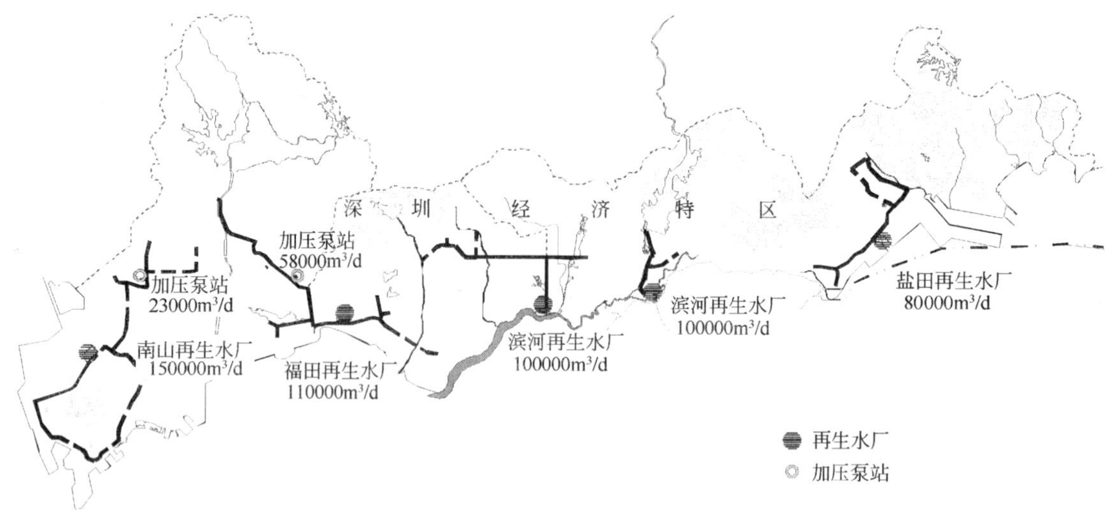

图7-8　深圳特区再生水道系统总体布局方案二

(1) 南山再生水厂

南山再生水厂建于南山污水处理厂内，其主要特征指标如下：

供水范围：大沙河以西、广深高速公路以南的南山区部分，包括高新技术产业园区、蛇口工业区。另给特区内的3个电厂提供循环冷却补充水。

供水规模：15.0×10^4 m^3/d。一期工程建设6×10^4 m^3/d。

供水干线：内环路以南的地区供水干线与方案一一致，成环状布置。较方案一增加的部分主要是沿前海路—深南大道—中山园路—玉泉路—科苑路敷设，供给绿化隔离带、中山公园、荔香公园等的绿化用水以及高新技术产业园区的工业用水。供水干线的管径为 *DN*300～1200，总长度约52.65km。

(2) 福田再生水厂

福田再生水厂建于规划的福田污水处理厂内，其主要特征指标如下：

供水范围：北到西沥镇，南到滨海大道，西到大沙河，东至福田保税区。包括侨城工业区、车公庙工业区和金地工业区，同时供给名商高尔夫、沙河高尔夫、香蜜湖度假村、深圳市高尔夫等的绿化用水，此外还供给大沙河生态用水。

供水规模：11.0×10^4 m^3/d。一期工程建设7×10^4 m^3/d。

供水干线：西线沿滨河大道—侨城东路—侨城北路—龙井—光前—沿大沙河至乐丽路与沙河西路交叉口敷设，供给侨城工业区用水以及世界之窗、民俗村和锦绣中华、名商高尔夫、沙河高尔夫等绿化用水，同时供给大沙河的生态用水；东线与方案一相同，沿滨河大道—香蜜湖路供给香蜜湖度假村、市高尔夫球场用水，沿福强路供给金地工业区、沙嘴工业区、福田保税区和皇岗双拥公园用水。供水干线的管径为 *DN*300～1000，总长度约38.57km。

再生水总供水规模为49×10^4 m^3/d，供水干线管径为 *DN*300～1200，管道总长约为145.61km，中途加压泵站3座，规模分别为1.1、2.3、5.8×10^4 m^3/d。

3. 方案的特点

(1) 经济方面

为便于比较，方案的总投资按照静态投资第一部分费用计算。方案一和方案二的工程总投资和单位水量投资列于表7-27。其综合经济比较见表7-28。

各方案工程量与总投资　　表 7-27

项　目		方案一	方案二	差　值
总供水规模($10^4m^3/d$)		49	49	0
供水干线长度(km)		132.22	145.61	13.39
加压泵站规模($10^4m^3/d$)		1.1	9.2	8.1
投资(10^4元)	管网投资	20161.4	24685.9	4524.5
	再生水厂投资	24500	24500	0
	泵站投资	55	460	405
	总投资	44716.4	49645.9	4929.5
	单位水量投资(元/(m^3·d))	913	1013	100

注：各项投资为第一部分费用。

方案综合经济比较　　表 7-28

项　目	方案一	方案二	差　价
工程总投资(10^4元)	44716.4	49645.9	4929.5
年电费(10^4元)	2356	2770.9	414.9
10年电费(10^4元)	23560	27709	4149
总投资+10年电费(10^4元)	68276.4	77354.9	9078.5

注：总投资为第一部分费用。

方案一总投资为44716.4×10^4元，方案二总投资为49645.9×10^4元，相差4929.5×10^4元，年电费相差414.9×10^4元。如将10年电费与总投资之和作为综合比较参数，则方案一为68276.4×10^4元，方案二为77354.9×10^4元，差价为9078.5×10^4元。

(2) 技术方面

城市再生水道系统与传统的自来水供水系统相比，有其独有的特点。具体体现在以下几点。首先，再生水道的源水散布于城市的各处，不需要像自来水供水系统那样远到河流的上游集中取水。其次，城市再生水道的用户范围受再生水水质、经济和管理等多方面因素的制约，与自来水用户相比狭窄得多，且再生水用户大多呈团蔟形式分布于城市中。因此再生水给水也无需和自来水一样覆盖整个城市，而是应当在再生水用户适当集中的地方设立适宜规模的再生水厂和敷设管道。

考虑到随着再生水处理技术的发展和人们保护水环境意识的提高，西沥镇和将要建设的深圳大学园区的再生水需水量将会有较大的增长，同时，该区域地势较高，位于城市上游，远离污水厂。方案一考虑到这一实际情况，设立了沙河再生水厂，确保西沥地区再生水回用的经济性。

沙河再生水厂位于大沙河上游，补给大沙河的水量通过较短的管道即可送入河中，同时将供给名商、沙河高尔夫球场的绿化再生水也通过大沙河输送，一方面减少了输水管网的投资，降低了日常电耗；另一方面又增加了大沙河上中游的流量，为建立良好的沙河生态环境创造了更有利的条件。

方案二完全在现有和规划的污水处理厂基础上，增建再生水系统，所有的再生水厂均位于城市水系的下游，需要提供较高的扬程才能够将再生水输送到城市水系上中游地区。增加了管网长度和输水水头损失，同时也增加了日常运行的能耗。

两个方案的特点比较见表7-29。

方案特点比较表　　表 7-29

方案	优点	缺点
方案一	1. 管网总长度较短，总体投资较省 2. 电耗和日常运行费用较低 3. 为大沙河创造更好的生态环境 4. 确保西沥片区再生水回用的经济性	1. 需新建沙河污水处理与再生水厂 2. 需要考虑征地问题
方案二	1. 充分利用现有和规划的污水处理厂 2. 可以减少管理人员和部分附属设施	1. 再生水厂均位于城市水系下游供水管道较长，总体投资较高 2. 泵站要求扬程较高，需设立较多的中途加压泵站 3. 日常运行费用较高

综上所述，两个方案均体现了城市再生水道特点，在技术上都是可行的。但方案一的再生水厂布局充分体现了集中与分散相结合的原则，可以兼顾城市水系上下游供水，总投资较为节省，日常运行电费较低。因此，方案一从污水再生回用的角度出发是优越的，但考虑到改变现行污水处理厂布局规划有许多实际困难，所以原则上推荐方案一作为特区城市再生水道规划总体布局方案，如果新建沙河再生水厂确有困难，可采用方案二。

7.4.4 再生水供水水质标准及污水再生回用工艺流程

1. 再生水供水水质标准

再生水供水水质既要满足大多数再生水用户所要求的水质标准，又要避免因为采用过高的标准而导致再生水处理成本的增高，不利于污水再生回用工程的推广。如前所述，深圳特区城市污水再生回用的对象主要是工业冷却用水、绿化用水、市政杂用水以及河、湖生态环境用水。特区再生水水质标准的确定，主要依据上述用水相关的水质要求，同时参考国外先进国家和城市的相应水质标准进行。

在实际应用中，绿化、冲厕、道路浇洒等用水在满足国内相关标准之外，尤其应该提高对臭味、大肠菌群数等卫生学指标的要求，以避免使用过程中对人群心理和人体健康产生不良影响。因为绿化用水常与儿童、路人有所接触，要求无臭无味，有害物质和微生物指标要满足毒理学上的需要，同时，对余氯有严格要求，以免有伤花草。而以再生水为河道基流的生态用水不同于天然河道，天然河道具有较强的稀释和降解作用，而复活河道的自净能力非常微弱，故对于 N、P 等营养物质要求较为严格，以免出现水体富营养化，影响河道和城市环境。为维护特区居民身心健康和城市形象，景观绿化用污水再生水必须满足无异臭、透明，残余难分解有机物应满足 $BOD_5<4\sim8mg/L$ 的要求，与国家标准的Ⅳ类水体水质相近，但国际先进国家的标准在个别项目上还严于此标准。

为了简化再生水供水管道系统，提高再生水供水可靠性，再生水供水系统宜采用统一的供水水质。根据特区内再生水用户的类型、分布以及对再生水水质的要求，参考国内外相关水质标准，结合特区社会经济的实际状况，考虑尽可能满足大多数再生水用户的水质要求，尽量提高污水再生回用的范围和水平。在《深圳特区城市中水道系统规划》中推荐的深圳特区再生水道水质标准见表 7-30。

深圳特区污水再生回用供水系统推荐水质标准　　表 7-30

项目	推荐水质标准	项目	推荐水质标准
外观	无不快感	TN(mg/L)	10
pH	6.5～8.5	TP(mg/L)	0.5
色度(度)	25	总硬度(以 $CaCO_3$ 计(mg/L))	450
臭	无不快感	氯化物(mg/L)	250
浊度(NTU)	5	阴离子合成洗涤剂(mg/L)	0.3
溶解性固体(mg/L)	1000	铁(mg/L)	0.3
SS(mg/L)	5	锰(mg/L)	0.1
BOD_5(mg/L)	4～8	细菌总数(个/mL)	100
COD_{Cr}(mg/L)	30	总大肠菌群(个/L)	50

从表 7-30 中可以看出，采用推荐标准可以满足特区工业循环冷却补充用水、景观绿化用水等大部分再生水用户对水质的要求，又加强了卫生学方面的指标要求，使得回用更加安全卫生，符合特区的实际需要。同时，如若有个别用户对用水水质要求更高，又想以再生水为水源，可以另行进行超深度净化处理。

2. 特区污水再生回用工艺流程

一般而言，污水深度处理工艺技术主要有传统的混凝、沉淀、过滤工艺以及生物膜过滤等工艺。在具体污水深度处理工程中，制备再生水的工艺流程取决于再生水水质要求、原污水厂二级出水水质与稳定情况、再生水厂规模等多方面因素。以下对特区内各再生水厂分别加以讨论。

（1）南山再生水厂

南山再生水厂建于南山污水厂内。南山污水厂是深圳市污水排海工程的重要组成部分，采用强化一级处理工艺。目前处理能力达到 $35.2\times10^4 m^3/d$，到 2010 年全部工程完成可达 $73.6\times10^4 m^3/d$。其出水水质与见表 7-31。

南山污水厂出水水质与特区回用水推荐标准比较表 **表 7-31**

项　目 / 水质指标	推荐水质标准	南山污水厂出水水质(mg/L)	
		平 均 值	最 大 值
pH	6.5～8.5	6.6	7.3
SS(mg/L)	5	170.6	557.0
溶解性固体(mg/L)	1000	—	—
BOD_5(mg/L)	4～8	68.5	232.0
COD_{Cr}(mg/L)	30	172.2	385.9
TN(mg/L)	10	31.9	
TP(mg/L)	0.5	3.75	
Fe(mg/L)	0.3	1.59	
Mn(mg/L)	0.1	0.19	

注：其中 TN、TP、Fe、Mn 等指标来自 2001.4.23 采样送检报告。

由于南山污水厂采用的是一级处理工艺。因此，南山再生水厂的再生水处理工艺要从二级处理开始。推荐采用工艺流程见图 7-9。

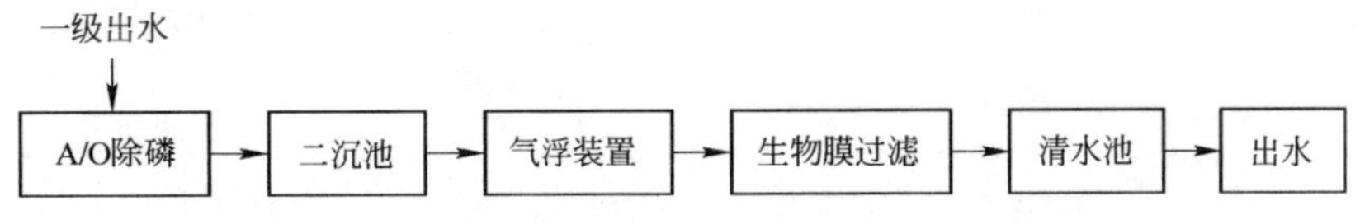

图 7-9　南山再生水厂再生水处理工艺流程

（2）沙河再生水厂

由于沙河再生水厂是新建的污水处理与再生水厂，其源水为未经处理的城市污水，所以，沙河再生水厂的处理工艺为再生水全流程，包括污水的一级、二级处理和深度处理，可以合理地在各净化单元中分配去除负荷。其流程如图 7-10。

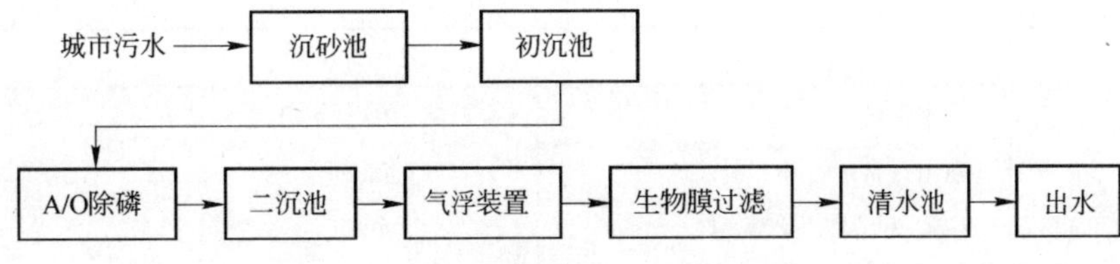

图 7-10　沙河再生水厂再生水处理工艺流程

(3) 福田、滨河、罗芳和盐田再生水厂

这4个再生水厂均建设于已有或规划的城市二级污水处理厂中，其中滨河污水处理厂筹建于1982年，共分成三期工程建设，一、二期工艺采用活性污泥法，三期工艺采用AB法。目前总处理能力达到$30\times10^4m^3/d$，其中一、二期各为$2.5\times10^4m^3/d$，三期为$25\times10^4m^3/d$。一、二期工艺出水水质较差，拟采用三期出水作为再生水水源。

罗芳污水处理厂分两期建设，一期采用AB法二级处理工艺，其中B段为脱氮除磷的A^2/O工艺，处理规模为$10\times10^4m^3/d$，二期工程采用T型氧化沟，一、二期总处理规模为$35\times10^4m^3/d$。滨河、罗芳污水处理厂出水水质与特区再生水推荐水质标准比较见表7-32。

滨河、罗芳污水处理厂出水水质与回用水推荐标准比较表 **表7-32**

项目 水质指标	回用水推荐水质标准	滨河污水处理厂出水水质(mg/L)		罗芳污水处理厂出水水质(mg/L)	
		平均值	最大值	平均值	最大值
pH	6.5～8.5	7.18	7.48	7.17	7.88
SS(mg/L)	5	11	20	19	46
溶解性固体(mg/L)	1000	—	—	381	—
BOD_5(mg/L)	4～8	11	20	8.7	19.0
COD_{Cr}(mg/L)	30	33.3	57.3	29.4	64.8
TN(mg/L)	10	13.9	14.9	14.95	20.83
TP(mg/L)	0.5	0.88	1.0	0.236	0.753
氯化物(mg/L)	250	99	154	99	154

注：表中两厂的数据为2001年1～5月出水水质。

由表7-32可以看出，滨河污水处理厂三期工程出水的水质与罗芳污水处理厂处理出水水质比较接近，与特区污水再生回用推荐水质相比，主要是SS、TN、BOD_5、COD_{Cr}等指标不能达到标准。以这4个污水厂的二级出水为源水的再生水深度处理工艺采用相同的流程。见图7-11。

图7-11 福田、滨河、罗芳、盐田再生水厂再生水处理工艺流程

7.4.5 特区再生水系统投资

1. 投资估算

投资估算含6座再生水厂和其相应的输配水管网，规划水平年2010年。规划再生水规模一期$22\times10^4m^3/d$，二期$27\times10^4m^3/d$，总规模为$49\times10^4m^3/d$。第1方案规划总投资58128.0×10^4元，其中一期工程28526.2×10^4元，二期工程29601.8×10^4元。第2方案规划总投资64539.7×10^4元，其中一期工程32639.6×10^4元，二期工程31900.1×10^4元。详见表7-33～表7-36。

第一方案一期工程总估算表 **表7-33**

序号	编号	工程或费用名称	估算价值(10^4元)	备注
1	一	污水深度处理工程		
2	1.1	南山污水厂增补二级处理	4800	
3	1.2	南山再生水厂深度处理	3000	
4	1.3	沙河再生水厂	2000	

续表

序　号	编　号	工程或费用名称	估算价值(10^4 元)	备　注
5	1.4	福田再生水厂	1500	
6	1.5	滨河再生水厂	2500	
7	1.6	罗芳再生水厂	0	
8	1.7	盐田再生水厂	2000	
9	1.8	小　计	11000	不含南山污水厂增补二级处理费用
10	二	再生水输配水管网		
11	2.1	*DN*1200，*L*7060m	2118	
12	2.2	*DN*1000，*L*19040m	4760	
13	2.3	*DN*800，*L*14000m	2520	
14	2.4	*DN*600，*L*4840m	677.6	
15	2.5	*DN*500，*L*480m	57.6	
16	2.6	*DN*400，*L*7080m	566.4	
17	2.7	*DN*300，*L*4060m	243.6	
18	2.8	小　计	10943.2	
19	三	污水处理		
20	3.1	沙河二级污水处理厂	9000	
21		第一部分费用	21943.2	不含沙河污水二级处理厂
22		第二部分费用	6583.0	不含南山污水厂增补二级
23		一期工程总投资	28526.2	

第一方案二期工程总估算表　　**表7-34**

序　号	编　号	工程或费用名称	估算价值(10^4 元)	备　注
1	一	污水深度处理工程		
2	1.1	南山污水厂增补二级处理	4800	
3	1.2	南山再生水厂深度处理	3000	
4	1.3	沙河再生水厂	2000	
5	1.4	福田再生水厂	1500	
6	1.5	滨河再生水厂	2500	
7	1.6	罗芳再生水厂	2500	
8	1.7	盐田再生水厂	2000	
9	1.8	小　计	13500	不含南山污水厂增补二级处理费用
10	二	再生水输配水管网		
11	2.1	*DN*1200，*L*	0	
12	2.2	*DN*1000，*L*	0	
13	2.3	*DN*800，*L*24980m	4496.4	
14	2.4	*DN*600，*L*12650m	1771	
15	2.5	*DN*500，*L*14870m	1784.4	
16	2.6	*DN*400，*L*9770m	781.6	
17	2.7	*DN*300，*L*6370m	382.2	
18	2.8	小　计	9215.6	
19	三	中途加压站		

续表

序　号	编　号	工程或费用名称	估算价值(10^4 元)	备　注
20	3.1	盐田中途加压站 $1.1\times10^4 m^3/d$	55	
21		第一部分费用	22770.6	不含南山污水厂增补二级处理费用
22		第二部分费用	6831.2	
23		二期工程总投资	29601.8	

第一方案：近期工程总投资　28526.2×10^4 元。

二期工程总投资　29601.8×10^4 元。

总投资　58128.0×10^4 元。

第二方案一期工程总估算表　　**表 7-35**

序　号	编　号	工程或费用名称	估算价值(10^4 元)	备　注
1	一	污水深度处理工程		
2	1.1	南山污水厂增补二级处理	4800	
3	1.2	南山再生水厂深度处理	3000	
4	1.3	福田再生水厂	3500	
5	1.4	滨河再生水厂	2500	
6	1.5	盐田再生水厂	2000	
7	1.6	小　计	11000	不含南山污水厂增补二级处理费用
8	二	再生水输配水管网		
9	2.1	*DN*1200，*L*7060m	2118	
10	2.2	*DN*1000，*L*35220m	8805	
11	2.3	*DN*800，*L*10420m	1875.6	
12	2.4	*DN*600，*L*3890m	544.6	
13	2.5	*DN*500，*L*480m	57.6	
14	2.6	*DN*400，*L*5720m	457.6	
15	2.7	*DN*300，*L*4150m	249	
16	2.8	小　计	14107.4	
17	三	第一部分费用	25107.4	不含南山污水厂增补二级处理费用
18	四	第二部分费用	7532.2	
19	五	近期工程总投资	32639.6	

第二方案二期工程总估算表　　**表 7-36**

序　号	编　号	工程或费用名称	估算价值(10^4 元)	备　注
1	一	污水深度处理工程		
2	1.1	南山污水厂增补二级处理	7200	
3	1.2	南山再生水厂深度处理	4500	
4	1.3	福田再生水厂	2000	
5	1.4	滨河再生水厂	2500	
6	1.5	罗芳再生水厂	2500	
7	1.6	盐田再生水厂	2000	
8	1.7	小　计	13500	不含南山污水厂增补二级处理费用
9	二	再生水输配水管网		
10	2.1	*DN*1000，*L*2490km	622.5	

续表

序号	编号	工程或费用名称	估算价值(10^4元)	备注
11	2.2	DN800，L29370km	5286.6	
12	2.3	DN600，L7270km	1017.8	
13	2.4	DN500，L15930km	1911.6	
14	2.5	DN400，L16170km	1293.6	
15	2.6	DN300，L7440km	446.4	
16	2.7	小计	10578.5	
17	三	中途加压站		
18	3.1	南山中途加压站 $2.3\times10^4m^3/d$	115	
19	3.2	福田中途加压站 $5.8\times10^4m^3/d$	290	
20	3.3	盐田中途加压站 $1.1\times10^4m^3/d$	55	
21		小计	460	
22		第一部分费用	24538.5	不含南山污水厂增补二级处理费用
23		第二部分费用	7361.6	
		二期工程总投资	31900.1	

第二方案：一期工程总投资 32639.6×10^4 元。

二期工程总投资 31900.1×10^4 元。

总投资 64539.7×10^4 元。

2. 成本分析

两方案的成本分析见表7-37。表中成本均含输配水管网的折旧与维护费用。

城市再生水道成本分析表 表7-37

序号	费用名称	单位	数量		单价(元)	估价(10^4元)		备注
			方案一	方案二		方案一	方案二	
1	动力电费	kWh	23560000	27709000	1.00	2356	2770.9	
2	药费							
2.1	硫酸铝	T	3859	3859	1200	463.8		
2.2	液氯	T	355	355	1500	53.25		
2.3	小计					516.33		
3	工资福利	元/(人·a)	115	75	45000	517.5	337.5	
4	综合维修与办公		固定资产的2%			894.30	992.91	
5	折旧费		固定资产的5%			2235.82	2482.28	
6	年总成本					6519.95	7099.92	
7	年经营费用					4284.92	4617.64	
8	单位总成本	元/m^3				0.365	0.397	
9	单位经营成本	元/m^3				0.240	0.258	
10	单位电耗	kWh/m^3				0.132	0.155	

7.4.6 污水回用的可靠性

1. 水源稳定

城市污水二级处理出水是可贵的淡水资源，与其他水源相比，城市污水水源具有以下特点：①方便易得。从风景秀丽的江南到寒风凛冽的北国，只要是有人类生存和活动的地方，就有污水的产生。因此，污水水源无异于就地取水，既无需远距离调水，也不需要集中从河、湖上游取水。②不受洪、枯水文年变化的影响。如前所述，污水是人类取水利用之后的排放水，污水的产生量是与用水人口和工业规模紧密相关的，不管是洪、枯水文年，只要人们生活水平不发生急剧的变化，排放的污水量就是相当稳定的。③比自然水源更为可靠，不易受自然变化和人为事故的影响。一般说来，城市污水从用水户排出以后通过污水管网收集送至污水处理厂，基本不受地面污染源和意外事故的影响。而地面自然水资源在发生有毒物质进入河流、山洪暴发等突发事件时，不但不能保证供水水源的可靠性，处理不当，甚至会造成不可弥补的损失。

在深圳特区，由于城市污水厂的建设为污水再生回用提供了充足的水源水，可以保证供水量的需求。特区目前的城市污水处理厂处理能力已经达到 $78.7\times10^4 m^3/d$，实际的污水处理量约为 $60\times10^4 m^3/d$，而且处理能力还在不断增加，可以为再生水厂提供稳定的水源。

2. 水质安全

(1) 推荐的水质标准可满足绝大多数再生水用户的要求

首先，再生水要求水质清澈透明，色度不能超过 25 度，浊度应该<5NTU，在感官性状指标上是能满足要求的。其次，再生水在矿化度、含盐量、Cl^-、pH 值等指标与自来水相仿，变化甚微。自来水要满足国家饮用水标准，再生水的水质在溶解性无机物质上是稳定的，能满足各种用户的要求。再次，再生水在卫生毒理学指标上是安全的。例如大肠菌群数要求≤50 个/L，优于日本用于亲水空间的再生水水质标准要求。此外，有机物及还原性物质代表指标 COD_{Cr}、BOD_5 等指标均满足循环冷却补充水、景观用水、河流生态水质标准的要求。

推荐水质标准的选择是在对目前国内外制订的一些针对污水再生回用的规范和水质标准(1992 年美国环保局的《污水回用综合规范》，1989 年世界卫生组织颁布的《污水回用于农业的微生物含量标准》，以及中国工程建设标准化协会 1995 年颁布的《污水回用设计规范》)进行比较、分析的基础上，参考大连示范工程水质标准，结合特区的实际情况确定的。再生水推荐标准与相关水质标准比较见表 7-38。

水质标准比较表 **表 7-38**

项　　目	二级处理水水质(滨河污水厂)	深度处理水水质(大连示范工程)	生活饮用水水质标准 GB 5749—85	推荐水质标准
外观		清澈透明	无不快感	无不快感
pH	7.18～7.48	7～8	6.5～8.5	6.5～8.5
色度(度)	—		15	25
臭	—		不得有异臭、异味	无不快感
浊度(NTU)		3	3(特殊 5)	5
溶解性固体(mg/L)			1000	1000
悬浮性固体(mg/L)	11～20			5
BOD_5(mg/L)	11～20	5		4～8
COD_{Cr}(mg/L)	33.3～57.3	50		30
总硬度(以 $CaCO_3$ 计(mg/L))	—	280	450	450
氯化物(mg/L)	99～154	220	250	250
阴离子合成洗涤剂(mg/L)	—			0.3
铁(mg/L)	—	0.1	0.3	0.3
锰(mg/L)	—	0.1	0.1	0.1
游离余氯(mg/L)	—	0.2	管网末梢水≮0.05	管网末端≮0.2
细菌总数(个/mL)	—		100	100
总大肠菌群(个/L)	—		3	50
TN(mg/L)	13.9～14.9			10
TP(mg/L)	0.88～1.0			0.5

从水质指标上看，推荐标准可以满足建设部生活杂用水水质标准和国外相关标准，在细菌学指标上与生活饮用水标准(GB 5749—85)相近，有些指标甚至比国外某些杂用水水质标准要求高得多。众所周知，国外的回用水标准大多是经过几十年的实践检验逐步完善的，因此推荐标准可满足绝大多数再生水用户的水质要求。

(2) 选用的再生水处理工艺技术，可使出水满足再生水水质标准

一般而言，城市污水处理厂二级处理出水水质相对比较稳定，虽仍有一定波动，但是幅度并不大，例如罗芳污水处理厂2001年1～5月份的出水水质极限变化范围为：SS为10～46mg/L，BOD_5为6.7～19.0mg/L，COD_{Cr}为21.8～64.8mg/L，TN为12.69～20.83mg/L，TP为0.114～0.753mg/L。对于这样小幅度的水质变化，所选用的处理工艺完全具有足够的抗冲击负荷能力，使再生水出水水质稳定，达到再生水推荐标准。

3. 供水系统安全可靠

再生水供水系统按高日高时设计，采用环状网与枝状网相结合的供水方式，既可以节省工程投资，又可以保证供水的安全可靠。每个再生水厂还设置蓄水调节容量，处理工艺设施自动化水平较高，机械设备均有备用。同时，在用户改造给水网络时，保留自来水供水管道，在再生水供应出现问题时可以临时改由自来水供应，不至于影响工业生产和生活的正常进行，确保供水系统的安全可靠。

总之，污水回用无论是水源、水质，还是供水系统都是相当安全可靠的。

7.4.7　污水回用实施可行性

随着地球生态环境的日趋恶化和人口的快速增长，世界范围内水资源的短缺和破坏状况日趋严重。由于污水再生回用不仅治理了污水，同时可以缓解部分缺水状况，因此目前许多国家和地区都积极地开展污水资源化技术的研究与推广，尤其是在水资源日趋匮乏的今天，污水再生回用技术已经引起人们的高度重视。

1. 污水再生已有比较成熟的技术，而且新的技术仍在不断出现

从理论上说，污水通过不同的工艺技术加以处理，可以满足任何需要。目前国内外有大量的工程实例，将污水再生回用于工业、农业、市政杂用、景观和生活杂用等，甚至有的国家或地区采用城市污水作为对水质有更高要求的水源水，例如南非的温德霍克市和美国丹佛市已将处理后的污水用作生活饮用水源，将合格的再生水与水库水混合后，经过净水处理送入城市自来水管网，供居民饮用，运行数十年没有出现任何危害人体健康的问题。

2. 城市污水厂的建设为污水再生回用提供了充足的水源水

特区目前的城市污水处理厂处理能力已经达到$78.7\times10^4m^3/d$，虽然由于市政管网配套设施不够完善导致处理能力不能完全发挥，但是目前实际的污水处理量约为$60\times10^4m^3/d$，完全可以为特区污水再生回用提供足够多的可靠水源水。而且，特区污水处理能力还在不停增加，为城市污水再生回用创造了良好的条件，可以保证再生水用量的需求。

3. 国内外制定了相关的标准，以保障再生水安全卫生使用

目前国内外制订了一些针对污水再生回用的规范和水质标准，例如1989年世界卫生组织颁布的《污水回用于农业的微生物含量标准》，1992年美国环保局的《水回用手册》，我国于1989年颁布的《生活杂用水水质标准》(CJ 25.1—89)，以及中国工程建设标准化协会于1995年颁布的《污水回用设计规范》，对于绿化、道路浇洒等市政用水和循环冷却水、景观河道补水水质标准均做出了明确的要求。所有这些标准和规范为我们提供了借鉴的依据。但是，随着越来越多污水回用工程的实施，国内原有的一些标准已经不能满足实际的需求。可喜的是，现在我国已经开始将原有行业标准进一步提升为国家标准，相继颁布《污水再生利用工程设计规范(GB 50335—2002)》、《建筑中水设计规范(GB 50336—2002)》等污水回用的相关规范，将有力促进污水再生回用事业的规范、健康发展。

4. 有国内外丰富的实际经验可供借鉴

在前面章节论述中对于国内外的污水回用工程作了较为完整的介绍，所有这些成功的实践经验为我们提供了很好的借鉴，有助于解决在应用中遇见的种种问题。

5. 公众心理接受程度日趋提高

由国内外的抽样调查来看，人们对于不与人体直接接触的各种杂用水使用再生水，普遍持赞成态度，据北京市市政设计研究总院调查，再生水作为冲洗厕所、喷洒绿地等杂用水的接受率均超过90%。在美国，再生水作为浇洒高尔夫球场或工业用水的接受率超过90%以上，超深度处理达标后回用于生活饮用和烹饪的接受率高达40%～50%。我们对深圳特区的居民的随机调查结果基本与上述结果一致，尤其是公园管理人员、电厂技术人员等对污水回用普遍希望能够尽快实施。同时从调查中显示，人们的承受力与文化层次、对水质的了解、工作性质等有一定的关系。随着我国水处理技术的发展和舆论的正确宣传和引导，人们对污水回用的接受率将会越来越高。

所有这些情况都已经说明，在水资源日益缺乏的今天，水资源的循环利用已经成为了越来越多人的共识，越来越多的实践和经验已经证明，经过科学周密的安排，实现水资源的循环利用是完全可行的。

7.4.8 优先示范工程

建设深圳特区城市再生水道系统可以明显改善特区的生态环境和水环境质量，创造良好投资环境，提高特区居民的生活质量。不但具有显著的环境和社会效益，同时还具有明显的经济效益。因此特区内所有再生水厂均十分必要尽快建设，但是基于特区实际情况，建议集中有限资金优先进行下述示范工程，为后续再生水系统的建设积累经验，提供有益的参考和借鉴。同时可以以此作为再生水利用的典范和宣传教育的实例。对于提高社会各界对再生水回用的心理接受能力和水环境保护意识具有重大的促进作用。目前特区城市污水厂处理能力达$78.7\times10^4m^3/d$，出水水质较好。但目前并没有得到有效利用，造成大量淡水资源的浪费。另一方面，特区水资源匮乏，优先建设部分示范工程，可以使这部分水资源尽快得到利用，缓解特区水的供需矛盾。

1. 南山再生水道系统

建设南山再生水道系统，可获得良好的示范效果。南山区有再生水的特大用户——南山热电厂、月亮湾电厂和妈湾电厂，以及印染厂、垃圾焚烧厂等集中大用户。上述集中用户的再生水需求量总和约为$6.0\times10^4m^3/d$。如果率先建设再生水厂和配套输水管道，直送各大用户，经济、环境、社会效益均非常明显。将是特区城市再生道系统建设的良好开端。

虽然南山污水厂目前仅有一级处理，但预留了二级处理和深度处理用地，用地条件良好。南山污水厂第二套污水二级处理系统设计工作已经完成，如果抓紧筹措资金，污水二级处理与深度净化同步建设投产是可行的。

南山污水厂污水再生水系统总规模$12.0\times10^4m^3/d$。再生水厂总投资8000×10^4元，其中一期投资4500×10^4元。配套输水管道总投资4000×10^4元，一期2500×10^4元。

再生水生产工艺与水质方面，在滨河污水处理厂内进行了好气滤池的半生产性试验，取得了良好效果。再生水质达到特区城市再生水道水质推荐标准，满足国家有关再生水回用水质标准。单位制水成本不大于0.5元/m^3。

2. 滨河再生水道系统

滨河污水厂有完整的污水一级、二级处理，再生水厂有稳定良好的二级处理水作为水源。在该厂建设再生水厂更为方便。滨河污水厂地处特区城市中心地区，周边区域有中心公园、莲花山公园、笔架山公园、洪湖公园等特区主要公园和大量绿化草地，以及新洲河、福田河、布吉河等主要河流，是再生水的主要用户。如用再生水替换自来水浇洒草地，截流新洲河、福田河、布吉河两岸污水，枯水期以再生水补给基流用水。特区中心地区的市容和水环境将有明显改观。

滨河再生水系统总规模 $10.0\times10^4m^3/d$，一期工程 $5.0\times10^4m^3/d$。再生水厂总投资 6000×10^4 元，其中一期工程 4000×10^4 元。输配水管网总投资 3000×10^4 元，一期工程 2000×10^4 元。单位制水成本不大于 0.5 元/m^3。

滨河污水厂是一个老厂，用地紧张，向外扩展已经没有多大余地。再生水厂的建设可利用废弃不用的沼气贮存用地约 $0.5hm^2$，可供一期工程使用。二期工程可利用废弃的污泥消化用地约 $0.35hm^2$。

7.5　水资源循环利用效益

水资源循环利用不仅仅是环境保护的要求，也不仅仅意味着只是沉重的财政负担，实际上，在精心规划下，科学实现的水资源循环利用，不仅可以达到节约水资源、减少污染物排放、改善环境、促进地区可持续发展能力的目的，同时还能够给社会以及实施水资源循环利用的部门和个人带来可观的经济和社会效益，从而使得水资源循环利用具有显著的经济、社会和环境综合效益。

1. 再生水供水系统的建设费用低廉

(1) 与远距离引水相比，污水回用在经济上具有绝对的优势。

特区境内水资源量每年仅为 $0.64\times10^8m^3$，其中地下水量为 $144\times10^4m^3$。因此特区开源的方式将主要是远距离跨流域调水和污水再生回用。

对于污水再生回用而言，水源的获得基本上是就地取水。既不需要远距离引水的巨额工程投资，也无需支付大笔的水资源费。省却了大笔输水管道建设费用和输水电费。源水成本几乎为零。

(2) 水厂建设费用低

用再生水替代工业、城市和生活中低质用水，因其水质要求低，其处理工艺远比自来水厂简捷，投资与维护费用都要节省。

就深圳市具体情况而言，拟建的 6 座再生水厂，总生产能力为 $49\times10^4m^3/d$，如果全部替代自来水，则可少建一座 $49\times10^4m^3/d$ 的自来水厂，同时也可减少等量境外引水量。两者的建设总投资和单位水量建设投资相差是很悬殊的，见表 7-39。

再生水与自来水投资比较表　　表 7-39

项　目		自来水	再生水	备　注
规模($10^4m^3/d$)		49	49	
工程投资(10^4 元)	水　厂	64157	24500	
	东深改造与东部引水工程总分摊值	74796	—	
	小　计	138953	24500	
单位水量投资(元/($m^3\cdot d$))	水　厂	1310	500	
	东深改造与东部引水工程	1526.5	—	
	小　计	2836.5	500	

由表 7-39 中可以看出，在同样规模为 $49\times10^4m^3/d$ 的条件下，再生水的单位水量投资仅为 500 元/($m^3\cdot d$)，而自来水的单位水量投资则高达 2836.5 元/($m^3\cdot d$)，是再生水的五倍多。

2. 再生水供水系统的运行费用经济

(1) 污水深度处理流程与净水流程相比，不但不复杂，而且具有流程短，药耗少的特点。因为处理后出水水质有较大的差别，再生水的处理流程与自来水的净水流程相比要短得多，处理工艺简单，构筑物少，其成本自然要比自来水的低。

(2) 再生水系统若设于二级污水处理厂内，则可以省却一系列的附属性工程。如变配电系统、办公化验室、机修等，这些构筑物可以与原二级污水处理厂共用，并且，再生水厂的反冲洗系统和污泥处理也可并入二级污水处理厂系统之内。可以大幅度降低日常运行费用。

(3) 如果再生水厂与二级污水处理厂合署办公，相应地亦可省去许多管理人员，减轻了再生水厂的负担，同时可以充分利用现有人员，提高了人力资源的利用率。

据深圳特区自来水公司多年运行经验，单位水量净水电耗不低于 0.246kWh/m^3，净水与配水成本不少于 0.4 元/m^3，再加上长距离引水电耗，其成本是相当昂贵的。再生水与自来水成本的比较见表 7-40。

再生水与自来水成本比较表 **表 7-40**

项目		自来水	再生水	备注
规模(10^4m^3/d)		49	49	
水资源费(10^4 元/a)		447.125	0	
单位电耗(度/m^3)	水厂电耗	≥0.246	0.162	
	东深改造与东部引水电耗分摊值	0.324	—	
	总电耗	≥0.570	0.162	
单位制水成本(元/m^3)	水厂与配水成本	0.4	0.397	
	东深改造与东部引水成本	0.541	—	
	制水成本	0.941	0.397	

从表 7-40 中可以看出，在二者供水规模相同的情况下，再生水与自来水的运行费用差别也是相当明显的。再生水的单位电耗仅为 0.162kWh/m^3，不到自来水的 30%；再生水单位制水成本为 0.397 元/m^3，而自来水制水成本为 0.941 元/m^3。

3. 变污水处理厂为再生水厂、工业水厂，视污水为城市“第二水源”，可以带动污水厂的良好运行和维持财政收支平衡。

众所周知，正是污水处理、深度处理和超深度处理所需的昂贵费用，严重制约和阻碍着城市污水处理事业的发展，导致现有水资源不同程度地受到污染和破坏，水环境质量日趋恶化的不良局面。不仅仅是在我国，即使是在发达国家，污水处理的费用也是一个沉重的负担。如何有效、经济地提高污水处理的质量和效率，是全世界水务工作者不可回避的难题。而在这一方面，污水再生回用是被世界所公认的惟一优化途径。通过污水再生回用，将污水变成了“原料”或者是“资源”，变公益性事业单位为经营单位，可以大大提高污水处理厂的处理效率和处理质量，同时通过出售“产品”——再生水所得的收入，可以补贴污水处理的部分费用，维持污水处理厂的财务收支平衡，从而使污水处理厂的运行进入“生产”—“销售”—“再生产”的良性循环。

4. 污水再生回用具有巨大的环境效益，由此可带来显著的经济效益。

污水回用为我们提供了一个经济的新水源，减少了水资源的取用量，减少排向城市周边水体的污水量，改善了自然水环境。

按照二期污水再生回用规模 $49\times10^4m^3$/d 计算，则每年可少排入内河与周边海域的 BOD_5 约为 4500t，COD_{Cr}约为 12050t，这对于深圳湾、大鹏湾的水域环境改善将产生巨大的作用，以及由此带来的投资环境好转、旅游业繁荣、房地产业升温等一系列效益不可估量。

5. 污水再生回用的显著社会效益，对于城市社会经济的健康、持续发展具有重大的促进作用。

通过利用再生水浇灌草坪、绿地，复活城市小河流，可以调节城市的小气候。同时，由于小河、溪流的变清复活，可以减少蚊虫孳生的场所，降低疾病传播的可能性，促进居民的身心健康，提高居民生活质量，无疑为招商引资创造更有利条件，对促进社会经济的发展的贡献，其效益之重大绝非寥寥数语可以阐明的。

由此可见，深圳特区污水回用是经济的，也是可靠的。为解决深圳特区水资源短缺矛盾，为改善和恢复特区的水环境，为特区水资源的可持续利用和社会的延续发展，污水处理厂污水再生回用、建设城市再生水道不但是可行的，而且是势在必行的。

7.6 实施水资源循环利用规划的措施与建议

7.6.1 实施措施

水资源循环利用规划是关系到深圳地区水资源可持续利用，社会经济持续发展的城市基础设施建设规划，是创建节水型城市、水健康循环型城市的重要措施，是恢复深圳市内河和海域良好水环境的必由之路，应视为深圳特区的生命线工程。市政府和有关部门应加强这方面的认识和教育，并视其为特区可持续发展的必要组成部分，这是实施特区水资源循环利用规划的基础措施。

1. 加强宣传教育，提高全社会的污水再生和水循环利用的意识。向公众大力宣传特区水资源短缺的现状，增强公众对水资源的危机感和紧迫感，让公众了解特区水环境恶化的现状。同时，通过对再生水的认识，消除公众对使用再生水的恐惧心理，让公众意识到再生水是特区稳定、可靠的第二水源，污水再生回用是实现特区水资源可持续利用的有效途径。

2. 政府有关管理部门应通过必要的立法和行政权力，贯彻深圳特区水资源循环利用规划的实施。法律是最具权威性的管理手段，依法治水是社会进步的必然趋势，也是现代化社会的内在要求。目前还缺乏对于污水再生回用的一系列相关管理、利用的法律法规，应尽快建立可操作性强的污水回用法律法规，例如要求在有再生水供给的地方必须优先考虑使用再生水。这是特区污水再生回用事业得以健康发展的最有力保障。

3. 要有健全的组织机构。城市再生水道与自来水供水系统、城市污水排除与处理系统一样是城市水循环的重要组成部分，是城市的第二供水系统。要明确政府主管部门，建立明确的经营公司。实现水资源的统一管理，这样才有利于再生水事业的发展。

4. 利用经济杠杆的作用建立合理的水价体系，使合理分配利用不同水质的水资源与人们的直接经济利益有机地结合起来，积极引导用户使用再生水。

5. 实施本工程要落实资金，地方财政、税收、银行都要予以特殊优惠。

6. 在工程设计之前要详尽调查再生水用户及其所需水质、水量、用水负荷变化规律，再生水用户是城市再生水道规划的基础。在研究和编制规划的过程中曾花费了大量的时间和精力用于工业、市政、绿化、河道等方面的潜在再生水用户的调查和统计工作，但要真正落实在每个具体用户上，则是工程设计的主要任务之一。

7. 应将污水再生回用纳入城市总体规划和给排水专业规划当中。随着城市的发展，总需水量的增加，在编制城市给排水专业规划过程中，要将城市可再生利用的水量考虑进去，根据各用户用水水质的不同，实行优质优供、低质低供的分质供水策略，充分实现城市淡水资源的合理分配。

8. 建设污水处理设施时要建设相应的深度处理工程，应当将污水处理工程与污水再生回用工程统筹考虑。

7.6.2 建议

1. 节制用水。深圳特区要大力提倡节制用水。农业要发展节水型农业，工业要压低单位产品用水量，提高重复用水率，降低新鲜水用量，推广普及使用行之有效的节水技术和节水器具，市政绿化、景观、河道、工业冷却都应大力倡导利用城市再生水。节制用水可以减轻污水处理、深度处理的压力，给再生水道建设创造良好基础和条件。同时，建设城市再生水道又是大规模节制新鲜水用量的有力措施。

2. 加强城市排水系统的管理，特别是工业用户，其排放到下水道的废水必须符合 CJ 3082—1999

《污水排入城市下水道水质标准》。使城市污水中的重金属和其他有毒有害物质不超过规定的标准，才能保证城市再生水道有良好的城市污水水源。对于那些产生人工合成有害难降解有机物的工业企业，其废水必须就地进行无害化处理，方能排放到城市下水道。对于那些利用海水的工业企业，严禁向城市排水管网中排水，避免增加城市污水的含盐量，以便满足工业再生水用户在含盐量方面的要求。

3. 各内河两岸进行污水截流。深圳特区主要再生水用户之一就是内河基流用水，是关系到特区内河水环境和沿河风景线的重要方面。特区内河流程短，流域面积小，在雨季河水流量大，而旱季基本上没有径流，多半成为排污河。保证一年四季内河有一定的生态基流对城市景观，对沿河生态与小气候都是有很大益处的。但是，对内河的治理不能单纯依靠拓宽河面、挖深、建设混凝土护坡来进行，恢复河流的自然生态环境才是河流水质改善的有效保障。因此，必须将沿河两岸的城市污水排放口截流，将污水截流至污水厂，进行处理和深度处理。内河生态基流是清流小溪，使其两岸成为附近居民休闲的好地方。

4. 提高特区各污水厂的污水处理程度。要想恢复大鹏湾、深圳湾等内海的水环境，仅仅进行城市污水的二级处理是不够的。国内外沿海都市群的经验教训都指明了，在封闭性海湾、湖泊周边的都市都应该进行污水的深度处理才能恢复海滨水域的水质和功能。城市再生水道在提高污水处理程度方面是一个贡献。仅此还不够，必须全面提高深圳特区污水处理率和污水处理程度，方能达到恢复水环境的目的。

5. 重视城市污水厂污泥的处理与处置。建议污水厂污泥用作有机肥料，既可减少化肥和农药的使用量，又可减轻农业对海域的面污染。

6. 城市生活垃圾和固体废物也是水环境的污染源之一，必须同步整治，才能恢复特区水环境。

7. 将城市污水深度处理率及污水回用率作为现代化都市的考核指标之一，同时，把建设城市污水再生和回用设施的质量水平，作为考核领导工作政绩的一项重要内容。

8. 建议尽快建设再生水用于各种用户的示范工程。根据深圳特区的实际情况，建议尽早建设南山、滨河、盐田等再生水厂，分别成为回用于工业、绿化景观、建筑中水的示范工程。

第 8 章 大连市污水与海水资源战略规划

大连是一座美丽的海滨都市。然而这里的水资源却很贫乏，继引碧流河、英那河水之后，又策划引大洋河之水；另一方面由于城市污水的污染，市区内马兰河等河水水质沦为Ⅴ类或劣Ⅴ类。水资源与水环境成为了大连市向国际化大都市迈进的障碍、经济发展的瓶颈。因此，大连市发改委 2003 年委托笔者主持大连市城市污水和海水资源的战略研究，寻找大连地区水资源可持续利用和水环境恢复的可行之途径。

8.1 大连市水资源与水环境窘境

8.1.1 大连自然与经济状况

1. 自然概况

大连市地处辽东半岛最南端，东隔黄海与朝鲜半岛对望，西临渤海与华北为邻，南与山东半岛遥相呼应，共扼渤海湾；北依辽阔的东北平原，腹地辽阔，是东北、内蒙古连通华北、华东以及世界各地的海上门户。

大连市为低山丘陵地貌，是辽东丘陵山地的一部分。呈北东——南西走向，北宽南窄，地势由半岛中部轴线向东南侧黄海及西北侧渤海倾斜，构成中央高东西两侧低，北高南低、尾端翘起的脊状地貌轮廓。主要山脉为千山山脉之余脉，最高峰庄河步云山海拔 1132m。

市域北部即庄河、普兰店、瓦房店三市北部为侵蚀剥蚀山地区，群山蜿蜒，海拔多在 500m 到 1000m 之间，是境内 200 多条大小河流的发源地；西部渤海沿岸为侵蚀剥蚀丘陵与堆积平原区；南部为侵蚀剥蚀低山丘陵区；东南部黄海沿岸为侵蚀剥蚀丘陵及侵蚀、堆积平原区；岛屿为侵蚀剥蚀丘陵区。

大连市为温带季风型大陆性气候，又有一定海洋性气候特性。年平均气温在 8.8～10.5℃之间，气候温和。降水集中，据统计，最大一日降水占全年降水量的比值最小为 6.7%，最大 30.3%。大连市年平均相对湿度为 68%。大连市多年平均蒸发量为 1470mm，呈现由东向西递增趋势。

2. 社会经济概况

2002 年末，全市总人口 598×10^4 人，户籍人口 558×10^4 人，比 2001 年增加 3.32×10^4 人。其中非农业人口为 288×10^4 人，占户籍人口的 51.6%，人口自然增长率为 1.2‰。2002 年全市实现国内生产总值(GDP)1406×10^{8}元。第一、二、三产业比重分别为 8.4%，47.0%和 44.6%，见图 8-1。

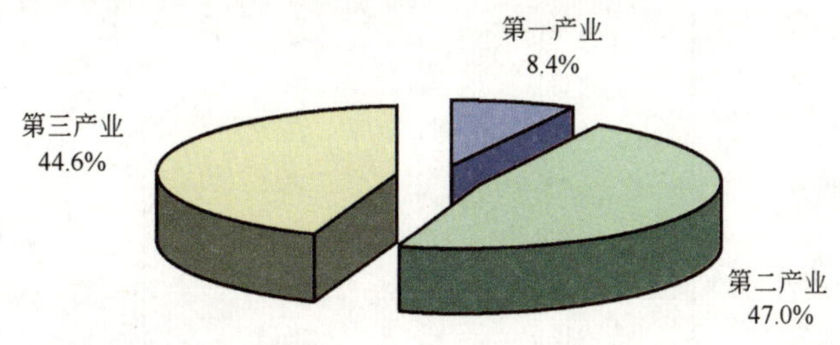

图 8-1 2002 年大连市产业构成

3. 发展规划

2002年，大连市提出建设“大大连”的设想。把大连城区西拓至旅顺、北扩至金州，构筑“两城三星”组团式城市空间布局。“两城”又称中心城市即大连主城区与大连新市区。“三星”即庄河市、瓦房店市和普兰店市3个卫星城。沿黄海、渤海海岸两条轴线形成“V”字形放射状的城镇体系。到2020年，城市规划用地达到1000km^2，城市化率达到85%。

主城区由中山区、西岗区、沙河口区、甘井子区和旅顺口区组成。城市用地由现在的200km^{2}扩大到300km^{2}左右，把甘井子区的农村部分和旅顺口区纳入大连主城区，与老市区融为一体。

新市区由开发区、金州区、保税区、出口加工区、金石滩旅游度假区、“双D港”和大窑湾港区组成，城市用地由现在的不足70km^{2}扩大到500km^{2}左右。

3个卫星城通过“双向吸纳”，接受城市产业辐射、转移和农村人口转移。城市用地由现在的75.6km^{2}拓展到200km^2。

8.1.2 水系与水资源概况

1. 河流

大连市境内现有大小河流200余条，多为独流入海的季节性河流，流程短小，河床坡度大，汛期降雨集中，集流时间短，径流洪枯比大，汛期陡涨陡落。

汇水面积在20km^{2}以上的独流入海河流57条，其中23条的汇水面积在100km^{2}以上。汇入黄海和渤海的河流分别为15条和8条，见表8-1。

大连市集水面积为100km^{2}以上独流入海河流表 **表8-1**

汇流市、区	河流名称	流域面积(km^2)	河长(km)	平均坡降(‰)	入海名称
营口/普兰店/庄河	碧流河	2814	156.0	1.89	黄海
普兰店、瓦房店	复州河	1628	137.0	1.50	渤海
丹东、庄河	英那河	1004	95.0	2.31	黄海
庄河市	庄河	618	56.5	2.80	黄海
庄河市	湖里河	440	44.0	4.10	黄海
庄河市	小寺河	245	54.2	1.76	黄海
庄河市	小沙河	150	36.0	9.10	黄海
庄河市	寡妇河	129	25.8	14.1	黄海
庄河市	三岔河	125	18.0	10.6	黄海
庄河市	地窨河	112	24.0	8.50	黄海
庄河市	板桥河	101	22.4	13.9	黄海
普兰店市	大沙河	964	96.5	1.34	黄海
普兰店市	清水河	226	36.0	1.30	黄海
普兰店市	赞子河	211	31.5	2.00	黄海
普兰店市	鞍子河	140	33.0	2.67	渤海
瓦房店市	浮渡河	481	45.0	4.60	渤海
瓦房店市	苇套河	201	18.3	4.00	渤海
瓦房店市	永宁河	154	34.6	2.14	渤海
瓦房店市	鸿崖河	109	18.5	3.00	渤海
瓦房店市	南极河	109	15.5	2.34	渤海
金州区	登沙河	229	25.7	2.42	黄海
金州区	三十里河	157	29.9	2.71	渤海
金州区	青云河	121	25.1	2.91	黄海

注：流域面积与河长均为河流干流。

境内大部分河流多呈雨后洪水暴涨，无雨河床干涸的状态，全境四季常流河流只有20条，其中多年平均径流超过1.0×10^8m^3的只有7条。大连市主要河流水系见图8-2。

图8-2 大连市主要河流水系分布图

2. 降水与径流

大连市多年平均降水量724mm，折合降水总量91.19×10^8m^3。其中大连市境内主要河流流域降水总量63.24×10^8m^3，占全境降水总量69%，详见表8-2。

大连境内主要河流降水量表　　表8-2

河　流	集水面积(km^2)	流域平均降水量(mm)	降水总量(10^8m^3)	降水总量分布(10^8m^3)
登沙河	229	657.3	1.51	普兰店0.32，金州区1.18
大沙河	988	702.0	6.77	普兰店6.53，瓦房店0.16，金州区0.08
复州河	1593	675.4	11.00	普兰店2.13，瓦房店8.87
碧流河	2814	775.8	21.83	营口市9.82，普兰店5.68，庄河市6.33
庄河	618	832.4	5.14	庄河市5.14
英那河	932	831.5	8.35	丹东市2.50，庄河市5.85
湖里河	510	873.7	3.84	庄河3.84
清水河	226	687.8	1.55	普兰店1.55
浮渡河	510	675.0	3.25	营口市0.79，瓦房店2.46
合　计	8420		63.24	大连市50.13，营口市10.61，丹东市2.50

全市降水量自东北向西南递减。降水量年际变化较大，多水年可达800～1500mm，少水年仅为300～500mm。降水量季节分配很不均匀，夏季最多，占全年降水总量的60%～70%。

大连市多年平均地表径流量34.82×10^8m^3，径流量在时序上具有鲜明的年际变化和年内变化不均衡性。6～9月的径流量占全年径流量的82%～84%，1～5月的径流量占8%～10%，最大、最小月径流量相差40～126倍。

3. 水资源量

大连市地表水资源量为 $34.82\times10^8m^3$，地下水资源量为 $8.84\times10^8m^3$，两者之间的重复水量 $5.8\times10^8m^3$；入境水资源量为 $5.55\times10^8m^3$。全市水资源总量 $43.41\times10^8m^3$，见表 8-3。

大连市水资源总量分布表 （10^8m^3） **表 8-3**

行政区	地表水	地下水	重复量	水资源总量
庄河市	16.11	2.72	1.94	16.89
瓦房店市	6.80	2.31	1.63	7.48
普兰店市	7.44	1.54	1.30	7.68
金州区(含开发区)	2.67	1.27	0.46	3.48
长海县	0.39	0.08	0.08	0.39
旅顺口区	0.57	0.33	0.20	0.70
甘井子区	0.66	0.54	0.14	1.06
中山区、西岗区、沙河口区	0.18	0.05	0.05	0.18
小　计	34.82	8.84	5.80	37.86
入境水量	5.55			
全市合计	40.37	8.84	5.80	43.41

其中境内地下水主要靠大气降水垂直入渗补给，由于大连地区三面环海，丘陵起伏，河流短小，加之地质构造和水文气象等因素，地下水资源较贫乏。境内地下水主要有松散岩类孔隙水、碳酸盐岩类裂隙岩溶水、基岩裂隙水三大类。大连市地下水资源量虽有 $8.84\times10^8m^3$，可开采资源量仅为 $4.07\times10^8m^3$。见表 8-4。

大连市地下水资源 （10^8m^3） **表 8-4**

地　区	范　围	地下水类型	综合补给资源	可开采量
庄河市	平原山区	孔隙潜水、基岩裂隙潜水	2.72	1.48
瓦房店市	平原丘陵	孔隙潜水、基岩裂隙潜水	2.31	1.03
普兰店市	丘　陵	孔隙潜水、基岩裂隙潜水	1.54	0.61
长海县	丘　陵	基岩裂隙潜水	0.08	0.02
中心城市	丘　陵	岩溶/基岩裂隙潜水	2.19	0.93
全市合计			8.84	4.07

8.1.3 水资源开发利用概况

1. 水利工程建设

建国以来，大连市先后兴建大批蓄水、引水和提水等水利工程。到 1998 年底，大连市已建成蓄水、引水和提水工程 1447 座，有蓄水工程 821 座。其中大型水库 6 座，中型水库 17 座，小型水库 238 座，塘坝 560 座。

全市水库总库容量 $23.25\times10^8m^3$。其中 6 座大型水库，即碧流河、朱家限子、转角楼、刘大、松树和东风水库，总库容为 $16.11\times10^8m^3$，占全市总库容的 75.3%，见表 8-5。

英那河水库扩建后总库容将达到 $2.96\times10^8m^3$，将成为大连市又一座大型水库。此外，全市建设有地下水工程 5799 处，供水能力 $3.04\times10^8m^3/a$。

2. 水资源供应量

2002 年，全市水资源总量为 $6.35\times10^8m^3$，比多年平均值少 85%，比 2001 年减少 71.7%。其中，地表水资源 $5.62\times10^8m^3$，地下水资源 $2.41\times10^8m^3$，两者重复量为 $1.68\times10^8m^3$。

2002 年大连市各大型水库库容情况表 (10^4m^3) 表 8-5

水库名称	总库容	兴利库容	调节水量
碧流河	93400	64400	41300
朱家隈子	15500	11190	8207
转角楼	13200	10490	11743
刘　大	10860	5140	4313
松　树	13950	6021	4475
东　风	14200	8400	6522
合　计	161110	105641	76560

2002 年全市总供水量 $9.28\times10^8m^3$，与 2001 年的 $9.21\times10^8m^3$ 基本持平。其中，地表水源供水量 $7.31\times10^8m^3$，占 78.8%，动用了多年调节库容甚多，碧流河水库逼近了死水位；地下水源供水量 $1.95\times10^8m^3$，占 21.0%；再生水与海水淡化合计供水 $0.02\times10^8m^3$，占 0.2%。

3. 水资源利用构成

随着社会经济的发展，大连市用水结构有了显著变化。农业用水比重持续下降，工业用水比重稳定增加，城镇生活用水比重上升。2002 年全市用水构成见图 8-3。其中农业用水 $4.18\times10^8m^3$，占 45%；城镇生活用水 $2.19\times10^8m^3$，占 23.6%；工业用水 $2.17\times10^8m^3$，占 23.4%；农村生活用水 $0.74\times10^8m^3$，占 8.0%。2002 年大连各地区用水指标见表 8-6。

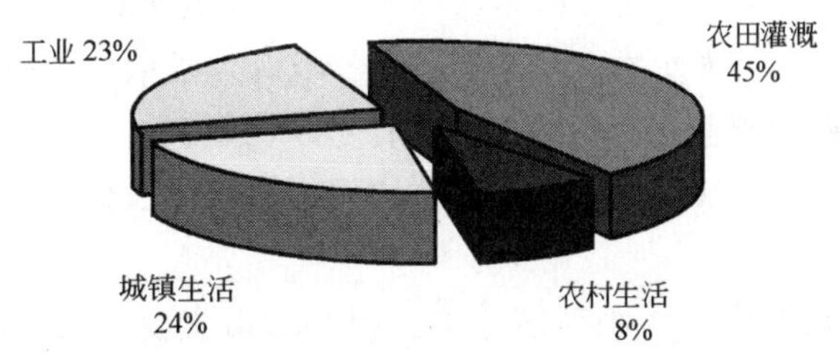

图 8-3　2002 年大连市用水结构示意图

2002 年大连市用水量指标 表 8-6

项　目	人均生活用水量(L/(人·d))	人均总用水量(L/(人·d))	亩均用水量(m^3/亩)
中心城市	230.0	425.2	89.5
瓦房店市	161.3	280.0	31.9
普兰店市	165.6	513.0	68.0
庄 河 市	104.3	736.2	108.3
全市平均	210.5	455.6	75.3

8.1.4 排水系统概况

1. 排水系统现状

主城区的中心城区、旅顺城区，新市区的金州城区、先导区均有较完善的排水管网。其中，先导区排水体制为雨污分流制，其他各城区排水体制均为合流制。城镇的排水设施建设欠账较多。近年来，各镇新区排水体制均为雨污分流。在城区完成了主要河流及部分排水区域的污水截流工程。中心城市相继建成了春柳河污水处理厂、马栏河污水处理厂、傅家庄污水处理厂、柏岚子污水处理厂，开发区污水处理一厂、污水处理二厂，多少减轻了城市污水的污染。见表 8-7。

大连城市现状污水处理厂一览表 ($10^4m^3/d$) **表 8-7**

污水处理厂	服务范围	设计能力	现状处理量	建设时间
春柳河污水厂	中心城区春柳河流域	8	8	1984
马栏河污水厂	中心城区马栏河流域	12	12	2000
傅家庄污水厂	中心城区傅家庄地区	1	1	2000
柏岚子污水厂	旅顺城区	6	3	1999
开发区污水一厂	开发区东半部	8	4	1989
开发区污水二厂	开发区西半部	8	3	1999
合　计	—	43	31	—

2002 年，全市污水排放量 $43185\times10^4m^3$，比上年减少 4.4%，其中工业废水排放量 $30205\times10^4m^3$，占全市污水排放量的 69.9%，生活污水排放量 $12980\times10^4m^3$，占 30.1%。

2. 水环境质量

(1) 内陆河流、水库、地下水

2002 年，碧流河、英那河、庄河、大沙河水质尚好，各项监测指标均值符合国家地表水Ⅲ类水质标准和国家环保总局推荐标准。复州河、登沙河污染仍然严重，复州河石油类等 7 项监测指标超标，登沙河化学需氧量等 6 项监测指标超标。

流经大连市主市区的各条中、小河流河段如马栏河等，旱季有河皆涸或有水皆污，大都属Ⅴ类和劣Ⅴ类水体。

2002 年，大连市主要饮用水源(碧流河水库、英那河水库)水质良好，各项监测指标均符合国家地表水Ⅱ类标准；朱家隈子水库、刘大水库、北大水库水质较好，各项监测指标均值及一次值均符合地表水Ⅱ类标准，松树水库水质相对较差，总磷和石油类有超标现象。

大连市区地下水中氯化物、总硬度、总大肠菌群均值超过地下水Ⅲ类标准。

(2) 近岸海域

2002 年，大连市近岸海域发生 2 次小范围赤潮。中心城市主要污染海域是大连湾、旅顺海域、金州湾海域。海域水质优劣顺序依次为：长海、大窑湾、小窑湾、南部沿海、庄河海域、旅顺海域、红土堆子湾、瓦房店海域、普兰店湾、金州湾、大连湾。

3. 污水厂规划

据“大大连”城市总体规划(2003～2020)市政公用设施专项规划，2020 年城市共设污水处理厂 32 座，中心城市污水集中处理率达到 100%。

8.1.5 大连市未来水资源需求与潜力

1. 需水量预测

(1) 农村需水量

1) 农田灌溉需水量

大连市现有耕地面积 $37\times10^4hm^2$，其中水田 $5.0\times10^4hm^2$，菜田 $1.9\times10^4hm^2$。市区有耕地 $5.4\times10^4hm^2$，其中水田 $0.1\times10^4hm^2$，菜田 $0.8\times10^4hm^2$。2002 年农业用水为 $4.18\times10^8m^3$，农田灌溉亩均用水量为 $75.3m^3$。近年来，由于水资源的严重紧缺和社会发展的需求，大连市逐步减少水田面积，水田种植重点在丰水的庄河市；中心城市内的乡村农业生产以发展蔬菜、水果及副食品为主。未来大连市的耕地面积控制在 $36.56\times10^4hm^2$(548.4×10^4亩)。

按照目前大连市的农业灌溉面积和灌溉水利用水平，随着节水灌溉面积的逐步扩大、农业节水科技和实践的快速发展，农业用水量还可以有所降低。根据《“大大连”城市总体规划 2003～2020》与《大连市国民经济和社会发展第十个五年计划水资源保障专项规划》，规划期内农业用水基本保持不变，为

4.2×$10^8m^3/a$，其中，中心城市农田灌溉需水 0.66×$10^8m^3/a$。

2) 农村生活需水量

根据“大大连”总体规划，2020 年中心城市郊区为人均 70L/d，北三市为人均 60L/d，长海县为 40L/d，大、小牲畜用水按现状定额标准预测，2020 年农村生活需水总量为 7122.5×10^4m^3，其中，中心城市郊区为 1746.5×10^4m^3。未来农村需水量情况见表 8-8。

农村需水量 ($10^4m^3/a$) **表 8-8**

项目	2002 年	2010 年	2020 年
农村生活	7400	7200	7122.5
农田灌溉	41800	42000	42000
农村需水量合计	49200	49200	49122.5

(2) 城市需水量

1) 工业需水量

1949 年大连城市工业用自来水为 325×10^4m^3，经过近 50 年的发展，1998 年大连市城市工业用自来水量达到 9358.2×10^4m^3，详见图 8-4。

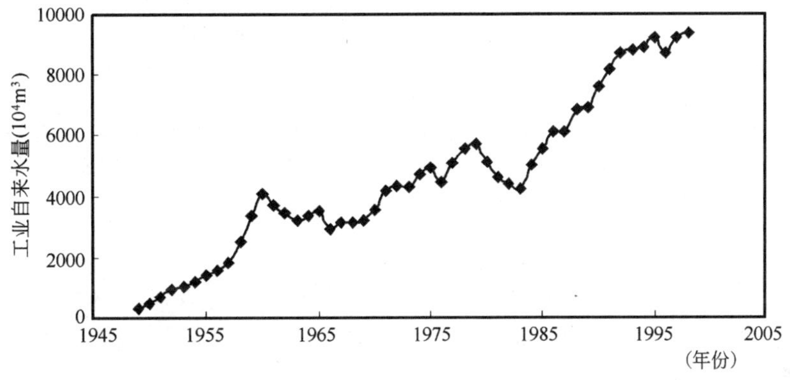

图 8-4 大连市城市工业用自来水情况

由图 8-3 可见，大连城市工业用自来水发展历史大致可以分成 3 个阶段：1949～1960；1961～1979；1980～1998。1983 年以来，大连市工业用水以年均递增 1.85%的速度增长。近年来，由于节水技术与设备的推广，以及产业结构的调整，工业用自来水量出现了显著的下降趋势。其中，大连中心城市工业自来水取水量近年变化见图 8-5。大连市全市历年工业产值与取水情况见图 8-6。

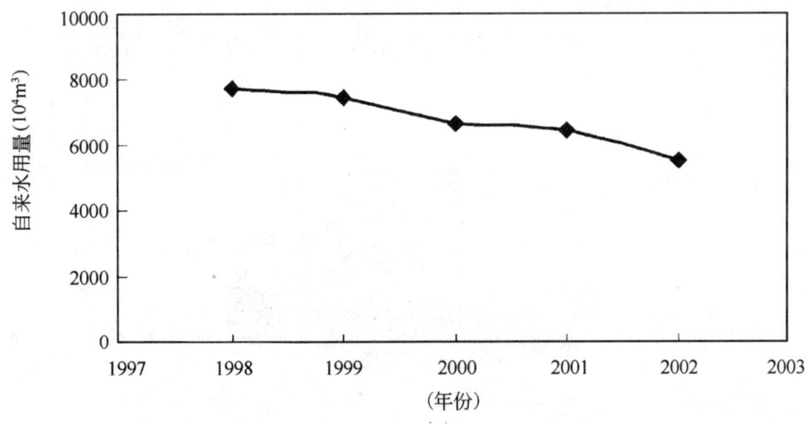

图 8-5 1998～2002 年大连中心城市工业自来水利用情况

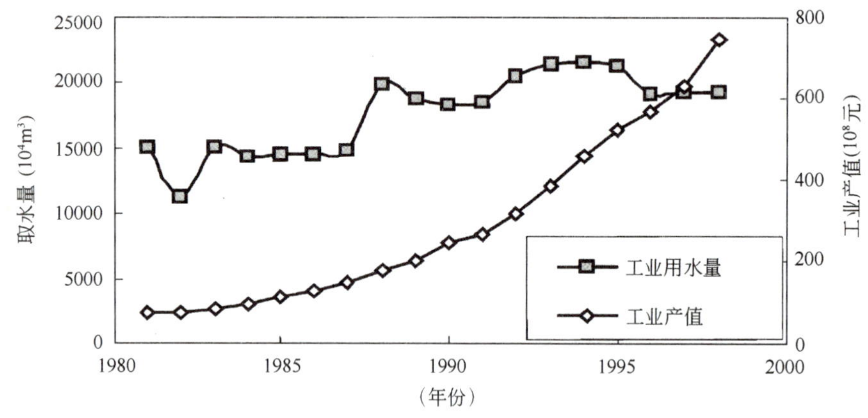

图 8-6 大连市工业产值与取水情况

1981～1990 年，全市工业产值平均年递增率为 12%，工业取水量平均年递增率为 1.87%；1991～1995 年全市工业产值平均递增率为 14%，工业取水量平均年递增率为 2.8%；1996～1998 年全市工业产值平均递增率为 14.9%，工业取水量平均年递增率仅为 0.3%，这一阶段取水量趋于稳定并低于上一阶段。总体上说，在维持大连市工业持续高速增长的同时，实现了工业取水量的缓慢增长、“零增长”以至局部的负增长。这与世界上很多发达国家的发展历程是一致的，符合工业发展用水规律。随着工业化进程、产业体系的不断完善以及用水效率的提高，工业取水增长率会进一步呈现下降趋势，最终达到“零增长”甚至负增长状态。随着“大大连”城市产业的进一步提升，预计规划期内工业用水将有所增加，考虑大连市节水现状与水资源情况，其增加速度不会太高。根据《大连市海水与城市污水资源战略研究》，2010 年工业需水 25127.4×10^4 m^3，其中，中心城市为 18263.9×10^4 m^3；2020 年工业需水 30182.7×$10^4$$m^3$，中心城市为 21938.3×$10^4$$m^3$。

2）生活需水量

根据“大大连”城市总体规划中的人口规划，2020 年大连市总人口将达到 850×10^4 人(2002 年为 598×10^4 人)，其中城镇人口为 680×10^4 人(2002 年为 287×10^4 人)。根据《大连市海水与城市污水资源战略研究》，2010 年城镇生活用水 31607.4×10^4 m^3，其中，中心城市为 24511.9×10^4 m^3；2020 年城镇生活用水 50001.4×10^4 m^3，其中，中心城市为 38814.1×10^4 m^3。

3）其他用水

其他用水包括城市消防用水、漏失水量及未预见水量等部分。其他用水按占城市工业和生活总用水量的 10%计，2010 年其他用水为 5460.9×10^4 m^3，2020 年为 7763.1×10^4 m^3。

（3）总需水量

2010 年大连市总需水量 111396.1×10^4 m^3，中心城市需水量 61000×10^4 m^3。2020 年大连市总需水量 137069.7×10^4 m^3，其中，中心城市 75106.1×10^4 m^3，中心城市人均总需水量 429L/(人·d)。大连市规划水平年需水情况见表 8-9～表 8-11 和图 8-7。

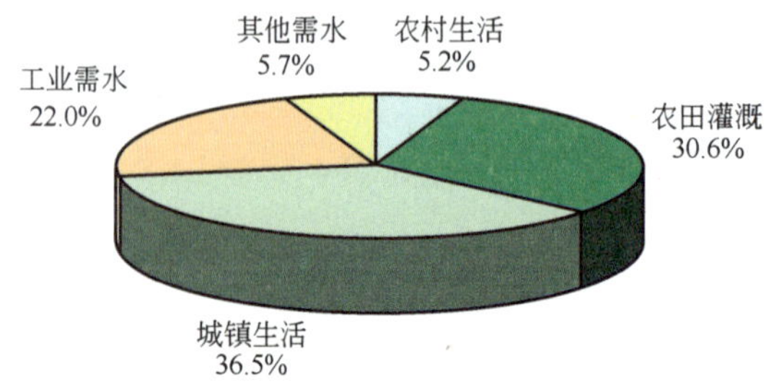

图 8-7 2020 年大连市需水构成图

2020 年分区总需水量 ($10^4 m^3/a$) **表 8-9**

项目		中心城市	庄河市	普兰店市	瓦房店市	长海县	合计
城市	城镇生活	38814.1	3708.4	3219.3	4106.3	153.3	50001.4
	工业	21297.8	1601.7	2514.4	2200.1	15.7	27629.7
	其他	6011.2	531.0	573.4	630.6	16.9	7763.1
	小计	66123.1	5841.1	6307.1	6937.0	185.9	85394.2
农村	农村生活	766.5	657.0	547.5	547.5	146.0	2664.5
	牲畜	980.0	1124.0	1251.0	1088.0	15.0	4458.0
	乡镇工业	640.5	513.6	633.4	735.0	30.5	2553.0
	农业	6596.0	16553.0	9270.0	9526.0	55.0	42000.0
	小计	8983.0	18847.6	11701.9	11896.5	246.5	51675.5
合计		75106.1	24688.7	18009.0	18833.5	432.4	137069.7

2002 与规划水平年总需水量比较 ($10^4 m^3/a$) **表 8-10**

项目	2002 年	2010 年	2020 年
农村生活	7400	7200	7122.5
农田灌溉	41800	42000	42000
城镇生活	21900	31607.8	50001.4
工业需水	21700	25127.4	30182.7
其他需水	—	5460.9	7763.1
需水量合计	92800	111396.1	137069.7

2020 年大连市水资源利用构成表 (%) **表 8-11**

项目	2002 年	2010 年	2020 年
农村生活	8.0	6.5	5.2
农田灌溉	45.0	37.7	30.6
城镇生活	23.6	28.4	36.5
工业需水	23.4	22.6	22.0
其他需水		4.9	5.7
需水量合计	100	100	100

由表 8-11 中可以看出，工业用水所占比例稍有下降，农业用水也由 2002 年的 45.0%下降至 30.6%，相反，城镇生活用水所占比例由 23.6%上升至 36.5%，取代农业成为最大用水对象。

2. 可开发利用的水资源潜力

大连市多年平均水资源总量为 $43.41\times10^8 m^3$，但是大连市降雨的年际变化较大，干旱少雨、甚至连续干旱的枯水年或特枯水年经常出现。50%、75%和 95%保证率的水资源总量分别为 $37.16\times10^8 m^3/a$、$27.04\times10^8 m^3/a$ 和 $13.78\times10^8 m^3/a$。理论上，不同水文年大连市水资源可用量如表 8-12 所示。

不同水文年可取水资源量表 ($10^8 m^3/a$) **表 8-12**

水文年	取水率			
	25%	40%	60%	80%
50%	9.29	14.86	22.30	29.73
75%	6.76	10.82	16.22	21.63

续表

水文年	取水率			
	25%	40%	60%	80%
95%	3.45	5.51	8.27	11.02
多年平均	10.85	17.36	26.05	34.73

然而，由于大连市多为独流入海的季节性河流，流程短小，河床坡度大。全境四季常流河流只有20条，很多河流没有条件建设蓄引水设施，至少20%～30%的河流水资源量难以开发利用。

根据《大连城市供水节水2010年规划》，目前大连市水源工程的设计可供水量为$15.66\times10^8m^3/a$，占大连市多年平均水资源总量的36.1%，其中地表水水源工程设计可供水量为$12.78\times10^8m^3/a$，设计开发利用程度为34.5%。2002年地表水源供水量$7.31\times10^8m^3$，水资源开发利用率超过80%。从目前大连市已建设的水利工程情况和实际用水量看，大连传统淡水资源基本没有进一步开发利用的潜力。

3. 水资源供需平衡分析

2002年，大连市全市水资源量仅为$6.35\times10^8m^3$(其中地表水资源为$5.62\times10^8m^3$，与地下水重复量$1.68\times10^8m^3$)，为多年平均值的15%。全市入境水量仅为$0.9\times10^8m^3$。而2002年大连市地表水供水量$7.31\times10^8m^3$，水资源开发利用率超过80%，且动用了多年调节库容甚多。

一般地，河流基流量在多年平均径流量的20%～40%以上时，可以维持一般的河流生态环境功能；40%～60%可维持较好的河流环境功能；当河道外用水达80%时，河道的生态环境功能开始明显衰退。因此，为维持良好的生态环境，从河流中取出用以维持生产、生活的河道外用水，推荐最好低于河流径流量的25%，一般不应超过河流径流量的40%，最高不得超过60%。据此进行大连市水资源供需平衡分析，详见表8-13、表8-14与表8-15。

规划年水资源供需平衡分析表 $(10^8m^3/a)$ **表8-13**

水文年	年份	取水率	可供水资源量	需水量			平衡差额
				农村	城镇	合计	
多年平均	2010	25%	10.85	5.13	6.01	11.14	-0.29
		40%	17.36				6.22
		60%	26.05				14.91
	2020	25%	10.85	5.17	8.54	13.71	-2.86
		40%	17.36				3.65
		60%	26.05				12.34
75%	2010	25%	6.76	5.13	6.01	11.14	-4.38
		40%	10.82				-0.32
		60%	16.22				5.08
	2020	25%	6.76	5.17	8.54	13.71	-6.95
		40%	10.82				-2.89
		60%	16.22				2.51
95%	2010	25%	3.45	5.13	6.01	11.14	-7.69
		40%	5.51				-5.63
		60%	8.27				-2.87
	2020	25%	3.45	5.17	8.54	13.71	-10.26
		40%	5.51				-8.20
		60%	8.27				-5.44

2020 年分区水资源供需平衡表(取水率 40%)　　($10^8m^3/a$)　　**表 8-14**

水文年	项　目	中心城市	庄河市	普兰店市	瓦房店市	长海县	合计
多年平均	水资源总量	5.42	22.44	7.68	7.48	0.39	43.41
	可供水量	2.17	8.98	3.07	2.99	0.16	17.36
	需水量	7.51	2.47	1.80	1.88	0.05	13.71
	平衡差额	−5.34	6.51	1.27	1.11	0.11	3.65
70%	水资源总量	3.38	13.98	4.78	4.66	0.24	27.04
	可供水量	1.35	5.59	1.91	1.86	0.10	10.82
	需水量	7.51	2.47	1.80	1.88	0.05	13.71
	平衡差额	−6.16	3.12	0.11	−0.02	0.05	−2.89
95%	水资源总量	1.72	7.12	2.44	2.38	0.12	13.78
	可供水量	0.69	2.85	0.97	0.95	0.05	5.51
	需水量	7.51	2.47	1.80	1.88	0.05	13.71
	平衡差额	−6.82	0.38	−0.83	−0.93	0	−8.20

2020 年分区水资源供需平衡表(取水率 60%)　　($10^8m^3/a$)　　**表 8-15**

水文年	项　目		中心城市	庄河市	普兰店市	瓦房店市	长海县	合计
多年平均	水资源总量		5.42	22.44	7.68	7.48	0.39	43.41
	可供水量		3.25	13.46	4.61	4.49	0.23	26.05
	需水量	农村	0.90	1.89	1.17	1.19	0.02	5.17
		城市	6.61	0.58	0.63	0.69	0.03	8.54
		合计	7.51	2.47	1.80	1.88	0.05	13.71
	平衡差额		−4.26	10.99	2.81	2.61	0.18	12.34
75%	水资源总量		3.38	13.98	4.78	4.66	0.24	27.04
	可供水量		2.03	8.39	2.87	2.80	0.14	16.22
	需水量	农村	0.90	1.89	1.17	1.19	0.02	5.17
		城市	6.61	0.58	0.63	0.69	0.03	8.54
		合计	7.51	2.47	1.80	1.88	0.05	13.71
	平衡差额		−5.48	5.92	1.07	0.92	0.09	2.51
95%	水资源总量		1.72	7.12	2.44	2.38	0.12	13.78
	可供水量		1.03	4.27	1.46	1.43	0.07	8.27
	需水量	农村	0.90	1.89	1.17	1.19	0.02	5.17
		城市	6.61	0.58	0.63	0.69	0.03	8.54
		合计	7.51	2.47	1.80	1.88	0.05	13.71
	平衡差额		−6.48	1.80	−0.34	−0.45	0.02	−5.44

根据表 8-13，按照河流径流量的 60%取用量计算，95%保证率时大连市水资源可用量为 $8.27\times10^8m^3$。2010 年供需缺口为 $2.87\times10^8m^3$，2020 年为 $5.44\times10^8m^3$。可见大连市属水资源短缺地区。应提倡节制用水，发展节水农业，重视节水工艺、清洁生产，尤其是要建设城市再生水道系统，进行污水深度处理与再生利用。

由表 8-14 和表 8-15 可见，庄河市水资源相对丰富，在不同水文年下均能满足当地水资源的需求。普兰店和瓦房店在平、丰水年水资源基本可以实现供需平衡。到 2020 年，长海县理论上的自然水资源可以满足当地居民生活生产的需要。但实际上，由于降雨分布不均匀，长海县海岛特殊地形等原因，当地淡水资源十分缺乏，除了节制用水、充分进行雨洪调蓄利用，同时利用再生水回灌地下，阻止海水入侵，增加地下水可开采量之外，还应该通过海水淡化或引水解决生活用水问题。中心城市水资源严重不足，必须由水资源相对丰富的普兰店、庄河市的碧流河和英那河等河流调水。

8.2 大连中心城市水资源可持续利用策略

大连中心城市是大连市的经济、人口集中地，由主城区(中山区、西岗区、沙河口区、甘井子区和旅顺口区)和新市区(金州区、开发区、保税区、出口加工区、金石滩旅游度假区、“双D港”、大窑湾港)组成。2020年规划城市用地由现在的不足270km^{2}扩展至500km^2。

2002年，大连中心城市总人口为333×10^{4}人，户籍人口273×10^{4}人，分别占全市人口的55.7%和48.9%。

8.2.1 中心城市水资源

1. 本地水资源

(1) 地表水

大连中心城市(金州以南地区)有大小河流30余条。这些河流均为独流入海的季节性河流，源短流急，暴涨暴落。主要河流水文概况见表8-16。

大连中心城市主要河流概况 **表8-16**

行政区	河流名称	流域面积(km^2)	河流长度(km)	多年平均径流量(10^{4}m^3)
金州区	登沙河	229	25.7	4931
	三十里河	157	29.9	2981
	青云河	121	25.1	2464
	大魏家河	77.5	18.3	1368
	北大河	71.0	17.6	1294
	龙口河	54.2	19.4	1068
	旗杆河	51.7	15.6	1150
	柳家河	50.0	14.7	1139
开发区	东大河	85.2	16.4	1648
中心城区	马栏河	71.5	19.3	993.7

中心城市各区不同频率降水总量见表8-17。中心城市多年平均降水总量、径流总量、径流深分别为15.23×10^{8}m^3、4.08×10^{8}m^{3}和172.1mm。

大连中心城市各区水资源情况 (10^{8}m^3) **表8-17**

行政区	降水总量			多年平均河川径流量
	多年平均	75%保证率	50%保证率	
新市区	8.73	6.81	8.47	2.67
甘井子区	2.70	2.14	2.62	0.66
中山区、西岗区、沙河口区	0.68	0.52	0.66	0.18
旅顺口区	3.12	2.46	3.03	0.57
中心城市合计	15.23	11.93	14.78	4.08

(2) 地下水

由于降雨量小，补给来源缺乏，致使大连中心城市区域内地下水资源十分贫乏。经测算，地下水综合补给量多年平均为 2.19×10^8m³。其中可开采量仅为 0.93×10^8m³，见表 8-18。尤其是近年来，由于大连市连续遭遇干旱年份，海水入侵范围还没有得到有效遏制，进一步降低了地下水的可开采量。

中心城市地下水资源量多年平均值表　(10^8m³)　**表 8-18**

行　政　区	综合补给资源	可　开　采　量
新　市　区	1.27	0.49
甘井子区	0.54	0.30
中山区、西岗区、沙河口区	0.05	0.01
旅顺口区	0.33	0.13
中心城市合计	2.19	0.93

(3) 水资源总量

大连中心城市水资源量多年平均为 5.42×10^8m³，其中地表水资源量 4.08×10^8m³，地下水资源量 2.19×10^8m³，两者重复水量 0.85×10^8m³。见表 8-19。不同水文年水资源量与可用水量见表 8-20。

中心城市多年平均水资源量　(10^8m³)　**表 8-19**

行　政　区	地表水	地下水	重复计算量	水资源总量
新市区	2.67	1.27	0.46	3.48
甘井子区	0.66	0.54	0.14	1.06
中山区、西岗区、沙河口区	0.18	0.05	0.05	0.18
旅顺口区	0.57	0.33	0.20	0.70
中心城市合计	4.08	2.19	0.85	5.42

中心城市水资源总量与可用水资源量表　(10^8m³)　**表 8-20**

水文年	水资源总量	取　水　率			
		25%	40%	60%	80%
75%	3.38	0.85	1.35	2.03	2.70
95%	1.72	0.43	0.69	1.03	1.38
多年平均	5.42	1.36	2.17	3.25	4.34

按照 2002 年人口计算，中心城市人均水资源量约为 170m³，约为大连市平均值的 1/4，全国人均水资源量的 1/13。属于严重缺水地区。

实际上，由于有些河流，如马栏河、春柳河等几乎不能提供适宜开采的淡水资源，中心城市可用水资源量还要更低一些。

2. 外流域引水资源

大连市域内北部的庄河和普兰店市水资源较为丰富，从大连市地理与气候条件及城市供水发展历史等条件出发，大连中心城市外流域引水资源主要来自北部的碧流河、英那河流域。不同水文年中心城市可能获得的理论调水总量见表 8-21。

碧流河和英那河流域可调水资源量　(10^{8}m^3)　**表 8-21**

水文年	取水率	庄河流域可外调水量	普兰店流域可外调水量	合　计
75%	25%	0.42	0	0.42
	40%	3.12	0.11	3.23
	60%	5.92	1.07	6.99
95%	25%	0	0	0
	40%	0	0	0
	60%	1.46	0	1.46

由表 8-21 可以看出，在 95%保证率水文年、60%取水率情况下，调水可能量理论值为 1.46×10^{8}m^3/a (40×10^{4}m^3/d)。

3. 中心城市水资源供应能力与缺口

在 75%和 95%保证率这两种水文年下，大连中心城市水资源含外流域引水的供应能力及水资源供需平衡详见表 8-22。

大连中心城市水资源能力　(10^{8}m^3)　**表 8-22**

水文年	取水率	本地水资源	外流域调水	水资源潜力	需水量		平衡分析	
					2010	2020	2010	2020
75%	25%	0.85	0.42	1.27	6.10	7.51	−4.83	−6.24
	40%	1.35	3.23	4.58			−1.52	−2.93
	60%	2.03	6.99	9.02			2.92	1.51
95%	25%	0.43	0	0.43			−5.67	−7.08
	40%	0.69	0	0.69			−5.41	−6.82
	60%	1.03	1.46	2.49			−3.61	−5.02

由表 8-22 可见，在平水、丰水年，60%取水率情况下，碧流河和英那河流域理论可调水量基本可以满足中心城市用水需求，而在在 95%保证率水文年，在枯水年无论是 40%还是 60%的取水率，尽管从碧流河、英那河调水，还远不能满足中心城市用水之需。以 95%保证率、60%取水率情况分析，2010 年大连中心城市缺水 3.61×10^{8}m^3，2020 年缺口为 5.02×10^{8}m^3。

如采用降低农业用水，挤占环境用水的情况下，枯水年最大引水量也只能达到 4.46×10^{8}m^3(庄河挤占 2×10^{8}m^3，普兰店挤占 1×10^{8}m^3)。为了满足这个调水要求，将造成庄河、普兰店市的用水紧张和短缺局面，挤占生态用水，对当地水环境造成较大影响。即便如此，也不能满足“大大连”建设的要求。

8.2.2　中心城市水资源开发与城市供水现状

1. 水资源开发状况

大连中心城市自来水水源主要有区内的北大河、大西山等水库，以及碧流河、英那河和洼子店水库等，见表 8-23。

大连中心城市自来水水源工程现状　(10^{4}m^3)　**表 8-23**

水源名称	总库容	日供水能力	年可供水量	备　注
(一) 水库	7733	4.05	1478.3	
北大河	1088	0.36	131.4	
大西山	2299	0.68	248.2	

续表

水源名称	总库容	日供水能力	年可供水量	备注
王家店	632	0.70	255.5	
牧城驿	515	0.35	127.8	
凌水寺	134	0.22	80.3	
老座山	475	0.43	156.95	
龙王塘	1905	0.72	262.8	
小孤山	685	0.59	215.35	
（二）地下水				
水井(含自备井)		8.0	2920	
（三）外流域水				
大沙河(含洼子店水库)	1289	10.5	3833	
碧流河水库	93400	91	33300	预留 19×10^4
英那河水库	29600	33	12000	
合计	132022	146.55	53531.3	

2002年，中心城市用地表水 $92.5\times10^4m^3/d$(其中碧流河水库水 $82.2\times10^4m^3/d$，占总水量的88.9%)，地下水 $23.7\times10^4m^3/d$，地下水开采率为93.0%。

2. 引水与供水系统状况

1997年大连引碧三期工程竣工，通过长68km的输水暗渠将碧流河水库水引至大沙河水厂，渠末端流量为 $120\times10^4m^3/d$。除了引碧工程外，大连还修建了引英入连工程，其中引英一期工程，英那河至大沙河水厂输水钢管长150km，输水能力 $33\times10^4m^3/d$，已建成通水。计划修建的引英二期工程竣工后将再增加 $30\times10^4m^3/d$ 的引水能力。引碧和引英工程的水进入大沙河水厂后，再通过调节，输送至市区内各自来水厂。

大连城市现有11座净水厂，总净水能力为每日 $123.5\times10^4m^3$。见表8-24。

大连城市自来水厂状况表 **表8-24**

净水厂名称	净化能力($10^4m^3/d$)	主要来水水源	建厂时间(年)
大沙沟	36.0	碧流河、大沙河	1988～1997
三道沟	26.0	碧流河、大沙河、大魏家	1939～1945
沙河口	20.0	碧流河、大沙河、大西山	1914～1932
台　山	2.4	碧流河、大沙河、凌水	1920～1926
孙家沟	0.4	小孤山、老座山、龙王塘	1898～1910
东卡门	2.4	小孤山、老座山、龙王塘	1952～1954
青　山	7.0	北大河、大沙河	1996～1997
南　山	1.8	马圈子、北大河、大沙河	1943～1945
阎家楼	2.5	马圈子、北大河、大沙河	1925
凤凰山	10.0	碧流河、大沙河	1984～1994
湾　里	15.0	碧流河、英那河	1998
合　计	123.5		

8.2.3 中心城市水资源供需分析

大连中心城市当地水资源量稀缺，多年平均水资源量不过 $5.42\times10^8m^3$。75%、95%保证率的枯水年可取用水资源量分别仅为 $2.03\times10^8m^3$ 和 $1.03\times10^8m^3$。而大连中心城市集中了全市 90%以上的工业企业、49.0%的人口，城市化率高达 79.8%。2002 年用水已经达到 $4.24\times10^8m^3$，区内实际供水 $1.24\times10^8m^3$，其余 $3.0\times10^8m^3$ 全靠引碧、引英工程。

大连市中心城市境内河网受地势影响，流短水急，多直流入海，暴涨暴落，难以调蓄。中心城市已没有适合新建水源的条件。

从上述分析可见，大连中心城市缺水严重，供水基本上依赖于境外引水。但是即便是按现有规划实施外流域引水工程，遇到干旱尤其是连续干旱年份，引水量受限，引水工程设施将变成无米之炊，难以保证城市供水。例如 1999～2001 年，大连市连续发生严重干旱。截止 2001 年 6 月，全市大部分河流断流，城市供水告急，向大连城市供水的主要水源地碧流河水库蓄水量仅为 $8250\times10^4m^3$，扣除死库容 $7000\times10^4m^3$，可供水仅有 $1250\times10^4m^3$。碧流河水库由于连续几年水量不足，已失去调节能力，引碧入连供水工程输水能力虽有保证，但却无用武之地。

目前大连市提出的建设“大大连”规划正处于起步阶段，在规划期间内中心城市用水需求必然会出现一定增长。根据预测，中心城市 2010 年需水量为 $6.10\times10^8m^3$，2020 年将达到 $7.51\times10^8m^3$。届时水资源短缺问题必将更为紧迫。

枯水年(95%保证率)外流域适宜的引水量仅为 $1.46\times10^8m^3$ 之下，到 2010 年，中心城市缺水 $3.61\times10^8m^3$，2020 年缺水 $5.02\times10^8m^3$。如采用降低农业用水，挤占环境用水的情况下，枯水年最大引水量也只能达到 $4.46\times10^8m^3$。2010 年尚可维持中心城市用水，但 2020 年又将缺水 $2.02\times10^8m^3$。

8.2.4 大连中心城市水环境恢复与水资源可持续利用方略

大连市传统淡水资源已经不能满足大连市未来用水需求，大连市要实现水资源可持续利用，急需提供新的水源或者降低社会用水量，减少水的社会小循环对自然大循环的干扰。这就要求必须在节制用水的基础上，普及污水处理和深度处理，开发污水等非传统水源，合理分配生态用水和进行水资源统筹管理等措施。

1. 节制用水

在降低社会用水量方面，大连市工业节水工作开展较早，产业节水已经达到较高水平，在产业布局时已经逐渐考虑水资源的因素，初步体现了节制用水思路。目前大连市工业用水重复利用率达到 85.3%，冷却水循环利用率达到 95%，万元产值取水量 $30m^3$，与发达国家水平差距不大。

在农业节水和生活节水方面，大连市节水灌溉面积比例和灌溉水利用系数还不高，公共用水浪费和管网漏损还较严重，距离国外先进水平还有较大差距。

应该看到，虽然大连市于 2002 年被评为节水型城市，但是目前大连市水资源利用还远远没有达到健康循环，农业节水和城市生活节水还有相当潜力，应继续大力鼓励发展。这样才能减缓水资源短缺压力，有利于保障大连市的水环境质量，实现水的健康循环。今后节水的重点是①在生产力合理布局的基础上调整产业结构，压缩限制高耗水工业，提高低耗水产业的比重，同时，大力提倡“清洁生产”，将污水减少、消灭在生产过程中间，变“末端处理”为“源头控制”，实现工业需水量的零增长甚至负增长；②大力发展节水灌溉农业，进一步减少无效蒸发和渗漏损失，提高水分利用效率；③加强全民的节水意识教育，提高市民对水资源，水环境、水循环的认识。大力促进行之有效的节水技术和节水器具的普及实施；④控制管网漏损。

2. 污水深度处理和再生利用

污水的深度处理和再生利用是扩展意义上的节制用水，要想恢复和维系水健康循环，保障水资源可持续利用，扩大污水处理普及率、提高污水处理程度、实现污水再生回用，也是势在必行之路。

现行城市污水收集与处理系统发展滞后，污水处理率与处理程度低下，致使大量废(污)水未经妥善处理就排入河道，流经大连市主市区的各条中、小河流河段如马栏河等，旱季有河皆涸或有水皆污，大都属Ⅴ类和劣Ⅴ类水体；靠近瓦房店市的东风水库也受到较为严重的污染，松树水库水质也较差，总磷和石油类有超标现象；大连市区地下水中氯化物、总硬度、总大肠菌群均值也超过地下水Ⅲ类标准。此外，大连湾近岸海域受到严重污染，部分海域水质已经劣于国家海水水质标准中Ⅳ类海水水质标准。城市中心区近岸海域与金州湾海域为Ⅲ类海水水质的水，已不适于水产养殖区、海水浴场、人体直接接触海水的海上运动用水，给大连市形象和居民生活造成一定的影响。

日趋严重的水污染，不仅降低了水体的使用功能，进一步加剧了水资源短缺的矛盾，严重地威胁到大连市居民的饮水安全和人民群众的健康。作为我国第一个获得“全球环境500佳”称号的城市，这种状况是与大连市形象和发展建设目标严重不符的。

2002年大连城市污水集中处理率约为26%，按规划2020年将达到100%，这两年的污水产生量分别为$3.4\times10^8m^3$和$6.0\times10^8m^3$，则2002与2020年的COD_{Cr}污染负荷排放量分别为8.4×10^4t和6×10^4t。尽管2020年污水二级处理率提高到100%，但是污染负荷仅降低了1/4左右，并没有得到显著改善。

因此，在提高污水处理普及率、改善河川水质、减缓水环境恶化进程的基础上，还必须提高排放水的处理程度，进行污水的深度处理。要达到上述污水处理率和提高污水处理程度，污水处理设施的投资和运行费用将是大连市巨大的财政负担。

城市污水是城市内宝贵的淡水资源。如果在二级处理基础上进行深度处理，将排放水变成再生水而成为城市稳定的第二水源，则可获取巨大的综合效益。

由于城市再生水道的建设，至2010年，按再生水利用率20%计，则可循环利用约$2.0\times10^8m^3$的再生水，相对二级处理排放每年约可减少水环境排放污染负荷COD_{Cr} 2×10^4t，TN5000t，TP1000t，相当于《大连市环境保护2010年远景规划纲要》中从2000年到2010年大连市地区COD总量规划削减年排放量的68%，将切实地改善内河与近岸海域的水质。

根据国内实际经验，再生水经营成本约为0.8元/m^3，相比“引碧入连”的成本约2元/m^3和海水淡化的成本约6元/m^3，具有巨大的经济效益。以每年$2.0\times10^8m^3$的再生水计算，相对引碧入连和海水淡化分别可节省资金2.4×10^8元和10.4×10^8元。

通过城市再生水道系统的建设，充分利用大连中心城市的污水资源，以再生水替代用于工业生产和冷却、绿化、市政杂用水等的自来水，可弥补近$2.0\times10^8m^3$水资源的缺口。同时可减轻对内河和大连湾等海域的污染，从而为中心城市开展海水利用创造良好条件和提供有力保障。可以说，这种城市范畴上的大规模再生水供应系统是解决大连中心城市淡水资源不足、恢复大连水环境的切入点。也是大连市发展循环经济的基本组成之一。

3. 雨洪渗透与贮留利用

大连市水资源的时间空间分布极不平衡。由于季风气候的影响，降水主要发生在夏季。每年汛期的降水量占全年的60%～80%，水资源量大约有2/3左右是洪水径流量。

中心城市城市化率高达79.8%，城市区域内大面积地表为屋顶、路面、不透水铺砌所覆盖，一遇暴雨，几乎全部雨量即刻形成径流，汇入大海。同时极易造成市区内涝、洪水泛滥。而在无雨旱季时节，得不到地下水补给，枯水量年年减少，乃致河床裸露，市区小河干涸。

通过减少不透水铺砌，建设雨水渗透和贮存设施，使屋面、庭院、道路上的降雨经收集系统进入渗水设施——渗透井和渗水沟可将雨水渗入地下。可以起到很好的削减洪峰流量的作用，对地下水涵养、抑制海水入侵及中小河川的枯水季节流量的恢复也有显著作用。

长海县獐子岛已建有部分雨水集流利用工程，但是目前大连市雨水收集利用主要还集中在农村，在城市还没有得到实施。应加快城区雨水渗透和贮存的研究，合理、充分地利用雨水涵养地下水源，既能缓和城市水资源危机，又能减轻城区洪涝危害和水体污染。尤其是长海县，更应该在已有雨水集流利用工程的基础上，进一步普及雨水的收集、渗透和贮存利用，缓解缺水状况。

4. 海水开发利用

海水是另外一种重要的非传统水源，在水量的可持续利用方面，海水利用可以发挥相当的作用。大连市拥有长的海岸线，有利用海水的天然条件。在利用海水替代淡水资源方面，也是我国最早的几个城市之一。海水将是未来大连市一个重要的水源，对减轻缺水压力具有重要意义。

在20世纪30年代，大连化学厂就利用海水做冷却水。目前，大连有30多个企业利用海水做冷却水，海水日用量超过$350\times10^4m^3$。同时，海水淡化工作也取得了积极的进展，长海县建成的海水淡化装置，日产淡水2000m^3，基本上解决了大长山岛居民的用水问题。今后大连市应进一步加大海水利用量，减轻缺水压力。

海水淡化存在电耗高，造价高的缺点。国际海水淡化成本约为0.67～2.5＄/m^3，国内淡化水成本约为6元/m^3。远远高于再生水、自来水的制水成本，也高于大连市现有的外流域引水成本。海水淡化对于降低污染水平，改善水环境质量作用也并不明显。目前，大连市的城市污水淡水资源尚未得到充分利用，海水淡化大规模用于城市供水条件也还不够成熟。海水开发利用主要应以直接利用于沿海岸工业冷却水为主，海水淡化则主要用于工业生产用水和海岛居民生活用水等方面。

5. 外流域引水

外流域引水是目前经常被采用的一种满足当地水资源需求的方法。但是外流域引水对水资源调出区的影响较大，涉及范围广，同时外流域引水经常受到水调出区的限制——引水水源区域经济的发展以及用水量的增长，使得引水数量和质量较难得到保证。而且引水投资和运行成本也需要巨额费用，随着时间的推移，这个成本还将越来越高。另一方面，引水仅仅是解决了水量短缺问题。因此，无论是从社会经济的角度，还是从环境保护的角度出发，都应该在充分利用本地水资源(包括非传统水资源)的情况下，仍旧面临资源性缺水时方可进行适时适度的跨流域引水工程。

中心城市本地水资源严重短缺，实施必要的外流域引水工程是保证中心城市用水的重要措施。目前完成的“引碧入连”三期工程和“引英入连”一期工程，供水能力155×10^4t/d，已开工建设的“引英入连”二期工程完成后，大连市境内的水资源区域分配工作应告一段落。

6. 保障生态用水、促进水资源统筹管理

虽然大连市在节水等方面采取了大量措施，取得良好效果，节水水平居国内领先地位。但是，在维护生态用水方面，与国内其他城市一样，在过去的经济发展中，对于生态用水问题不够重视，存在挪用、挤占生态用水现象。为了防止生态环境的恶化，必须在水资源规划中确保生态环境用水。

在水资源紧缺和水污染问题越来越突出的情况下，将原来那种水量与水质分开、地表水与地下水分开、供水与排水、城市与流域分开管理的体制，改为对城市和农村、供水、节水、污水处理及其回用、水资源保护等实行统筹管理的新体制。以利于促进水资源的开发、利用和保护，有利于统筹解决洪涝灾害、水环境恶化等问题，有力地保障社会经济的可持续发展和水资源的可持续利用。

综上所述，节制用水是提高水资源利用效率的最佳途径，大连市今后仍须确立节水优先的策略。在几种非传统水资源中，雨洪调蓄利用可缓解缺水、利于防灾减灾，但在国内尚处于研究阶段；海水淡化成本高，仅能缓解水量的不足，无法解决水域污染，海水利用应以工业海水直接利用为主；城市污水再生利用，成本不足引碧工程的1/2，仅为海水淡化的1/5，不仅可提供大量充足的廉价淡水资源，还可极大地减轻对内河和大连湾等海域的污染。这种城市范畴上的大规模再生水供应系统是大连中心城市水环境恢复和水资源可持续利用的关键。

8.3 大连中心城市污水资源战略规划

8.3.1 大连市污水再生利用状况

大连市的污水深度处理再生回用工作起步较早，现有春柳污水处理厂、马栏河污水处理厂、开发区污水处理一厂和二厂的再生水主要回用于生产冷却、除尘冲灰、建筑施工、市政绿化和厂区自用等方面，总设计再生回用能力每日 $5.55\times10^4m^3$，实际每日回用仅 $1\times10^4m^3$ 左右。目前正在建设的瓦房店市污水处理厂，也配套建设日回用水量为 $2\times10^4m^3$ 的污水再生回用工程。

此外，中心城区已建有建筑中水设施 20 处，其中正常运行 9 处，日处理能力 $1380m^3$；正建和待建 20 余处。详见表 8-25。现有的建筑中水设施存在较多问题。如缺乏专业人员参与运行管理，出水水质不稳定，成本核算较高等问题，导致建筑中水利用未得到推广。

大连市建筑中水设施现状表　　表 8-25

名　称	处理能力(m^3/d)	处理工艺	备　注
海天白云大酒店	150	生化法	正常运行
香格里拉大饭店	165	生化法	正常运行
森茂大厦	60	物理法	正常运行
良运大厦	40	生化法	正常运行
希尔顿饭店	195	生化法	正常运行
迈凯乐商场	250	生化＋过滤	正常运行
新玛特大连商场	120	生化＋物理	正常运行
东财学生公寓	360	生化接触氧化法	正常运行
虹源大厦	40	物理法	正常运行
远大大厦	240	生化法	
中山大厦	200	生化法	
宏浮大厦	200	物理法	
先施秋林大厦	300	生化法	
天成大厦	200	微电解	
大连香洲大饭店	150	生化接触氧化法	
世贸大厦	80	生化接触氧化法	
大外学生公寓	120	生化法	
海昌希瑞克山庄	200	生化法	
海事大学生公寓	200	生化法	
富顿大酒店	30	生化法	
合　计	3300		

8.3.2 城市再生水道规模

在不同的国家和地区，再生水具有不同的用水对象和用户，用水量也就相差甚多。例如在“中水道”技术的发源地日本，再生水主要以小溪河流生态环境恢复用水和生活冲厕为主要用水对象，很少利用在农业方面。与此恰恰相反的是，世界上污水再生回用比例最大、应用范围最广的以色列，在这个极度缺水的国家之中，污水再生回用率高达 70%以上，农业回用十分广泛，目前已经建立了一百多个供农业利用的再生水贮存库，预计 2025 年农业用水的 65%将来自城市污水。

根据预测，大连中心城市耕地面积 $55204hm^2$，2020 年农业需水量为 $6596\times10^4m^3$。耕地主要位于新市区 $38634hm^2$、旅顺口区 $8114hm^2$ 与甘井子区 $5838hm^2$。中心区几乎没有农业，农业用水很少；新市区由于农田大多位于市区北面，距离城市较远，不便利用再生水，所以从目前情况看尚不需专门考虑农业灌溉再生水用量。因此，大连中心城市再生水道用户主要有工业、绿化、市政杂用、河湖生态环境用水以及地下水回灌。

1. 工业

工业用水是城市用水的重要组成部分，根据用途的不同，对水质的要求差异很大，水质要求越高，水处理的费用也越高。目前再生水一般主要应用于需水量较大而又对水质要求不高的用水项目，如冷却、冲灰等用水。

（1）大连市工业发展与用水现状

建国以来，大连市工业迅速发展，取水量也有较大提高。1949 年大连城市工业总取水量仅为 685×10^4m^3，其中自备井取水约 360×10^4m^3，自来水量 325×10^4m^3。1990 年城市工业总取水量达到 10090.7×10^4m^3，其中自备井水量 2504×10^4m^3，自来水量 7586.7×10^4m^3。1998 年大连城市工业总淡水取用量为 10555.2×10^4m^3，其中自备井水量 1197×10^4m^3，自来水量 9358.2×10^4m^3。见表 8-26 和图 8-8。

大连城市工业取淡水量情况表　　表 8-26

年份	工业取淡水量（10^4m^3）	其中冷却补充水量（10^4m^3）	年份	工业取淡水量（10^4m^3）	其中冷却补充水量（10^4m^3）
1986	8386.1	1511	1993	11386.0	1568
1987	8136.7	1656	1994	10866.0	1429
1988	9160.0	1692	1995	10657.0	1647
1989	9308.0	1677	1996	9863.5	1421
1990	10090.7	2141	1997	10620.9	1439
1991	10808.3	2119	19981	0555.2	1408
1992	11350.5	1567			

注：工业取淡水量＝自来水供给量＋自备井取水量

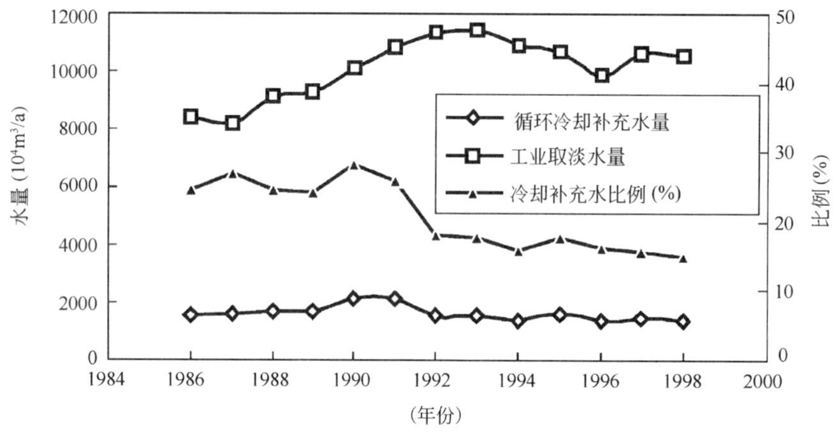

图 8-8　大连城市工业取淡水量结构图

1949 年至 1998 年工业用自来水平均年递增率为 7.1%，其中 20 世纪 50 年代平均年递增率为 23%，20 世纪 60～80 年代平均年递增率为 2%，1990 年至 1998 年平均年递增率为 2.7%。

1949、1980、1990、1998 年工业用水占城市生活、工业总用水量分别为 27%、67%、59%、40%。2002 年，工业用水 2.17×10^8m^3，占大连市总用水量的 23.4%。目前，大连市工业用水重复利用率达到 85.3%，冷却水循环利用率达到 95%，万元产值取水量 30m^3。

（2）大连中心城市工业用再生水需求

从大连城市工业取水结构中可以看出，大连市城市工业取水量中，间接冷却补充水所占比例近年来有所下降，从上世纪 80 年代的平均 25%降为近年的 20%左右。但是由于“大大连”的建设，城市工业中石化工业将得到迅速发展，冷却水需求量将持续上升，加上洗涤用水等其他杂用水、工艺用水，可用再生水替代部分占工业取水量的 30%～40%。根据《大连市海水与城市污水资源战略研究》，2010 年大连中心城市工业用再生水需求量为 5490×10^4m^3，2020 年为 8760×10^4m^3，见表 8-27。

大连中心城市工业用再生水需求量 表 8-27

区 域	规划工业用地(ha)	再生水需求量($10^4m^3/a$)	
		2010年	2020年
中心城区	4000	3285	4526
旅顺口区	4000	365	876
金州区	3850	365	876
先导区	4600	1475	2482
合 计	16450	5490	8760

2. 绿地灌溉用水

通过多年的建设，大连市绿地覆盖率已经达到较高水平。2002 年大连市新增公共绿地面积 $110\times10^4m^2$，城市建成区绿化覆盖率达到 41.5%，比 2001 年增加 0.5%，人均公共绿地面积达 $9.5m^2$。

按照“大大连”城市总体规划，2020 年中心城区绿地将达到 $35.0km^2$，城市人均 $14.3m^2$。旅顺口区规划绿地达到 $15km^2$，城市人均 $17.1m^2$。新市区绿地面积 $53.10km^2$，人均达到 $19.7m^2$。

根据《大连市海水与城市污水资源战略研究》，2010 年中心城市绿地灌溉用再生水量为 $1449\times10^4m^3$，2020 年为 $2375\times10^4m^3$，详见表 8-28。

大连中心城市绿地灌溉用再生水量 表 8-28

区 域		规划绿地(ha)	再生水需求量($10^4m^3/a$)	
			2010年	2020年
主城区	中心城区	3500	664	806
	旅顺口区	1500	173	346
新市区	金 州 区	2580	297	594
	先 导 区	2730	315	629
中心城市合计		10310	1449	2375

3. 市政杂用水

市政杂用水主要包括环卫用水、消防、建筑施工降尘用水、洗车用水及空调冷却设备补充用水等。

环卫用水主要是道路广场浇洒用水和公共厕所用水。到 2020 年，大连中心城市道路广场用地总面积约为 $8760\times10^4m^2$。

建筑施工降尘用水没有完整的统计资料，根据深圳等城市有关经验，建筑施工降尘用水与固定资产投资额和基建投资额有密切的相关关系。大连市目前正处于建设“大大连”的起步阶段，建筑施工降尘用水会有较大幅度增长。近几年来，施工降尘、洗车、消防用水等杂用水目前占大连市城市用水的 5% 左右，其中大部分可以用再生水代替。

根据大连市污水资源与海水战略研究，大连中心城市市政杂用再生水需求量 2010 年 $1398.4\times10^4m^3$，2020 年为 $2328.8\times10^4m^3$，详见表 8-29。

2020 年大连中心城市市政杂用再生水需求量表 表 8-29

区 域		再生水需求量($10^4m^3/a$)					
		环卫用水		降尘、消防		合 计	
		2010	2020	2010	2020	2010	2020
主城区	中心城区	270	540	51	63	321	603
	旅顺口区	180	360	130	160	310	520
新市区	金 州 区	218.7	437.4	214	264	432.7	701.4
	先 导 区	119.7	239.4	215	265	334.7	504.4
中心城市合计		788.4	1576.8	610	752	1398.4	2328.8

4. 河湖生态环境用水

大连中心城市所有河流均为雨源型河流，径流取决于降水，由于降雨大多集中于夏季，约占全年降水的60%～70%，在非降雨时段，河流净泄水量小，导致河流的自净能力低，进入的污染物在河内既不易得到降解，也不易排入海湾。

目前，大连主城区城市污水严重污染，大部分流经城区河段水质劣于国家地面水Ⅴ类标准，地表水体和近岸海域受到以生活污水为主的废水的污染日趋严重。这些河流虽然流域面积较小，但是由于大部分均为穿越城区的雨季河道，河流的水质状况和环境质量直接影响大连城市的形象。有效地改善这些河流的水环境质量，将在相当程度上提高城市居民的生活环境水平。

城市建设的发展，使得这些河流的汇水方式已经发生变化，在很大程度上改变了河流的集水方式和补给来源，改变了原来的河流水力特性，使得流入河流的水量大为减少，在枯水季节基本上是河床裸露或成为排污河沟。

采用截流两岸污水，并以再生水作为河湖的景观补给水源，既补充了河道基流流量，增加非雨季时期的河水流量，又可以改善河流中的水质污染情况，使河流治理与环境美化结合起来，可以起到复活天然河道、创造优美城市水环境、给城市居民提供一个良好的亲水空间等多方面的作用。

根据《大连市海水与城市污水资源战略研究》，河湖生态环境再生水需求量见表8-30，表8-31。这些补充水量是维持最基本的河湖生态所需的水量，在适当的技术经济条件下，应加大补水量，以获得更好的生态环境质量。

中心城市近期河湖生态再生水需求量表　　表8-30

河流	再生水需求量		
	m^3/s	$10^4m^3/d$	$10^4m^3/a$
铁山河	0.05	0.44	105.6
周水子河	0.05	0.44	105.6
东大河	0.06	0.52	124.4
马栏河	0.15	1.30	312.0
总计	0.31	2.7	647.6

中心城市远期主要河湖景观生态再生水需求量表　　表8-31

河流	多年平均径流量(10^4m^3)	再生水需求量		
		m^3/s	$10^4m^3/d$	$10^4m^3/a$
登沙河	4931	0.24	2.07	497.7
三十里河	2981	0.15	1.30	311.0
青云河	2464	0.12	1.04	248.8
大魏家河	1368	0.07	0.60	145.2
北大河	1294	0.07	0.60	145.2
龙口河	1068	0.06	0.52	124.4
旗杆河	1150	0.06	0.52	124.4
柳家河	1139	0.06	0.52	124.4
东大河	1648	0.08	0.69	165.9
马栏河	993.7	0.29	2.51	601.3
其他小河流	—	0.99	8.55	2052.9
总计	—	2.19	18.92	4541.2

5. 地下水回灌

大连中心城市多年平均地下水资源量为$2.19\times10^8m^3/a$，可开采量仅为$0.93\times10^8m^3/a$。2002年大连中心城市地下水资源量仅为$0.56\times10^8m^3$，其中新市区$0.31\times10^8m^3$、旅顺口区$0.12\times10^8m^3$、中心

城区 $0.13\times10^8m^3$。近年来由于地下水超采，中心城市地下水位总体呈下降趋势，其中，2002年地下水位平均下降值为1.04m，形成了多个以局部地段为中心的地下水区域降落漏斗。例如，旅顺口区水师营的龙引泉、北里屯（－4.96m）、北海（－13.06m）、台山西（－11.77m）；金州地区的大魏家付家（－7.21m）、石棉矿；瓦房店市的复州湾、谢屯等。这些地下水降落漏斗的形成，加剧了周边地区海水入侵的程度。近年来海水入侵面积也逐渐扩大，见图8-9，地下水质量状况较差。

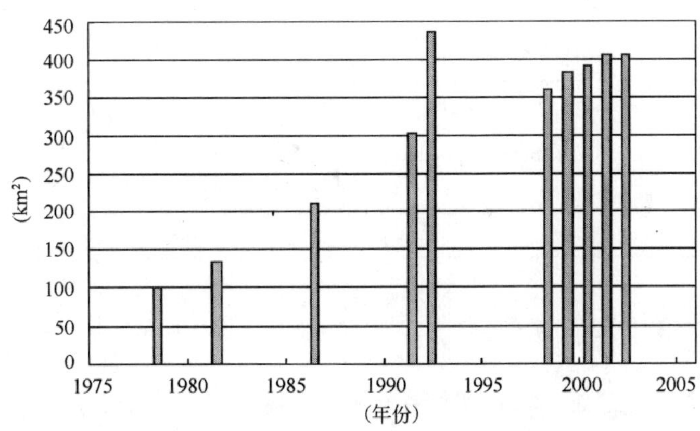

图8-9 历年海水入侵面积变化趋势

2002年海水入侵总面积为405.8km²。其中海水入侵面积大于20.0km²的地段有：稻香村—大魏家—石灰窑，海水入侵面积为51.0km²；棋盘磨—毛莹子—金州，海水入侵面积为57.8km²；市内—甘井子—后盐，海水入侵面积为23.0km²；小黑石—营城子—夏家河子，海水入侵面积为72.6km²；水师营子—双岛—北海，海水入侵面积为46.5km²；炮台—复州湾—谢屯，海水入侵面积为73.2km²；纵向入侵深度最大达6.8km。

通过利用再生水进行地下回灌，人工补给地下水，可使深度处理的再生水经过地下含水层的自然净化，进一步改善水质，恢复地下水位，遏制海水入侵。同时提高地下水可开采量。对于大连市而言，等于具备一个大型地下蓄水库，可作为应急和战备水资源贮备，是保障水资源供给的重要措施。

根据大连中心城市地下水及海水入侵状况，地下水回灌重点区域为：中山区老虎滩、甘井子大连湾近海区、旅顺口城区、双岛江西组团、三涧长城组团、营城子组团、革城堡、金州城区、大魏家以及七顶山等地区。根据《大连市海水与城市污水资源战略研究》，地下水回灌量为 $6000\times10^4m^3/a$。

6. 再生水规模

综上，2010年大连中心城市再生水需求量总计为 $1.26\times10^8m^3$，再生水利用规模为 $35\times10^4m^3/d$，再生回用率为26.2%。详见表8-32。2020年再生水需求量为 $2.52\times10^8m^3$，再生水利用规模为 $70\times10^4m^3/d$，再生回用率42.5%，其中，工业为 $0.88\times10^8m^3$（$24\times10^4m^3/d$），约占1/3。详见表8-33。

2010年大连中心城市再生水需求规模表 表8-32

区域		再生水需求量 ($10^4m^3/a$)						
		工业	绿地灌溉	市政杂用	河湖环境	地下水回灌	其他	小计
主城区	中心城区	3285	664	321	417.6	1000	284	5972
	旅顺口区	365	173	310	105.6	1000	98	2051
新市区	金州区	365	297	432.7	—	1000	105	2200
	先导区	1475	315	334.7	124.4	—	113	2362
中心城市合计	$10^4m^3/a$	5490	1449	1398.4	647.6	3000	600	12585.0
	$10^4m^3/d$	15.0	4.0	3.8	1.8	8.2	1.6	34.5
	比例%	43.6	11.5	11.1	5.1	23.8	4.8	100
	再生水利用规模 $35\times10^4m^3/d$							

2020 年大连中心城市再生水需求规模表 **表 8-33**

区域		再生水需求量 ($10^4m^3/a$)						
		工业	绿地灌溉	市政杂用	河湖环境	地下水回灌	其他	小计
主城区	中心城区	4526	806	666.4	1223.4	2000	457.92	9616.32
	旅顺口区	876	346	680.2	995.4	1000	186.87	3924.27
新市区	金州区	876	594	964.5	1845.5	3000	350.85	7367.75
	先导区	2482	629	769.2	476.9	—	204.61	4296.91
中心城市合计	$10^4m^3/a$	8760	2375	2328.8	4541.2	6000	1200.25	25205.25
	$10^4m^3/d$	24.0	6.5	6.4	12.4	16.4	3.3	69.1
	比例%	34.8	9.4	9.2	18.0	23.8	4.8	100
	再生水利用规模 $70\times10^4m^3/d$							

8.3.3 再生水道系统布局

根据再生水用户的分布、水量、地形地势等情况，统筹考虑大连中心城市再生水厂的数量、供水范围和供水规模。将大连中心城市再生水道系统划分成 9 个子系统，见表 8-34。

大连中心城市再生水利用系统表 **表 8-34**

编号	名称	规模($10^4m^3/d$)		主要用户
		2010	2020	
1	旅顺西南部子系统	6.5	12.5	工业、河湖环境、地下水回灌
2	凌水-龙王塘-小孤山子系统	0.0	1.5	河湖环境、绿化与市政杂用
3	中心区子系统	13.0	18.0	工业、市政、河湖环境、绿化
4	营城子-牧城驿-夏家河子系统	2.5	6.0	工业、地下水回灌、河湖环境
5	金州子系统	5.0	13.0	工业、地下水回灌、河湖环境
6	开发区-度假区子系统	3.0	5.5	工业、河湖环境、绿化
7	得胜-登沙-杏树屯子系统	2.0	6.0	河湖环境、工业
8	大魏家-七顶山子系统	2.0	4.5	地下水回灌、河湖环境
9	石河-三十里堡子系统	1.0	3.0	河湖环境、工业
	合计	35.0	70.0	

1. 旅顺西南部子系统

再生水厂：以柏岚子、羊头洼、双岛、三涧堡再生水厂为主要水厂。规划污水处理总规模为 $41\times10^4m^3/d$。

再生水供水范围：主要为铁山镇、旅顺口城区、双岛江西组团、三涧堡长城组团的部分地区。主要用户有工业、河湖环境、地下水回灌等。

再生水供水规模：$12.5\times10^4m^3/d$。一期工程建设 $6.5\times10^4m^3/d$。

2. 凌水-龙王塘-小孤山子系统

再生水厂：以小孤山、龙塘、凌水再生水厂为主要水厂。规划污水处理总规模为 $12\times10^4m^3/d$。

再生水供水范围：主要为凌水镇、龙王塘、龙头镇等区域。主要用户有河湖环境、绿化与市政杂用水等。

再生水供水规模：$1.5\times10^4m^3/d$。一期不规划工程建设。

3. 中心区子系统

再生水厂：以马栏河、春柳河、三道沟再生水厂为主要水厂。规划污水处理总规模为 $54\times10^4m^3/d$。

再生水供水范围：主要为大连市中心三区、甘井子区临黄海部分区域。主要用户有工业、市政用水、河湖环境、绿化用水、地下水回灌等。

再生水供水规模：18.0×$10^4m^3/d$。一期工程建设13.0×$10^4m^3/d$。

4. 营城子-牧城驿-夏家河子系统

再生水厂：以营城子、牧城驿、夏家河再生水厂为主要水厂。规划污水处理总规模为22×$10^4m^3/d$。

再生水供水范围：主要为营城子、牧城驿、革镇堡、南关岭等区域。主要用户有工业、地下水回灌、河湖环境等。

再生水供水规模：6.0×$10^4m^3/d$。一期工程建设2.5×$10^4m^3/d$。

5. 金州子系统

再生水厂：以金州、马桥子再生水厂为主要水厂。规划污水处理总规模为30×$10^4m^3/d$。

再生水供水范围：主要为金州城区、主城区北海组团、开发区西部区域。主要用户有地下水回灌、河湖环境等。

再生水供水规模：13.0×$10^4m^3/d$。一期工程建设5.0×$10^4m^3/d$。

6. 开发区-度假区子系统

再生水厂：以小窑湾、葡萄沟再生水厂为主要水厂。规划污水处理总规模为32×$10^4m^3/d$。

再生水供水范围：主要为开发区东南部、度假区西南部。主要用户有河湖环境、工业、绿化用水等。

再生水供水规模：5.5×$10^4m^3/d$。一期工程建设3.0×$10^4m^3/d$。

7. 得胜-登沙-杏树屯子系统

再生水厂：以青云河、登沙河、杏树再生水厂为主要水厂。规划污水处理总规模为25×$10^4m^3/d$。

再生水供水范围：主要为得胜镇、大李家镇、登沙镇、杏树屯镇地区。主要用户有河湖环境、农业、工业用水等。

再生水供水规模：6.0×$10^4m^3/d$。一期工程建设2.0×$10^4m^3/d$。

8. 大魏家-七顶山子系统

再生水厂：以大魏家、七顶山再生水厂为主要水厂。规划污水处理总规模为24×$10^4m^3/d$。

再生水供水范围：主要为大魏家镇、二十里堡镇、七顶山满族乡地区。主要用户有地下水回灌、河、湖环境、农业用水等。

再生水供水规模：4.5×$10^4m^3/d$。一期工程建设2.0×$10^4m^3/d$。

9. 石河-三十里堡子系统

再生水厂：以三十里堡、石河再生水厂为主要水厂。规划污水处理总规模为15×$10^4m^3/d$。

再生水供水范围：主要为石河镇、三十里堡镇地区。主要用户有河湖环境、农业用水、工业用水等。

再生水供水规模：3.0×$10^4m^3/d$。一期工程建设1.0×$10^4m^3/d$。

8.4 大连市城市再生水道系统技术经济评价

8.4.1 再生水生产工艺和全流程

污水再生过程是一个复杂的工程系统，它包括物化处理(一级处理)、生化处理(二级处理)和深度处理，一级处理的作用是去除能够沉淀分离的固体杂质；二级生化处理是去除溶解性的、胶体的和悬浮的有机物；而深度处理一般是以去除二级处理水中的悬浮物碎片为主，进而除去残存的难降解COD和氮、磷营养物。经深度处理净化后的再生水可以供工业生产用水、城市杂用水及绿化、河湖生态用水。

污水深度处理与再生回用是最近20年才被水质工程专家关注的事情，是在污水二级处理的基础上再考虑深度处理的流程和技术经济问题，习惯地把污水处理和深度处理分两个系统来研究。因此无论从技术路线上和工程经济上都不尽合理。

实际上，应该把从原污水到再生水的整个处理过程看成是一个有机的、系统的处理工艺来进行开发和研究。从污水再生全流程出发，统筹安排各个工序的任务和出水水质，针对性开发相应高效的处理和净化单元技术，从而组合经济合理、系统优化的污水再生全流程，以降低再生水成本，改善再生水水质，为创建供应城市污水再生水的城市第二供水系统提供技术支撑，最大限度地提高自然水资源利用效率，减少排入自然水体的污染负荷，恢复内陆河川与近海海域的水环境。

1. 污水再生全流程方案组成与优化

现将各种经济实用的单元处理与净化技术组成如下几个全流程方案，全流程各阶段任务与目标水质见表8-35。

污水再生全流程各阶段任务与目标水质（mg/L） **表8-35**

	二级处理			深度处理		
	阶段任务	目标水质	处理工艺	阶段任务	目标水质	处理工艺
流程Ⅰ	去除有机物	BOD_5=20 COD_{Cr}=60 SS=20	普通活性污泥法	去除悬浮物质和磷	BOD_5=10 COD_{Cr}=50 SS=5 TP=1	混凝+沉淀+过滤
流程Ⅱ	去除有机物 脱氮、除磷	BOD_5=20 COD_{Cr}=60 SS=20 TP=2 TN=10	厌氧-缺氧-好氧活性污泥法（A^2/O）	去除悬浮物质和磷	BOD_5=10 COD_{Cr}=50 SS=5 TN=10 TP=1	混凝+沉淀+过滤
流程Ⅲ	去除有机物和硝化脱氮	BOD_5=20 COD_{Cr}=60 SS=20 TN=10	前置反硝化脱氮工艺（AON）	去除悬浮物质和磷	BOD_5=10 COD_{Cr}=50 SS=5 TN=10 TP=1	混凝+沉淀+过滤
流程Ⅳ	去除有机物、除磷	BOD_5=20 COD_{Cr}=60 SS=20 TP=1	厌氧-好氧活性污泥法（AOP）	去除悬浮物质、溶解性COD 硝化脱氮	BOD_5=7 COD_{Cr}=35 SS=2 TN=10 TP=1	生物过滤

流程Ⅰ如图8-10所示，二级处理为普通活性污泥法，深度处理选用混凝-沉淀-过滤工艺。我国第一座再生水厂——大连春柳污水回用示范工程，就是应用的这个流程。该流程各个单元净化构筑物运行经验成熟，出水水质稳定，其再生水的BOD、SS、TP等指标都达到了工业冷却水、城市杂用水、绿化用水等水质指标的要求，但是氮去除很有限，仅限于细胞合成消耗的氮量，再生水总氮高达30～50mg/L，使得再生水的应用受到限制。在春柳污水回用于工业冷却水的示范工程中，将再生水用于工厂循环冷却水系统，做补充新鲜水。经长年检测，在该厂冷却水循环系统中并没有发现氨氮和总氮浓度升高现象。运转10多年以来，冷却循环水水质一直稳定，满足了生产要求(见表8-36)。这是因为循环冷却水系统中，冷却塔起到了硝化和脱氮的作用，冷却塔的填料表面长有生物膜，而且循环冷却水温度为30～35℃，溶解氧充足，有机基质浓度低，正好在冷却塔中同时进行了硝化与反硝化过程。

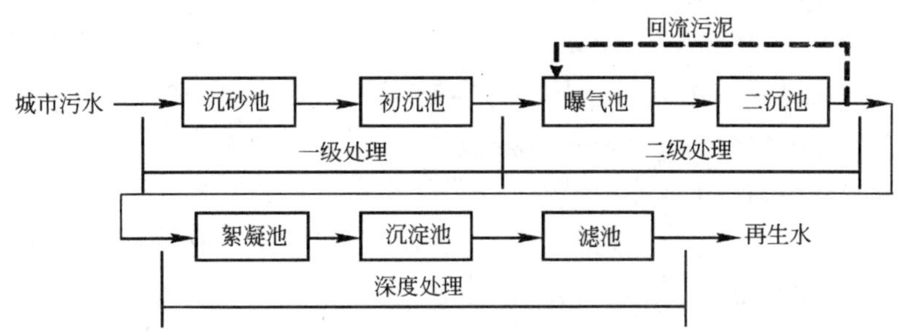

图 8-10　污水再生全流程Ⅰ

大连春柳污水厂再生系统各单元出水水质　　**表 8-36**

	原　水	二级出水	深度处理水	化工循环冷却水
pH值	7.5	7.5	7.4	7.9
浊度(NTU)	—	17	4.0	—
色　度	90	50	39	44
COD(mg/L)	60.8	62	40	75.2
BOD_5(mg/L)	187.4	19.8	8.9	11.3
NH_4^+-N(mg/L)	48	34.7	30.1	未检出
TN(mg/L)	58.6	42.5	30.1	15.4
PO_3^--P(mg/L)	16	14	2	3

流程Ⅱ如图 8-11 所示，为了降低再生水中营养物质，二级处理工艺采用了厌氧-缺氧-好氧活性污泥（A^2/O工艺），可以同时去除污水中的氮、磷，但是由于硝化与除磷过程在活性污泥负荷上是矛盾的，反硝化与除磷在有机基质上也有争夺，所以该系统往往是除磷效果好，脱氮效果差；反之，脱氮效果好，除磷效果就差。两者兼顾的运行参数范围很狭小，难以操作。为此在深度处理工艺中，保留了混凝-沉淀除磷的过程，同时也有很好的除浊效果。

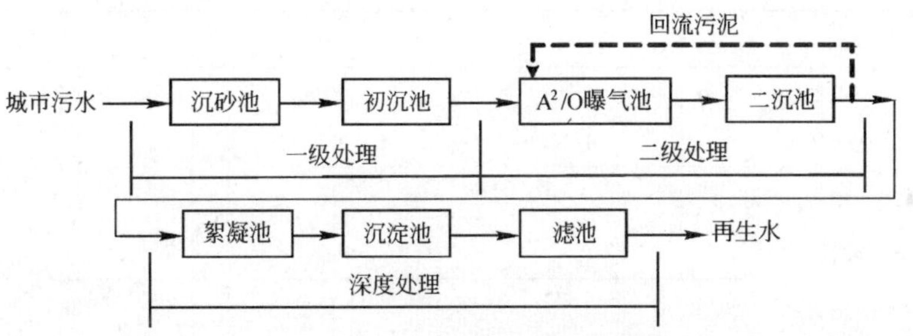

图 8-11　污水再生全流程Ⅱ

流程Ⅲ如图 8-12 所示，为彻底解决二级处理过程中脱氮与除磷的矛盾，采用了缺氧-好氧活性污泥

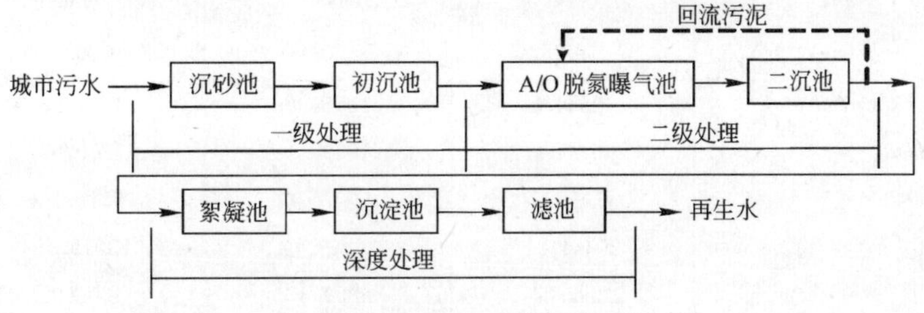

图 8-12　污水再生全流程Ⅲ

脱氮工艺，而磷在深度处理中用混凝-沉淀化学法去除。

流程Ⅳ如图 8-13 所示，为一个创新流程。应用了笔者多年的科研及生产实践成果，厌氧-好氧活性污泥法除磷工艺和生物膜过滤技术。其特点之一是在二级处理中，不改变普通活性污泥的主要运行参数，如污泥负荷、泥龄、混合液 DO 等条件，只是将生化反应池前端改变为厌氧段，这样在不增加基建投资费用，不提高维护费用和制水成本前提下，去除了营养物质磷，提高了污水二级处理程度，而且由于厌氧段的存在，抑制了丝状菌繁殖，避免了活性污泥膨胀，使运行更为稳定，在 SS、COD、BOD_5 等出水水质指标上都有一定的改善，取得了比普通活性污泥法更好的水质；其特点之二是在深度处理位置上，应用了生物膜过滤技术，生物膜过滤池集物化与生化效应于一身，在去除二级出水中悬浮固体物的同时，也氧化分解了二级出水中残存的难降解 COD。该流程的再生水水质在 SS、COD、BOD_5 方面都有明显的改善，与前几个流程相比，其水质改善率为 30%左右；特点之三是把除磷任务放在二级处理过程中，硝化与脱氮任务置于深度处理的生物膜过滤的过程内。

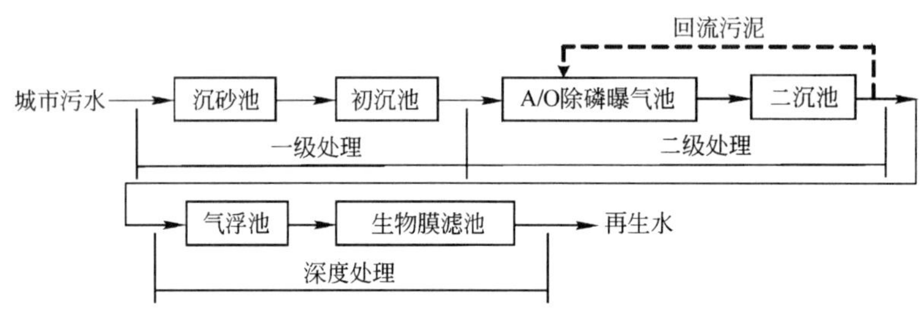

图 8-13　污水再生全流程Ⅳ

2. 污水再生全流程技术经济分析

以 $10\times10^4 m^3/d$ 的污水再生水厂为例，进行投资估算和再生水成本核算，定量地进行各流程的经济比较和估算再生水成本。各流程的基建投资与制水成本比较分别见表 8-37 和表 8-38。

各流程基建投资估算　　**表 8-37**

流程		Ⅰ	Ⅱ	Ⅲ	Ⅳ
生化反应池	池容(m^3)	21840	54600	43680	21840
	投资(10^4元)	1965.6	4914.0	3931.2	1965.6
气浮池	池容(m^3)	—	—	—	3500
	投资(10^4元)	—	—	—	350
深度处理絮凝池	池容(m^3)	1830	1830	1830	—
	投资(10^4元)	109.8	109.8	109.8	—
深度处理沉淀池	池容(m^3)	5460	5460	5460	—
	投资(10^4元)	409.5	409.5	409.5	—
深度处理滤池	池容(m^3)	780	780	780	780
	投资(10^4元)	702	702	702	836
其他相同部分投资(10^4元)		12554.8	12554.8	12554.8	12554.8
第一部分投资(10^4元)		15741.7	18690.1	17707.3	15706.4
第二部分投资(10^4元)		4722.51	5607.03	5312.19	4711.92
总　计(10^4元)		20464.21	24297.13	23019.49	20418.32
未预见费/总计的 20%		4092.84	4859.43	4603.90	4083.66
工程总投资(静态)		24557	29157	27623	24502

再生水制水成本　　表 8-38

流　　程	Ⅰ	Ⅱ	Ⅲ	Ⅳ
年再生水生产量(10^4m^3)	3500	3500	3500	3500
年电费(10^4元)	7020	8070	8070	7920
年药费(10^4元)	65.70	65.70	65.70	64.24
年工资(10^4元)	144	144	144	144
大修与小修(10^4元)	294.67	349.87	329.03	294.01
年折旧费(10^4元)	982.24	1166.24	1096.76	980.04
年经营成本(10^4元)	7524.37	8629.57	8608.73	8422.25
年总成本(10^4元)	8506.65	9795.83	9713.67	9402.33
单位经营成本(元/m^3)	2.15	2.47	2.46	2.41
单位总成本(元/m^3)	2.43	2.80	2.78	2.69
单位电耗(kWh/m^3)	1.67	1.92	1.92	1.89

3. 污水再生全流程方案优选

(1) 再生水水质

根据多年科研实验结果，流程Ⅰ、Ⅱ、Ⅲ生产的再生水，有机污染物指标及悬浮物指标能达到 BOD_5≤10mg/L，COD≤50mg/L，SS≤5mg/L，而流程Ⅳ再生水水质可达 BOD_5≤7mg/L，COD≤40mg/L，SS≤3mg/L，优于前3个流程的再生水水质，相对改善率约30%。

流程Ⅰ脱氮能力有限，再生水总氮含量仍高达30mg/L，TP≤1mg/L。流程Ⅱ、Ⅲ、Ⅳ都能全面硝化脱氮和除磷，TN≤10mg/L，TP≤1mg/L，其区别在于流程Ⅱ是在二级处理过程中同时完成脱氮与除磷任务，流程Ⅲ是在二级处理过程中完成硝化脱氮任务，在深度处理中用化学方法达到除磷目的。而流程Ⅳ是在二级处理过程中完成生物除磷之目的，在深度处理中完成生物硝化和脱氮之任务。

(2) 经济合理性

流程Ⅳ取得了良好的水质，而且都是应用经济的生物工程技术获得的，所以它制水成本是经济的。$10\times10^4m^3/d$的污水再生水厂的基建投资与生产同等再生水水质水平的流程Ⅱ、Ⅲ相比有大幅度的降低，节省3000×10^4元；年运行费用节省近200×10^4元；制水成本降低0.10元/m^3。

上述城市污水再生流程主要针对的是满足大多数城市污水再生用户(工业冷却、景观绿化、河湖生态、市政杂用)的基本用水水质标准。因为城市再生水供应系统与自来水系统类似，拥有多种用户，其供水水质应主要考虑系统大部分用户，对于要求更高水质的用户，可依实际情况自行或集中增加必要的处理设施。例如工业高压锅炉、地下水回灌或注入饮用水源水库，还应增加膜分离、臭氧活性炭等流程。

8.4.2　城市再生水道系统经济评价

城市再生水系统，是以城市污水为原水，含污水处理、深度处理和再生水输配系统在内的城市再生水供给系统，是城市的第二供水系统。

由表8-38可知，从原污水开始到再生水的污水再生全流程(以流程Ⅳ计)，工程建设费用单位规模投资为2500元/(m^3/d)，单位经营成本2.41元/m^3，总成本2.69元/m^3。但从目前的国情来看，污水进行二级处理，既是国家对城市污水排放标准的要求，也是环保的基本要求，其所发生的费用不宜计入城市再生水系统的经济评价之中。

应在二级处理水基础上进行污水深度处理和输配水工程的经济评价。根据《大连市海水与城市污水资源战略研究》，大连再生水系统工程总投资为17.52×10^8元，其中一期工程投资8.76×10^8元。含深度处理与输配水成本在内的再生水单位总成本1.11元/m^3，单位经营成本0.84元/m^3，见表8-39和表8-40。

大连市城市再生水道一期工程总投资估算表(2010年)　　表 8-39

序号	工程或费用名称	规模($10^4m^3/d$)	估算单价(元/m^3/d)	估算价值(10^8元)	备　注
1	再生水厂工程	70	500	3.50	
2	输配水管网	70	1250	8.75	
3	第一部分费用			12.25	
4	第二部分费用	第一部分费用的30%		3.68	
5	合　计			15.93	
6	未预见费	合计的10%		1.59	
7	一期工程静态总投资			17.52	

再生水成本分析表　　表 8-40

序　号	项　目	一期2010年	二期2020年
1	工程总投资(10^4元)	87588	175176
2	年供水量(10^4m^3)	12775	25550
3	电费(10^4元)	9240	18480
4	药费(10^4元)	224.8	449.6
5	职工工资、福利与补贴(10^4元)	168	336
6	大修与小修(10^4元)	1051.1	2102.2
7	年折旧费(10^4元)	3503.5	7007
8	年总成本(10^4元)	14187.4	28374.8
9	年经营费用(10^4元)	10683.9	21367.8
10	单位总成本(元/m^3)	1.11	1.11
11	单位经营成本(元/m^3)	0.84	0.84

8.4.3 城市再生水道系统社会、环境效益

大连中心城市水资源绝大部分是从碧流河水库和英那河水库途经洼子店水库调节由沙河水厂送水泵站和大皇庄加压站送至城区各水厂。源水输水距离长达150～200km，费用昂贵。大连中心城市自来水售价工业用水2.20元/m^3，碧流河水系的自来水制水总成本约为3.5元/m^3，“引洋入连”制水成本更高。市政府为维持城市供水，对自来水公司有政策性亏损补助。

城市再生水道所用原水是城市污水，可以就地取用，再生工艺全流程技术成熟，在二级处理水基础上，深度处理与再生水输送单位总成本为1.11元/m^3，单位经营成本为0.84元/m^3，比自来水便宜。

2020年大连市污水的再生与利用规模为70×10^4t/d，相对二级处理水排放而言可相应削减年排海TN6400t，TP1300t，COD_{Cr}25550t，如相对原污水而言，可削减年污染负荷COD_{Cr}77000t，TN13000t，TP2600t，将对大连湾等近海海域的水质恢复作出重大贡献。

海水淡化是大连市又一个可靠的淡水资源，但其与污水再生水相比，价格相对较贵，作为城市大规模集中供水系统条件尚不成熟。建设城市再生水道，实现城市污水深度处理与有效利用，起到为大连提供稳定大量的淡水资源和恢复水环境的双重作用，也使各用水户获得直接经济效益，是社会、环境与经济效益显著的城市第二供水系统工程。

8.5 大连市海水资源战略规划

8.5.1 国内外海水利用现状与趋势

在解决淡水资源短缺的危机中，海水资源的开发利用越来越受到重视，尤其是沿海缺乏淡水资源的

国家和地区。海水利用有两种方式，即海水淡化与海水直接利用(或称海水代用)。

1. 海水淡化

真正的海水淡化技术研究从20世纪20年代开始，40年代进入应用领域，60年代后有较大增长。

海水淡化技术主要有膜分离法、蒸馏法、冷冻法(Freezing)及太阳能蒸发法(Solar Still)等，目前能投入商业化使用的海水淡化技术主要可分为两类：一类是膜法，即电渗析(ED，Electro Dialysis)、反渗透(RO，Reverse Osmosis)；另一类是蒸馏法，包括多级闪蒸(MSF，Multi-Stage Flash)、低温多效蒸馏(MED，Multi-Effect Distillation)、压汽蒸馏(VC，Vapor Compression)3种方法。

(1) 国外现状

据统计，产量在100m^3/d以上的机组中，MSF法的全世界产量合计约有978×$10^4m^3/d$，占全世界产量的48.1%；RO法的产量约为729×$10^4m^3/d$，占全世界总产量的35.9%；ED法产量为117×$10^4m^3/d$，占全世界产量的5.7%；MED法的产量约为82×$10^4m^3/d$，占全世界产量4.0%；VC法的产量约为79×$10^4m^3/d$，占全世界产量的3.9%。

目前，全世界范围内仍以MSF生产的水量较多，但近年来RO法的占有比例有逐年增加的趋势。这是因为用于RO法的膜的制作技术不断改进，膜的产量增加，能源消耗减小，成本降低，使得RO法越来越受到市场的重视。

当今海水淡化装置主要分布在两类地区。一是沿海淡水紧缺的地区，如中东的科威特、沙特阿拉伯、阿联酋、美国的圣迭戈市等国家和地区。二是岛屿地区，如美国的佛罗里达群岛和基韦斯特海军基地，中国的西沙群岛等。

目前世界海水淡化的主要市场在中东地区，约占60%；美洲约占20%，其他地区约占20%。在海水淡化装置的制造国中，美国和日本分别占大约30%的市场份额。见表8-41。

全球淡化厂现状及产水量统计表　　表8-41

分布区域	淡化厂数	产水量(m^3/d)	比例(%)
中东地区	168	8,912,856	54.90
美　国	11,088	2,372,490	14.61
欧　洲	927	1,460,276	8.99
亚　洲	1,017	1,281,528	7.89
非　洲	521	1,061,889	6.54
中美洲加勒比地区	168	404,472	2.49
俄罗斯	51	385,191	2.37
北美洲(除美国)	99	129,778	0.80
澳　洲	769	2,862	0.57
南美洲	72	72,657	0.45
其　他	38	62,083	0.38
合　计	5,378	16,236,082	100.00

(2) 国内现状

我国海水淡化技术研究始于1958年的电渗析技术；1965年开始研究反渗透技术；1975年开始研究大中型蒸馏技术；1981年在西沙的永兴岛建成200t/d的电渗析海水淡化装置；1986年批准引进建设日产2×3000t的电厂用多级闪蒸海水淡化装置；国内设计的1200t/d多级闪蒸淡化装置1997年在天津大港电厂调试成功；1997年在舟山市的嵊山岛建成日产500t的海水反渗透淡化装置；1999年4月大连长海县1000t/d海水反渗透淡化工程投产；沧州化学工业有限公司日产1.8×10^4t的高浓度苦咸水淡化工程于2000年底部分投产运行。见表8-42。

国内海水淡化工程统计表　　表 8-42

地区名称	工　艺	规模(t/d)	产水总成本(元/m^3)	备　注
长海县大长山岛一期	反渗透	1000	6.936	
长海县大长山岛二期	反渗透	1500	6.296	
长海县獐子岛	反渗透	1000	7.71	
天津大港电厂	多级闪蒸	1200		
天津大港电厂	低温多效	2×3000	5.71	全套美国引进
沧州化学工业有限公司	反渗透	18000	2.48	苦咸水
西沙永兴岛	电渗析	200		
舟　山	反渗透	500		
嵊　山	反渗透	500	7.78	
山东黄岛发电厂	低温多效	2×3000	5.48	
山东长岛县南长山岛	反渗透	1000	4.09	
山东长岛县小钦岛	反渗透	75	4.09	

目前，我国的海水淡化采用台数最多、技术最成熟的是电渗析法，其次是反渗透法；较大型蒸馏法海水淡化工程(大港电厂)采取的是引进技术和设备。我国的电渗析海水淡化技术已经接近世界先进水平，能够国产化；从 1965 年至今，我国的反渗透淡化水工程技术也取得了一定的业绩，具备建设 $1\times10^4m^3/d$ 以下淡化水工程的实力，但其中关键的反渗透膜和高压泵还需要外购，因此工程造价难以降低，在现有条件下还无法与国外著名公司竞争；对于压汽蒸馏淡化，现已可独立解决 $1000m^3/d$ 以下的压汽蒸馏淡化水装置的技术和工程问题；在多级闪蒸和低温多效蒸馏海水淡化方面，我国还处于研究开发阶段，还不具备独立的技术和制造能力；此外，还有处于研究阶段的太阳能法和真空沸腾法等等。

总体来说，我国的海水淡化事业起步较晚，现在的规模还不大，海水淡化领域中的关键技术及设备水平与世界先进国家还有显著差距，离大规模推行海水淡化还尚待时日。

(3) 海水淡化成本

海水淡化的成本受许多因素的影响，且投资费和运行费之间也互相影响。影响淡化的成本有淡化方法、淡化规模、当地的水质、地理、地质、气候、能源价格、淡化水的水质要求、设计的选材、开工率、安全容量、使用年限、投资来源、利率、税收等等因素。对于电水联产两用厂而言，其成本的核算更为复杂。如公用基础设施的投资、管理、运行费用的分摊、内部蒸汽和电力调用的成本核算等，由于没有统一的计算标准，因此估算的成本会有很大的差别。例如同是 MSF，估算的成本可从 0.36～2.64 $/$m^3$。4 种主要海水淡化方法的投资及性能比较详见表 8-43。

四种主要海水淡化方法的投资及性能比较　　表 8-43

海水淡化方法	反　渗　透	低温多效蒸馏	多级闪蒸	压汽蒸馏
主设备投资	低	较　低	稍　高	稍　高
取水及预处理投资	高	低	稍　高	低
运行费用	较　低	较　低	较　低	稍　高
设备使用寿命(a)	长(需换膜)	长	长	长
水质(含盐量 mg/L)	500	5	5	5
技术成熟程度	成　熟	成　熟	成　熟	成　熟
装置操作弹性	好	好	较　差	较　好

根据资料统计，国际海水淡化的产水成本大多为 0.67～2.5 $/$m^3$，国内淡化水成本约为 6 元/$m^3$。

总之，海水淡化利用在缺水情况严重的岛屿国家和地区利用较多。与常规水处理相比，海水淡化所需的能量消耗要高出10多倍，达到6～10kWh/m^3。这样的高能量消耗在当前经济、技术与环境状况下是很难得到推广的。同时，海水水质下降、浓缩液处理排放等问题也还难以解决。因此，从目前状况来看，除岛屿这样远离陆地的情况外，大规模推行海水淡化是不适宜的。城市应考虑推广污水深度处理与再生利用，以增加可利用水量，同时减轻污染负荷。在没有充分利用城市污水之前，不宜应用海水淡化。

2. 海水直接利用

所谓海水直接利用，或称为海水代用，是不经淡化处理而直接利用海水替代某些场合下所需的淡水(新鲜水)资源。

(1) 海水直接利用现状

海水直接利用在海水利用总量中占极大比重，近来随着阻垢、防腐和海生生物防治技术的发展，海水直接利用的范围正逐年扩大。目前海水直接利用主要在以下几个方面：

1) 工业冷却水：目前工业冷却水是海水在工业上直接利用的主要用水，约占海水总利用量的90%，广泛用于电力、钢铁、化工、机械、纺织、食品等行业，并且均以间接直流冷却为主。

海水用作工业冷却水已有几十年的历史。早在20世纪30年代，日本就已使用海水，现在，其沿海绝大多数企业均采用海水冷却，工业用水量的40%～50%为海水；美国70年代末海水的直接利用量已达720×10^{8}m^3，1998年工业用水的1/5为海水。

2) 工业生产用水：在建材、印染、化工等行业，海水可以直接作为生产用水。如用海水为原料可制成各种建筑用管材，包括制造类似钢筋混凝土的材料。

3) 城市生活用水：海水作为城市生活用水，主要用于冲洗道路和器具、冲洗厕所、消防、游泳等方面，其中以海水冲厕应用最广，用水量最大。

人类利用海水冲厕的历史较长，但真正大规模的应用则是20世纪50年代末的香港，香港是世界上惟一以海水为主要冲厕水的城市，冲厕海水是免费供应的。香港立法规定，有海水供应的地区必须用海水冲厕，否则要追究违者责任。至1995年，其冲厕海水量已达43×10^{4}m^3/d，约为全港淡水用量255×10^{4}m^3/d的17%。

4) 其他用水：海水还可直接利用于其他方面。很多电厂用海水作为冲灰水，节省了大量的淡水。近来的研究表明，海水用作烟气洗涤水，可以将烟气中的SO_2吸收，再经曝气氧化为硫酸盐，经济有效地实现烟气脱硫，既节约了淡水资源，又消除了SO_2对大气环境的污染。

(2) 海水直接利用的后续处置

对于海水直接用于工业冷却水，目前国内外多采用直流冷却方式，存在着取水量大、生物附着不易控制、影响生态环境、运行费用高等问题。我国海水循环冷却技术处于研究起步阶段，存在的突出问题是腐蚀、结垢、生物附着、盐沉积和盐雾飞溅。至于海水冲厕及市政杂用水，存在着管道及卫生洁具等系统的防腐和防生物附着等问题。并且，无论海水直接用于哪一方面，最终都将排入城市污水处理厂或做深海排放。

1) 海水进入城市污水系统后混合污水的生化处理

海水含盐量很高，因此，含海水的城市污水进入城市污水系统后必然会对污水生化系统带来影响，甚至会使原污水生化处理系统不能正常运行。海水对城市污水生化处理的影响，主要体现在各种盐离子对微生物代谢活性的影响。由海水水质特征分析可知，可能产生影响的盐离子主要有：K^+、Na^+、Ca^{2+}、Mg^{2+}、SO_4^{2-}、Cl^-，这些离子中除Cl^-以外，其他元素都是生物正常生长必须的营养成分，低浓度时对生物生长有促进作用，但高浓度时会产生强烈的抑制作用。

一般认为当污水含盐量为5000～10000mg/L时，对生物处理系统将产生明显的影响。但近来也有很多研究表明，当盐浓度达到2～3×10^{4}mg/L，也能够达到较好的处理效果，但必须经过适当的污泥驯化。虽然经驯化之后的活性污泥系统可以处理一定含盐量的城市污水，但是不能用于处理海水比例超过

48%的污水。

2）高含盐污泥的处置

城市污水处理过程中产生的沉淀物——污水污泥，也是污水处理的有机组成和重要问题之一。如果污水污泥未得到妥善处置，那么我们在花费大量资金处理污水的同时又买来了另一个污染物质——污泥。目前，城市污水污泥处置方式发展趋势为焚烧和土地利用，对于我国这样一个农业大国而言，将其用于农田、林地更是可持续发展的要求所在。高含盐城市污水污泥，其对焚烧装置的适宜性、污泥灰和焚烧废气的处置等问题，需要进行严格的研究分析；而高含盐污泥显然不适于土地利用。

3）含海水城市污水的海洋处置

含海水的城市污水深海排放，其环境影响与正常城市污水的排海基本一致，在某些方面的影响还有可能大于淡水城市污水。一般来说，当淡水与海水快速混合时，淡水中的微生物很快死亡，但海水在城市用水的直接利用，使得病原微生物先经历了一个低盐环境的适应期，再进入海水后，生存期有可能延长，传播距离可能更远。对于海水直接利用条件下病原微生物在海水中的存活状况，目前还缺乏深入的研究。

因此，含海水城市污水的海洋处置必须经过严格的论证，对海洋环境进行调查分析、深海排放稀释预测及污染物影响浓度场预测等等，此外，由于海水的腐蚀性很强，再加上潮汐、海浪的作用，排海管道会受到不同程度的破坏，所以，排海工程中选择合适的管材和防腐方法也十分重要。

8.5.2 大连海水利用现状

大连市使用海水已有较长的历史，现有24家主要企业直接利用海水，其中以发电、石油、化工、造船、水产加工行业为主，海水主要直接用于冷却、锅炉、工艺等生产方面。见图8-14和表8-44。2002年，全市每日直接用海水$350\times10^4m^3$；海水淡化装置主要建设于长海县大长山岛和獐子岛，合计约$0.4\times10^4m^3/d$。

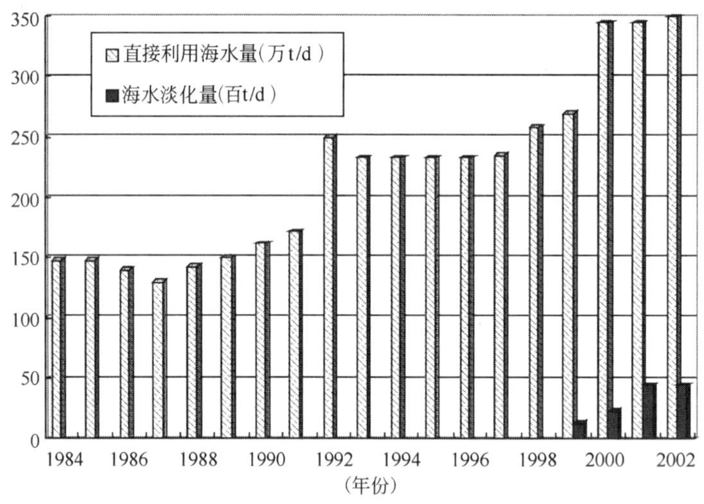

图8-14 大连海水利用情况

2001年海水利用情况（10^4m^3） **表8-44**

名称	生活用水	生产用水					总利用量
		间接冷却	工艺	锅炉	生产辅助	合计	
大化热电厂		11160.8				11160.8	11160.8
华能电厂		60575.4			2670.49	63245.89	63245.89
石化公司		16106.0				16106.0	16106.0
大化集团	35.0	14381.3	148.8			14530.1	14565.1
大钢集团				111.28	11.0	122.28	122.28

续表

名　称	生活用水	生产用水					总利用量
		间接冷却	工艺	锅炉	生产辅助	合计	
坤达铸铁管公司	10.4	0.8			3.2	4.0	14.4
造船厂	68.8	903.68				903.68	972.48
造船新厂	154.0	237.0				237.0	391.0
氯酸钾厂		355.96				355.96	355.96
染料厂		3163.44				3163.44	3163.44
松辽化工公司	12.93	93.75				93.75	106.68
水产养殖公司	3.7	25.0	198.7			223.7	227.4
渔轮公司	0.09	1.18			2.29	3.47	3.56
水产集团渔业分公司	0.11	483.82	174.36			658.18	658.29
水产集团虎滩分公司		65.0				65.0	65.0
水产集团海友公司			0.92		2.45	3.37	3.56
油脂工业总厂	0.1	312.4		1.0		313.4	313.5
宝原核设备公司					10.25	10.25	10.25
渔业集团公司	12.0	963.4	31.1		96.0	1090.5	1102.5
西太平洋石化公司		6697.76				6697.76	6697.76
日清制油公司		268.8				268.8	268.8
水产品加工厂		540.2	0.1		16.2	556.4	556.4
马桥子热电厂		4029.68			64.02	40930.7	40930.7
4810厂	3.89	10.2	0.96			11.16	15.05
总　计	301.02	120375.57	554.94	112.28	2875.9	123918.59	124219.61

8.5.3 大连中心城市海水利用战略

1. 大连近岸海域海水水质状况

大连市近岸海域属渤海、黄海海域。由于陆源污染物的不断增加，使得渤海近岸海域的污染日趋严重，范围不断扩大。

20世纪90年代的监测和评价结果表明，渤海海域水体中的主要污染物含量迅速增加，渤海近岸海域的污染范围在迅速扩大。1992年，渤海水环境遭受污染的面积不足26%，1995年后保持在50%以上；1998年营养盐超标面积占本海区总面积的比例达35%～40%左右；油类超标区占该海区总面积比例约达30%左右；Ⅳ类和劣Ⅳ类水质的区域比例已达渤海的1/3左右。辽东湾距岸上百公里方能见到Ⅰ类海水。近岸海域水质已远不能满足环境功能区的要求。

“渤海碧海行动”实施以来，通过重点流域水污染防治和加强对企业排放废水的管理等措施，渤海近岸海域水质恶化的趋势初步得到遏制，赤潮发生的频次和面积明显减少。据统计，2002年黄、渤海赤潮面积为600km^2，较2001年的4000km^{2}减少了3400km^2。辽宁盘锦、营口等河口附近海域生物种群明显增加，但渤海的生态环境仍处在较重污染水平。有关监测表明，2003年上半年，渤海近岸海域符合Ⅲ类以上海水水质标准的面积为63.8%，仍有1/3以上的海域水质处于Ⅳ类和劣Ⅳ类。

大连市近岸海域水质相对较好，大部分地区可以实现功能区达标。但是，在靠近中心城市的近岸海域，海水水质受生产、生活污水的污染，水质状况不容乐观，污染现象明显重于其他不发达地区。

2002年，大连市近岸海域发生2次小范围赤潮。主要污染海域是大连湾、旅顺海域、金州湾海域。据2002年辽宁省海洋环境质量公报显示，大连湾近岸海域受到严重污染，部分海域水质已经劣于国家海水水质标准中Ⅳ类海水水质标准。城市中心区近岸海域与金州湾海域为Ⅲ类海水水质的水域，已不适于水产养殖区、海水浴场、人体直接接触海水的海上运动或娱乐区等与人体直接有关的用水，给大连市形象和居民生活造成一定的影响。

2. 海域治理规划

针对渤海海域水质恶化、污染严重的状况，国务院于2001年10月1日正式批准实施《渤海碧海行动计划》，并确定了近期、中期和远期行动目标。

中期目标(2006年2010年)渤海海域环境质量得到初步改善，生态破坏得到有效控制。到2010年陆源COD入海量比2005年削减10%以上，磷酸盐和无机氮的入海量分别削减15%，石油类的入海量削减20%。近岸海域水质基本达到环境功能区划保护目标，实施生态养殖模式，建成一批生态示范区，建成港口船舶废弃物接收处理装置。

远期目标(2011年2015年)海域环境质量明显好转，生态系统初步改善，完成一批重点海域的环境综合整治，全面实施对海上流动污染源及其相关作业的监控和管理，全面实施船舶及相关作业的油类污染物“零排放”计划。

在执行碧海行动中，针对大连近海海域水质中的主要污染物为无机氮，化肥和农药是构成近海海域污染的主要原因之一，大连市采取了多种手段和措施。

2002年，大连市政府作出决定，禁止在大连近海地区使用化肥和农药。根据这项规定，大连市临海的瓦房店、普兰店和庄河三个县级市，在距海岸线5km范围内，从2002年6月起不准使用化肥和农药；中心城市——甘井子区、金州区、旅顺口区等有农业生产的区域，在距海岸线2km范围内，不准使用化肥和农药。在对近海地区下令禁止使用化肥、农药的同时，政府还采取具体措施鼓励这些地区的农民推广和使用生物农药和有机肥，以便最终实现大连海岸线无化肥和农药污染。

此外，大连还开展了针对海上船只污染排放的“铅封行动”，利用船只收集、运输航行船只的废污水，统一送至陆地污水处理厂处理。大连海事局辖区内，待铅封的船舶有100多艘，完成这些船只的“铅封”后，排放至渤海的含油污水量每年可减少$5\times10^4m^3$之多，将有效地缓解船只的污染排放负荷。

3. 大连市近岸海域环境功能区区划

《大连市近岸海域环境功能区区划》将大连市近岸海域划分共计46个功能区，分属于一、二、三、四类功能区。其中大连市区近岸海域分属于二、三、四类功能区。从区划情况看，近岸海域海水规划水质绝大部分属于Ⅱ类水体，Ⅰ类水体区域位于旅顺口西南部，Ⅲ、Ⅳ类水体主要集中于开发强度大的大连湾、大窑湾等港口地区。

4. 大连市海水利用战略

大连市具有漫长的海岸线、海水水质相对较好，有利用海水的良好天然有利条件。但是考虑到渤海是半封闭内海，海水交换、自净能力差。据预测，渤海海水完全交换一次需要40年的时间。在渤海海域大规模利用海水显然是不适宜的，因此确定大连市海水利用战略为：

(1) 海水利用以直接利用于工业为主，海水淡化为辅。

(2) 海水利用主要选择黄海近岸海域工业相对集中地区及海岛地区。

(3) 临海的电力行业企业、钢铁、纺织、石化企业除利用海水直接作冷却水外，利用海水淡化满足生产用水增长的需要。新增大石化工业用水全部靠污水再生水、海水直接利用和海水淡化加以解决。

(4) 海水淡化主要用于工业。远期根据技术经济及大连市水资源情况考虑适度用于旅顺区城市供水补充或应急水源。

8.5.4 大连中心城市海水利用规模

1. 工业用水

工业用水是目前海水利用最大的用户。海水在工业上直接利用的主要用水是工业用水中的冷却用水，约占海水总利用量的90%，广泛用于电力、钢铁、化工、机械、纺织、食品等行业，目前以间接直流冷却方式为主。此外，在建材、印染、化工等行业，海水还可以直接作为生产用水。

根据《大连市海水与城市污水资源战略研究》，到2010年中心城市工业海水直接利用量新增$100\times10^4m^3/d$，到2020年共新增$200\times10^4m^3/d$，折合淡水分别为$4\times10^4m^3/d$和$8\times10^4m^3/d$(冷却水循环利用率按照96%计算)。

在利用海水淡化满足生产用水增长的需要方面，大连市也取得了积极的进展。大连华能电厂于2001年建成了日产$2000m^3$的海水淡化装置，运行情况良好；大连石化公司投资5000×10^4多元，建设日产$5000m^3$的海水淡化装置，以满足企业发展的用水需求。

根据大连市水资源和水环境的实际情况，结合建设“大大连”的规划构想，发展大石化工业的用水增长需要靠海水直接利用和海水淡化加以解决，各沿海电厂海水淡化利用也应进一步发展。规划中心城市工业海水淡化用量2010年为$8\times10^4m^3/d$，2020年达到$12\times10^4m^3/d$。

2. 生活用水

海水用于生活中，以海水直接冲厕和海水淡化供应饮用水应用较为广泛。但是，海水冲厕不仅涉及到卫生洁具和管道的特殊要求，而且直接关系到千家万户居民的管网改造，因此，在已建成的城区，利用起来有很大难度。2020年冲厕海水折合淡水量为$86\times10^4m^3/a$，2010年为$40\times10^4m^3/a$。

海水淡化在目前的技术经济条件下，大规模推行尚不够成熟，预计今后20年内，海水淡化技术将会得到较大发展，为海水淡化利用创造有利条件。结合大连市具体情况，海水淡化主要应用于长海县以及缺水且引水距离较远的旅顺口区，满足长海县、旅顺口城区的居民生活用水。规划中心城市海水淡化利用位于旅顺口区的郭水路组团，该区域近岸海水水质良好，远期区划为Ⅱ类海水水体。根据《大连市海水与城市污水资源战略研究》，海水淡化用于生活用水量2010年为$1.1\times10^4m^3/d$，2020年为$3.8\times10^4m^3/d$。

3. 海水利用替代淡水总量

通过海水直接利用和海水淡化工程，2010年中心城市新增海水利用折合淡水达到$13.1\times10^4m^3/d$，2020年达到$23.8\times10^4m^3/d$。详见表8-45。

大连中心城市新增海水利用替代淡水量 表8-45

项目	2010年		2020年	
	($10^4m^3/a$)	($10^4m^3/d$)	($10^4m^3/a$)	($10^4m^3/d$)
工业利用	4380	12	7300	20
生活	401.5	1.1	1387	3.8
中心城市合计	4781.5	13.1	8687	23.8

8.6 水资源二次供需平衡分析

通过采取利用再生水资源和海水淡化、海水直接利用等非传统水资源，加上当地水资源以及从碧流河、庄河流域的最大引水量，大连市水资源供应能力以及枯水年挤占北三市农业用水条件下供水能力分析见表8-46、表8-47。

2010年大连中心城市水资源供应能力($10^8m^3/a$) 表8-46

水文年	取水率	本地水资源	外流域调水			再生水资源	海水利用	水资源供应能力
			正常	挤占	合计			
75%	25%取水率	0.85	0.42	0	0.42	1.15	0.48	2.9
	40%取水率	1.35	3.23	0	3.23	1.15	0.48	6.21
	60%取水率	2.03	6.99	0	6.99	1.15	0.48	10.65
95%	25%取水率	0.43	0	2	2	1.15	0.48	4.06
	40%取水率	0.69	0	2	2	1.15	0.48	4.32
	60%取水率	1.03	1.46	2	3.46	1.15	0.48	6.12

2020年大连中心城市水资源供应能力($10^8m^3/a$)　　**表8-47**

水文年	取水率	本地水资源	外流域调水			再生水资源	海水利用	水资源供应能力
			正常	挤占	合计			
75%	25%取水率	0.85	0.42	0	0.42	1.98	0.87	4.12
	40%取水率	1.35	3.23	0	3.23	1.98	0.87	7.43
	60%取水率	2.03	6.99	0	6.99	1.98	0.87	11.87
95%	25%取水率	0.43	0	3	3	1.98	0.87	6.28
	40%取水率	0.69	0	3	3	1.98	0.87	6.54
	60%取水率	1.03	1.46	3	4.46	1.98	0.87	8.34

以枯水年(95%保证率)、取水率60%条件下进行中心城市2010年、2020年水需求平衡分析，详见表8-48。

中心城市二次供需平衡分析表　　($10^8m^3/a$)　　**表8-48**

项　目	2010年	2020年	备　注
需 水 量	6.10	7.51	
正常可供水资源	2.49	2.49	保证率95%，取水率60%(含外流域引水)
挤占农业用水量	2.00	3.00	
再生水资源	1.15	1.98	
海水淡化	0.48	0.87	含海水直接利用折算的淡水
可用水资源总量	6.12	8.34	
供需盈余平衡	+0.02	+0.83	稍有盈余

2020年中心城市外流域引水量为$4.46\times10^8m^3$，加上当地水资源$1.03\times10^8m^3/a$，以及再生水资源$1.98\times10^8m^3/a$和海水替代淡水$0.87\times10^8m^3/a$，2020年大连中心城市可用水资源量为$8.34\times10^8m^3/a$。中心城市可实现水资源的供求平衡，并稍有盈余。其中再生水占可用水资源总量的24%，海水占10%。

8.7 大连市非传统水资源利用次序与统筹配置

8.7.1 非传统水资源利用次序

1. 再生水系统效益分析

城市再生水道所用原水是城市污水，可以就地取用。大连市再生水系统工程规模$70\times10^4m^3/d$，总投资为17.52×10^8元，深度处理与再生水输送单位总成本为1.11元/m^3，单位经营成本0.84元/m^3，较之碧流河水系的自来水制水总成本3.5元/m^3甚为经济。

按照规划，到2020年可增加$2.56\times10^8m^3/a$再生水淡水资源。此外，相对二级处理水排放而言可相应削减年排海TN6000t，TP1000t，$COD_{Cr}2.5\times10^4t$，可以圆满完成环保远景规划纲要，切实地改善内河与近岸海域的水质，将对大连湾等近海海域的水质恢复作出重大贡献。

2. 海水利用效益分析

海水是大连市重要的非传统水源，在水量的可持续利用方面，海水利用可以发挥相当的作用。根据大连市现有海水淡化设施建设成本，海水淡化单位规模投资约1.0×10^4元/(m^3/d)，运行成本6元/m^3，远远高于再生水、自来水的制水成本，也高于大连市现有的外流域引水成本。大连市的城市污水淡水资源尚未得到充分利用，海水淡化大规模用于城市供水还不够成熟。海水开发利用主要以直接利用于工业为主，海水淡化主要用于工业生产用水和海岛居民生活用水等方面。根据《大连市海水与城市污水资源战略研究》，大连市到2020年海水淡化工程投资15.5×10^8元，每天可提供15.5×10^4m^3淡化水。

3. 污水资源与海水利用优先次序

根据上述分析，污水资源与海水利用的比较见表8-49。

污水回用与海水利用比较 **表8-49**

项目	再生水	海水直接利用	海水淡化
投资(10^8元)	17.52	—	15.5
增加淡水资源($10^8m^3/a$)	2.56	0.29*	0.58
供水种类	工业、市政、河湖	工业冷却	饮用、工业
成本(元/m^3)	0.84	<1.0	5~8(6)
COD负荷削减量($10^4t/a$)	2.5	0	0
解决水问题方面	水量与水环境	水量	水量
优先次序	1	2	3

*海水直接利用量折算淡水量。

由表8-49中可以清楚看出，污水深度处理再生回用投资与海水淡化相近，然而提供的淡水量却高出近4倍；运行成本不足“引碧入连”的1/2，仅为海水淡化的1/5～1/8，以每年$2.56\times10^8m^3$规模计算，再生水相对引碧入连和海水淡化分别可节省资金约3×10^8元和13×10^8元。还能够大幅度削减COD排放负荷。

通过城市再生水道系统的建设，充分利用大连中心城市的污水资源，以再生水替代用于工业生产和冷却、绿化、市政杂用水等的自来水，可弥补$2.56\times10^8m^3$水资源的缺口。同时可减轻对内河和大连湾等海域的污染，从而为中心城市开展海水利用创造良好条件和提供有力保障。

海水直接利用易于被工业企业接受，对于降低工业用水，缓解水资源短缺有重要意义。但是受到地理位置和工业行业的制约，用水量规模难以从根本上缓解城市缺水状况。

海水淡化是大连市又一个潜在的淡水资源，但其与污水再生水相比，价格高，尚无成熟的大规模装置，而且对内河与海域污染没有减轻作用。建设城市再生水道，实现城市污水深度处理与有效利用，起到为大连提供稳定大量的淡水资源和恢复水环境的双重作用，也使各用水户获得直接经济效益，是社会、环境与经济效益显著的城市水系统工程。因此，大连市非传统水资源的优先利用次序依次为：城市污水>海水直接利用>海水淡化。

8.7.2 水资源统筹配置

1. 大连市辖区内流域间水资源配置

根据大连市水资源和地区发展情况，瓦房店市行政区域与复州河流域范围接近，当地的水资源情况基本满足瓦房店市需水，瓦房店用水应该依靠本地水资源的充分利用来解决。

庄河和普兰店市水资源丰富，除满足当地用水需求外，还应提供中心城市的引水量。因此，庄河和普兰店市的发展规模和农业布局应该依据不同水文年情况进行合理调节，在枯水年，适当压缩农业种植规模，保证中心城市的生活用水。

2. 中心城市水资源配置

大连中心城市极度缺水，需要在充分进行节制使用的基础上，合理安排传统淡水资源与城市污水、雨水、海水等非传统水资源的利用。从预测的潜在利用量和经济、环境效益分析情况来看，城市污水资源应该优先得到充分利用；在没有充分利用城市污水资源之前不宜匆匆推行海水淡化和跨流域调水。

第 9 章　21 世纪北京市水事新设想

9.1　21 世纪北京水资源与水环境挑战

2007 年我国“南水北调”长江之水将进入北京。北京除担负昂贵的水资源费之外，引来的 $10\times10^8m^3/a$ 的长江水，也将转化为 $7\times10^8m^3/a$ 的北京城市污水。届时，北京市的水环境将如何置措，进而长远考虑，北京市长久的水资源与水环境又将如何置措。笔者在北京市教委支持下，进行了北京市水环境恢复与水资源可持续利用方略的研究。

9.1.1　北京市概况

1. 自然地理概况

北京位于我国华北大平原的北端，东经 115°25′～117°30′，北纬 39°28′～40°05′之间，总面积约 16800km²，东距渤海约 150km。全市山区面积 10400km²，占全市总面积的 62%。境内最高山峰为门头沟区的东灵山，海拔高程 2303m。高程在 200m 以下的丘陵坡地面积约占山区面积的 23.1%。高山至丘陵间地形变化急骤，坡度在 25°以上的面积占山区面积的 46.4%；平原面积 6400km²，占全市总面积的 38%。

北京地处温带半干旱、半湿润季风气候区。全市多年平均降水量 595mm，时空分布不均，2004 年降雨情况见图 9-1。多年平均水面蒸发量 1120mm，多年平均陆面蒸发量在 450～500mm。

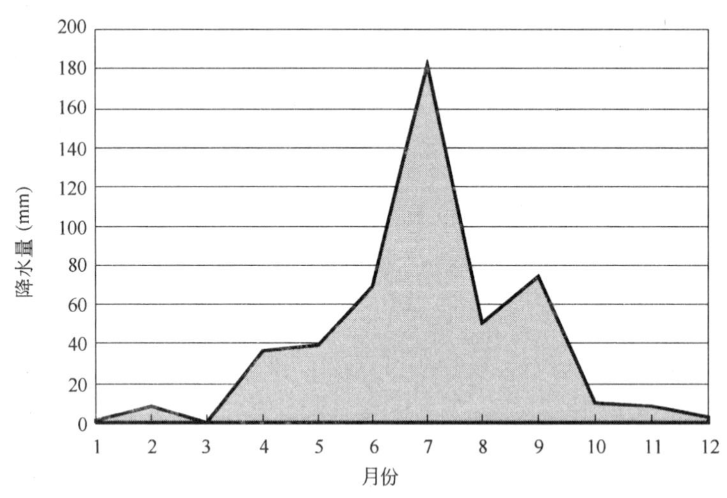

图 9-1　2004 年北京市降水量月度分布图

2. 北京市河湖水系概况

北京处于海河流域，从东到西主要分布有蓟运河系的泃河、潮白河、北运河、永定河和大清河系的拒马河。除北运河外，其余水系均发源于北京市境外的河北、山西和内蒙古，见表 9-1 和图 9-2。

市区内有通惠河、凉水河、清河、坝河等 4 条主要排水河道及 30 多条较大支流，大部分由西向东南汇入北运河(温榆河流经昌平县，沿顺义县西界，经朝阳区至通县北关始称北运河)，总流域面积 1255km²。这些河道承担着市区范围内城市与农村的排水及为工农业输水的任务。

北京市河系一览表 表9-1

河系名称	发 源 地	北京市境内	
		河长(km)	流域面积(km²)
泃河	河北省兴隆县	32	1377
潮白河	河北省丰宁县和沽源县	83.4	5613
温榆河(北运河)	北京市昌平、延庆、海淀山区丘陵区	89.4	4423
永定河	山西高原北部和内蒙古高原南缘	169.6	3168
拒马河	河北省涞源县	—	4810 含河北境内流域面积
大石河	房山区堂上村西北	108	919

图 9-2 北京市水系分布图

其中，通惠河水系位于市中心区，包括护城河系、内城河系、金河、长河、南旱河等，流域面积258km²，是西山地区、城区及东郊的主要排水河道；凉水河位于市区南部，其上游有新开渠、莲花河等，为城西、南郊的主要排水河道，同时通过右安门分洪道，还担负着南护城河的分洪任务，总流域面积624km²；清河位于市区北部，主要支流有万泉河、小月河及西北土城沟，为城西、北郊的主要排水河道，总流域面积217km²；坝河位于市区的东北部，主要支流有北小河、东北土城沟及亮马河，为城东北郊的主要排水河道，同时，通过东北城角的坝河分洪道，还担负着北护城河分洪的任务，总流域面积156km²。

目前，北京市区内拥有湖泊26个，总面积约600hm²，这些湖泊中有些原是历代皇家园林的组成部分，如昆明湖、北海、中南海等，有的是中华人民共和国成立后利用坑塘、洼淀开辟的人工湖，大多已成为公园的观赏水面。如紫竹院湖、八一湖、陶然亭湖、龙潭湖、红领巾湖等。部分湖泊在汛期还担负着城市洪水的调蓄任务。

3. 社会经济概况

北京市下辖18个区县，即：东城、西城、崇文、宣武4个城区，朝阳、海淀、丰台、石景山4个近郊区，门头沟、房山、通州、大兴、顺义、平谷、怀柔、昌平8个远郊区及延庆、密云2个远郊县。

2002年全市常住总人口为1423×10^4人，城区平均每km^2近3×10^4人，是世界上人口密度最大的城市之一。北京市户籍常住人口变化见图9-3。

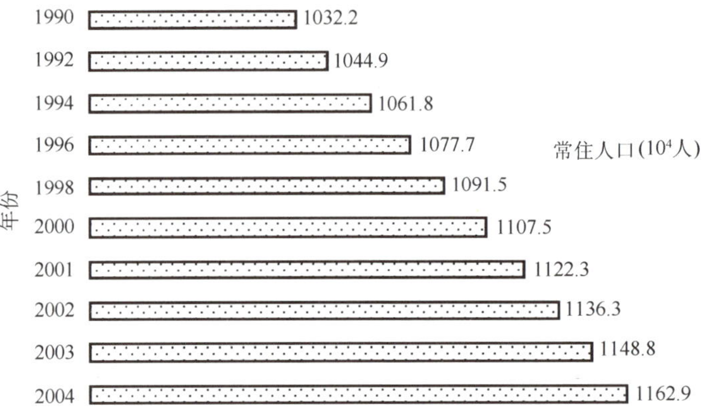

图9-3 北京市户籍常住人口变化情况图

根据北京市2005年统计年鉴资料数据，20世纪80年代以来北京市国内生产总值(GDP)快速增长，见图9-4。2004年北京市国内生产总值(GDP)达到4283.3×10^8元。2004年产业构成见图9-5。

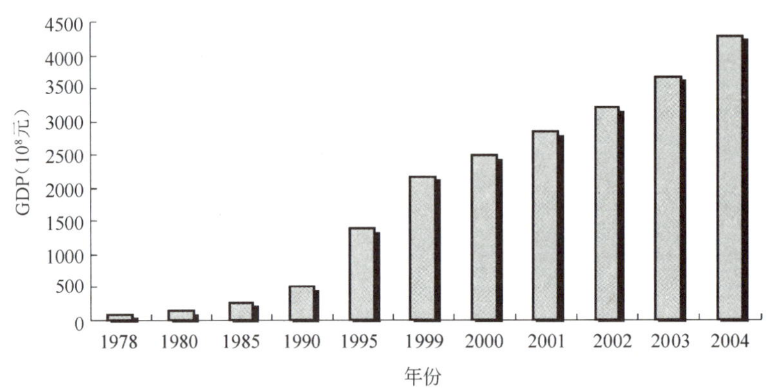

图9-4 北京市历年国内生产总值

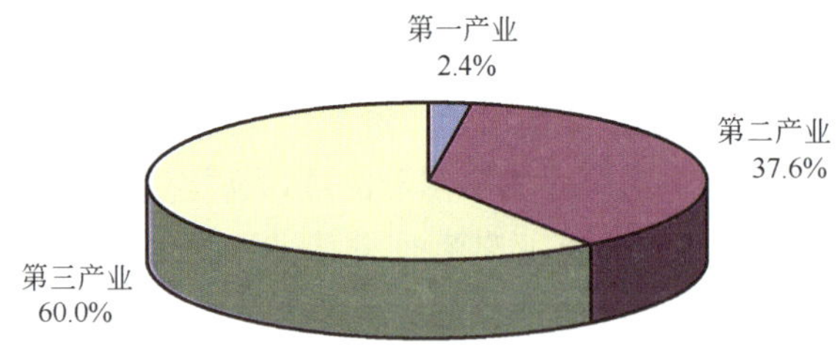

图9-5 2004年北京市国内生产总值产业构成

9.1.2 北京市水资源与用水状况

1. 水资源量

北京地区多年平均年降水为595mm，年均降水总量$100.0\times10^8m^3$，受季风气候及地形的影响，降水时空分布极不均匀，年际变化悬殊。年内分配也不均，汛期(6～9月)雨量一般约占年降水量的85%，最大3天雨量可占全年的30%。此外还出现过连续丰水年和连续枯水年的情况，如1980～1984年连续5年干旱，平均全年降水量仅464mm，比多年平均值减少131mm，据北京气象站统计，连续枯水年曾长达20年(1741～1760年)。

北京地区降水形成地表径流多年平均为$22.0\times10^8m^3/a$，地下水资源$27.1\times10^8m^3/a$，扣除地表水地下水重复计算量$9.1\times10^8m^3/a$，本地天然水资源总量为$40.0\times10^8m^3/a$。加上北京市多年平均入境水量$16.5\times10^8m^3$。北京市多年平均水资源总量为$56.5\times10^8m^3/a$。

入境水量是北京市地表水可利用量的重要组成部分，但入境水的水量和水质状况受上游地区水资源开发的影响较大。随着上游地区经济的发展，入境水量呈衰减的趋势。以永定河官厅水库来水为例，19世纪50、60和70年代实测年平均来水量分别约为$19\times10^8m^3$、$13\times10^8m^3$和$8\times10^8m^3$，进入19世纪80年代后，来水锐减，近几年只有$2\times10^8m^3$。来水水质也是呈现明显下降趋势，加上周边污染严重，导致官厅水库在20世纪90年代末就已经不能作为城市集中供水水源。

2. 北京地区供水现状

新中国成立以来，为满足全市经济社会发展需要，北京市建成了相对完善的水源和供水工程体系。截止到2000年，北京市共建成大中小型水库85座，其中大型水库4座、中型水库16座、小型水库65座，水库总库容达$93\times10^8m^3$，控制了北京山区面积的70%以上。建成大型分洪枢纽工程2处，大中型水闸64座。基本满足了城市发展、经济增长、人民生活水平提高和环境改善的需求。

经过50多年的努力，北京城市供水工程已形成较完整的系统。城区自来水生产能力发展历程见图9-6。至2002年，北京市铺设自来水供水管线共8555.0km，自来水厂20座，生产能力$428\times10^4m^3/d$。其中城市近郊区有自来水厂10座，供水管线6579.0km，自来水生产能力为$299.0\times10^4m^3/d$。全市自备水源生产能力为$847.5\times10^4m^3/d$，其中城市近郊区为$718.0\times10^4m^3/d$。近年来，由于水源紧缺，导致生产能力出现明显的下降现象。2004年，北京市城近郊区自来水生产能力下降至$247\times10^4m^3/d$。

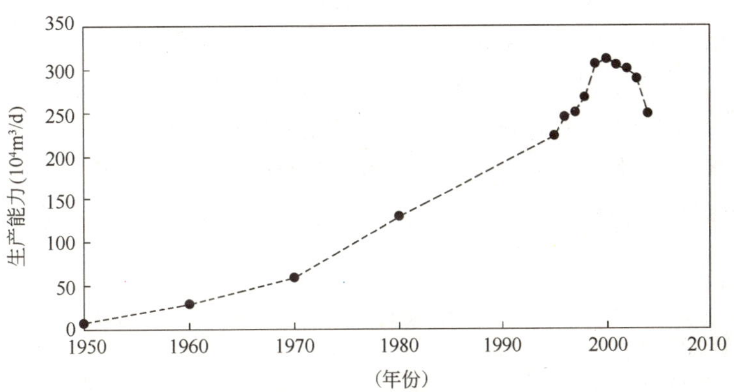

图9-6 北京市区自来水生产能力发展情况

3. 用水状况

2002年，全市总用水量为$34.62\times10^8m^3$，其中：农业用水$15.45\times10^8m^3$，生活用水$10.83\times10^8m^3$，工业用水$7.54\times10^8m^3$，环境用水$0.80\times10^8m^3$。农业、生活、工业、环境用水及所占比例见图9-7。

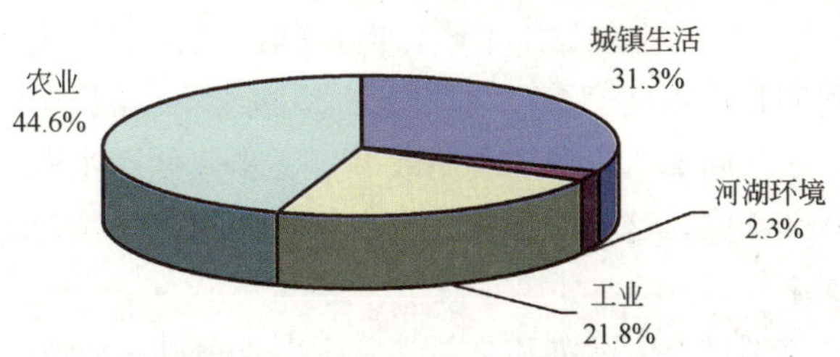

图9-7 2002年北京市用水构成图

农业用水 15.45×10^8m^3 中，农田灌溉用水 12.16×10^8m^3，占全市总用水量的 35.1%。为缓解水资源紧缺状况，北京市加大工农业和居民生活节水力度，2003 年全年用水量比 2002 年进一步下降，其中城市节水4225×10^4m^3，农业用水量比 2002 年减少 1.5×10^8m^3。

4. 北京地区供水潜力

据《21 世纪初期(2001～2005 年)首都水资源可持续利用规划》及北京市有关规划，北京市地下水资源在目前的开采技术条件下，多年平均可开采量约为 26.33×10^8m^3/a 左右。平水年地表水可供水量 14.55×10^8m^3，偏枯年份地表水可供水量约为 11.21×10^8m^3，见表 9-2。

2010 年北京市可供水量预测表 （10^8m^3） **表 9-2**

区域	水源		水文保证率		
			50%	75%	95%
全市	地表水	官厅水库	2.50	1.20	0.50
		密云水库	9.00	8.00	6.00
		其他水库+基流	3.05	2.01	1.16
		小计	14.55	11.21	7.66
	地下水		26.33	26.33	26.33
	合计		40.88	37.54	33.99
规划市区	地表水	官厅水库	2.50	1.20	0.50
		密云水库	8.00	7.00	5.00
		小计	10.50	8.20	5.50
	地下水		7.50	7.50	7.50
	合计		18.00	15.70	13.00

值得一提的是，上述可供水量中无论是地表水还是地下水可开采量都主要指的是工程设施的可供水量规模，并没有考虑北京地区的生态环境用水。上述地下水开采量仅考虑了地下水的各种入渗补给，未考虑地下水超采的补偿和影响。但是多年来地下水存在着严重超采现象。特别是 20 世纪 70 年代以来，由于过量开采地下水，使得地下水贮存量亏损严重，平原地区地下水位由 1999 年的地表面下 11.8m 下降到目前的 18.33m，贮量减少了 33×10^8m^3，局部地区地面出现沉降。截至目前，全市地下水累计超采 60×10^8m^3。致使实际可供合理开采的地下水量要较多年平均可开采量低得多。

9.1.3 水资源供需缺口

1. 北京市用水规律及分析

(1) 北京市用水总量发展趋势

北京市的用水在建国后得到快速增长，进入 20 世纪 90 年代后，由于产业结构调整、节水产业发展，用水总量出现显著下降。北京市 1992～2002 年总用水量情况见图 9-8。

从图 9-8 中可以看出，1992～2002 年间，北京市总用水量总体上呈现明显的下降趋势，全市用水总量从 1992 年的 46.43×10^8m^3 降至 2000 年的 40.40×10^8m^3，又进一步降低至 2002 年的 34.62×10^8m^3。总体上出现了用水量的零增长，甚至负增长现象。而同期北京市的 GDP 产值增长趋势明显，见图 9-9。

由图 9-9 可以看出，虽然北京市用水量逐年下降，但是国民经济增长速率有增无减，继续维持强劲的增长势头。可见，从水资源的利用角度上看，北京市在 20 世纪 90 年代的经济发展是堪称典范的，既维持了社会经济的高速增长，又提高了水资源的利用效率，逐步降低了水资源的消费量。目前的用水水平为今后用水奠定了良好的基础，同时这也为预测北京市未来的用水量确定了基调。

(2) 工业用水量发展趋势分析

北京的工业用水量，经过建国初、大跃进和文革等几个时期的快速增长，从 1992 年开始逐年下降，1997～2000 年基本稳定在每年 10.5～11×10^8m^3 左右，至 2002 年已下降至 7.54×10^8m^3，已初步出现

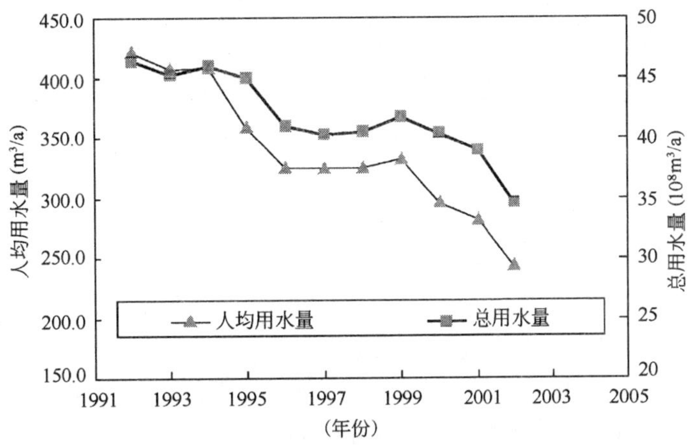

图 9-8　1992～2002 年北京市用水总量与人均用水量序列图

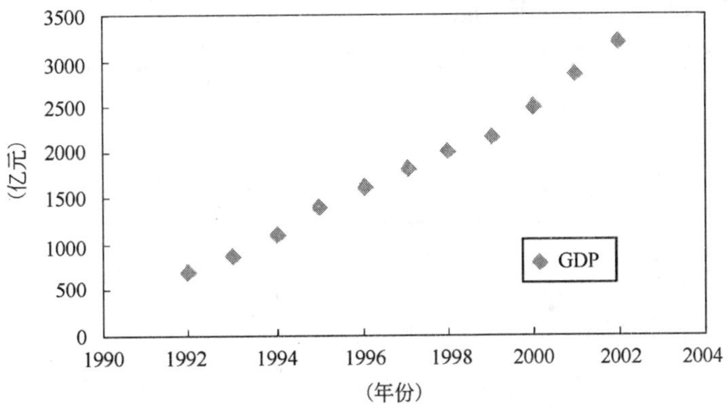

图 9-9　1992～2002 北京市 GDP 增长曲线

"零增长"甚至"负增长"现象，而同期的工业产值却有较大的提高，2002 年工业产值达到 3383.1×10^8 元，比 1992 年增加了 2.12 倍，而同期用水量仅为 1992 年的一半左右。1991～2002 年北京市工业用水与产值情况见图 9-10。

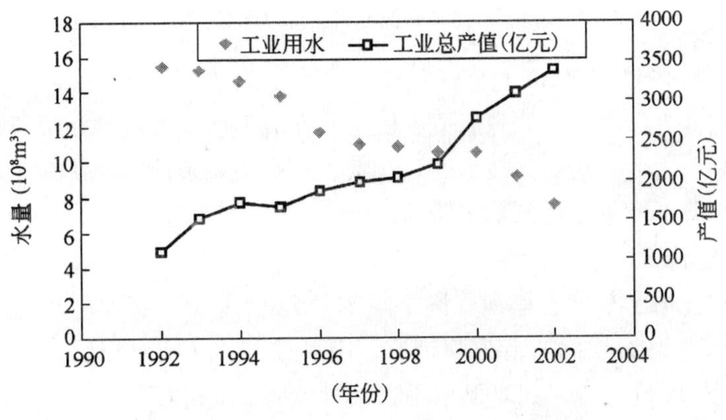

图 9-10　北京市工业用水量与产值变化曲线

由图 9-10 可见，工业用水量与产值发展趋势形成了鲜明对比。产生这种结果的一个重要原因是面对严峻的缺水形势，政府对北京市工业用水进行了大力控制，明确提出严格控制再建耗水耗能的工业企业，提高工业用水循环利用率，从而促使工业用水量逐步下降。

北京市1995年发布《北京市实施污染扰民企业搬迁办法》，2000年又公布了《北京工业布局调整规划》以及《北京市四环路内工业企业搬迁方案》，加快了工业布局调整的步伐。通过企业的搬迁，四环路内工业企业用地由1999年占规划市中心区324km^{2}面积的8.74%，2003年降低到7.26%。根据北京市工业发展规划和布局，规划市中心区(四环路以内)工业用地比例将持续降到7%之下。因此，规划市区工业用水量将稳定甚至有所降低。

北京市工业经济在保持较高增长速度的同时，工业结构也发生了显著变化，呈现以下特征：①高新技术产业发展迅猛，已成为首都工业最重要的增长点。2000年全市高新技术产业对工业经济增长的贡献率达到60%以上，实现增加值213.5×10^{8}元，占全市工业增加值的比重由1995年的15.7%增加到28.9%。②都市型工业迅速发展。到1999年底，都市型工业增加值已达117×10^{8}元，占全部独立核算工业增加值的18%。③主导行业发生变化，重化工行业地位下降。如金属冶炼及压延加工业的工业总产值1995年占整个工业的14.5%，1999年则下降到7%。

按照北京市发展规划，未来工业依然会保持较高的发展速度，规划建设的开发区和迅速发展的乡镇企业，农村工业用水量将会有所增加。而目前工业用水重复利用率已经达到了较高水平，要进一步提高较为困难，未来工业用水继续保持负增长势态可能性不大。但是按照北京市提出的工业发展定位，北京市的水资源条件、政府政策、社会公众逐渐提高的节水意识都决定了今后北京市工业用水量不会出现较大增长。

从北京市近年万元产值用水量变化情况来看，这种下降趋势也是相当明显和稳定的。北京市1991～2002年工业万元产值取水量见图9-11。

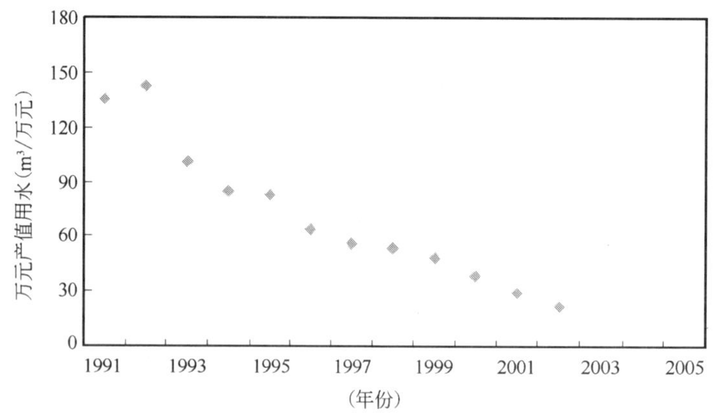

图9-11　北京市1991～2002年工业万元产值取水量变迁

由图9-11可见，10多年来北京市工业万元产值取水量逐年下降，由1992年的142.9降低至2002年的22.3m^3/万元，在国内已经居于领先地位。根据北京市工业发展规划，近年来进行的工业布局调整和未来的产业发展规划，大力发展高新技术产业、都市型产业等节能节水工业，所以用水定额还会有所降低，但是速度将趋于降低并最终达到稳定阶段。

(3) 农业需水量变化规律

近年来，北京市农业用水总体上呈现逐渐下降的趋势，1991年农业用水为22.7×10^{8}m^3，至2002年已降为15.45×10^{8}m^3。1991～2002年北京市农业用水变化情况见图9-12。

由图9-12可见，从1995年以来北京市每年农业用水基本维持在15～20×10^{8}m^{3}之间，总体呈下降趋势。出现这种状况的原因主要是针对北京市严重缺水的情况，北京市开展节水农业建设，调整农业种植结构，减少高耗水作物。2003年，水稻种植面积已由28.5×10^{4}亩压缩到2.2×10^{4}亩。冬小麦种植面积由252×10^{4}亩减少到50×10^{4}亩。而节水灌溉面积在不断增加。2008年前耗水量大的水稻将退出北京农业，全部改种节水作物。

由此可见，未来农业用水仍将逐渐降低，按照目前农业用水下降趋势预测2010年农业用水量是恰

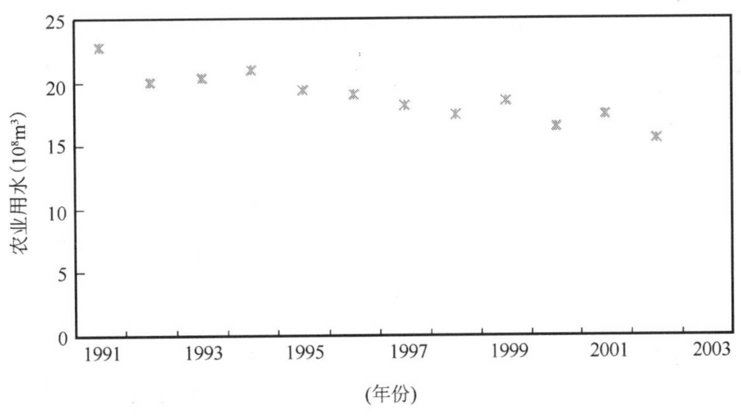

图 9-12　1991～2002 年北京市农业用水变化

当的。而且从北京市水资源、人口、就业状况来看，未来农业用水还应该有大幅降低，以满足人口生活用水所需。

(4) 生活需水量变化规律

根据北京市水资源公报，北京市近年生活用水总量情况(包含环境及其他用水约占 10%，为折算至水源地的毛水量)见图 9-13。

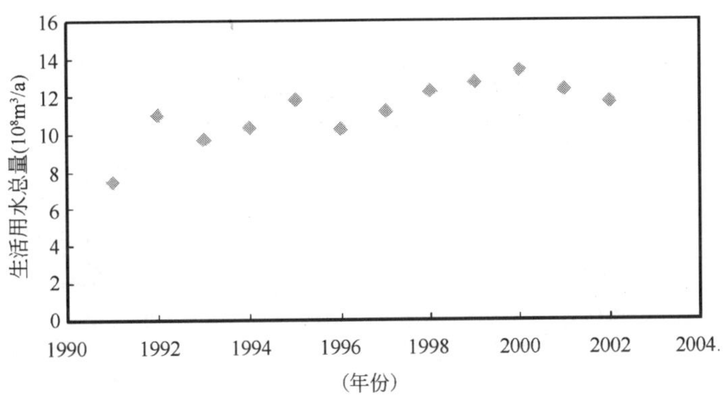

图 9-13　北京市生活用水量变化图

由图 9-13 可见，虽然近年来社会经济和人民生活水平提高，但是人均生活用水量并没有明显升高，近几年反而逐渐下降，有力地说明了北京市利用提高水价、普及节水器具等综合手段取得了显著成效，已经为后续用水奠定良好的基础。

由于规划市区公共设施完善、生活卫生设施条件较高，生活用水量相对远郊区县要大。1991～2000 年市区人均生活用水量(实际利用量)见图 9-14。

由图 9-14 可见，20 世纪 90 年代以来，北京市区人均生活用水量缓慢增长，近两年因为水价提高和节水器具普及率的上升，水量反而出现下降。随北京市未来生活水平和城市公共设施完善程度的提高，至 2010 年市区人均生活仍会有微小增长。

2. 北京市需水量预测结果

根据《水环境恢复工程理论研究》，2010 年北京市总需水量为 $44.51\times10^8m^3$，其中工业需水为 $10.64\times10^8m^3$，农业需水为 $15.55\times10^8m^3$，生活需水量为 $14.27\times10^8m^3$，额外增加奥运环境需水量为 $4.05\times10^8m^3$。2010 年北京市需水量构成见图 9-15。

3. 水资源供需缺口

根据上述预测结果，在 2010 年枯水年北京市将缺水 $10.52\times10^8m^3$，平水年将缺水 $3.63\times10^8m^3$，见表 9-3。

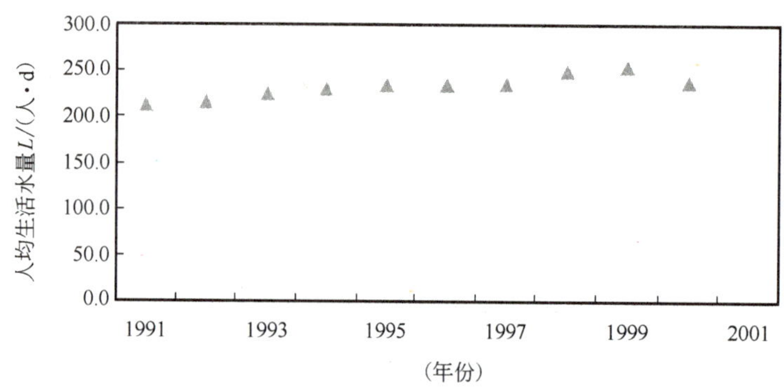

图 9-14　北京市区人均实际生活用水量

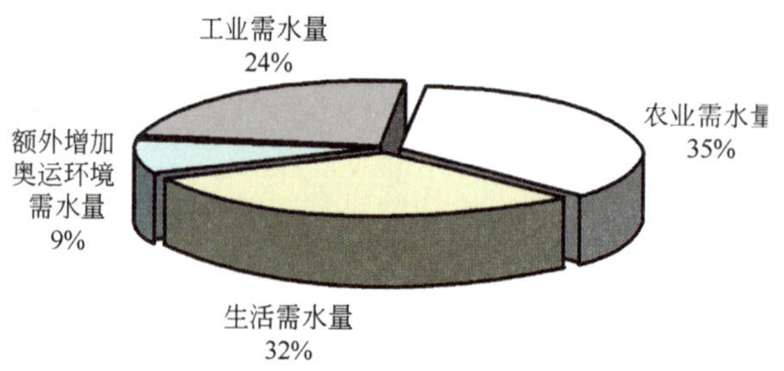

图 9-15　2010 年北京市需水量构成图

2010 年北京市水资源供需平衡表　　**表 9-3**

序　　号	项　　目	水量(10^8m^3)		
1	水文年	50%	75%	95%
2	供水量	40.88	37.54	33.99
3	需水量	44.51	44.51	44.51
4	平衡结果	−3.63	−6.97	−10.52

9.1.4　北京市水环境质量与污染负荷

1. 水环境质量

北京市区排水系统的建设历史悠久，早在元大都时就开始建设排水沟渠，到明代已经形成较为完整的排水沟渠系统。时至今日，北京市城区已经形成长达 4822.0km 的下水道网络，其中污水管道为 2044.0km。

至 2004 年底，北京地区日污水处理(二级以上处理)能力达到 $255\times10^4m^3$，其中城区处理能力达到 $190\times10^4m^3$。2004 年城区城市污水处理率达到 57.7%。

尽管如此，近年来北京水污染状况仍十分严重。市区内清河、坝河、通惠河、凉水河等 4 条主要排水河道及其支流的多项水质指标超过国家规定的Ⅴ类水体标准。

根据《2004 年北京市环境状况公报》报道，监测 69 条河段中，符合相应功能水质标准要求的有 23 条河段，其长度占实测河段长度的 45.2%；其余河段均受到不同程度的污染。监测湖泊 20 个，水质达标的仅有 1 个，达标湖泊容量占监测总容量的 35.2%。近几年北京市河流水体水质比例情况见图 9-16。

北京地区地下水长期超采严重，形成大面积地下水位降落漏斗。2003 年地下水监测结果表明，2004 年地下水超采区面积有所扩大，平原地区平均水位与 2003 年末相比平均下降 0.71m，城近郊区地下水水质未见好转，主要污染指标是溶解性总固体、总硬度。

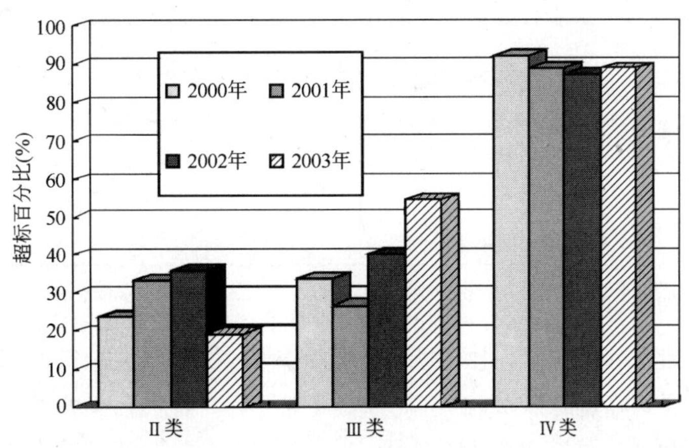

图 9-16 2000～2003 年河流水体水质状况(按监测河段长度统计)

2. 北京市城近郊区污水量变化

北京市城近郊区污水量在 20 世纪 90 年代期间基本处于稳步上升状态，自 2000 年以来，由于多年干旱和市政府大力促进节约用水、调整产业结构等的结果，用水量和污水产生量均呈现出逐年下降的趋势。

2003 年城近郊区平均日排放污水量 $217.67\times10^4m^3$，与 2002 年 $221.0\times10^4m^3$ 相比略有下降。其中，平均日排放生活污水量 $146.57\times10^4m^3$，占 67.3%，比上年增加 2.1 个百分点；工业废水 $67.42\times10^4m^3$，占 31.0%；冷却水 $3.68\times10^4m^3$，占 1.7%。2003 年城近郊区城市污水处理率为 56%，比 2002 年增加 8.5 个百分点。

3. 治理规划

按照《北京城市总体规划》，2010 年市区污水管道普及率达到 90%以上，城市污水处理率达到 90%，工业有害废水处理率达到 80%～90%。规划建设 30 多个污水处理厂，其中规划市区划分为 16 个污水排除与处理系统，并配置相应污水管网。包括高碑店、酒仙桥、清河、小红门、郑王坟、卢沟桥等 6 座大型污水处理厂，北苑、肖家河、北小河、东坝、五里坨、吴家村、方庄、定福庄、垡头、南苑等 10 座中小型污水处理厂。

北京奥运行动规划中提出建成卢沟桥、清河、小红门等污水处理厂，形成完善的城市污水处理系统，到 2008 年市区污水处理率达到 90%以上。

4. 污染物负荷预测

根据《水环境恢复工程理论研究》，2010 年北京市污水产生量见表 9-4，2010 年北京城市点源污染负荷见表 9-5。

2010 年北京市污水总量估算表 **表 9-4**

项　目	2010 年			
	规划市区		远郊区县	
	生活	工业	生活	工业
用水量($10^8m^3/a$)	8.31	3.31	4.54	5.64
污水产生率	0.9	0.8	0.8	0.8
污水量($10^8m^3/a$)	7.48	2.65	3.63	4.51
合计($10^8m^3/a$)	10.13		8.14	
总计($10^8m^3/a$)	18.27			

注：生活用水不含环境用水，工业用水不含电力用水。

规划市区点源污染物负荷预测表 表 9-5

年份	污水处理状况($10^4m^3/a$)			排放环境污染负荷($10^4t/a$)		
	污水产生量	处理量	处理率(%)	TN	TP	COD_{Cr}
2000	89169.5	35094.8	39.4	4.65	0.48	22.44
2010	101300	91170	90	4.25	0.35	12.66
奥运要求						<7.8

注：表中污水处理水质指标采用城镇污水处理厂污染物排放标准(GB 18918—2002)二级标准值。

国家环保总局核定北京市 2005 年化学需氧量(COD_{Cr})、氨氮排放总量分别不得高于 13.0、3.10×10^4t。按北京市和奥运规划确定的 2005 年各项环境质量目标，各种污染物的排放总量必须在国家环保总局要求基础上进一步削减，削减率分别不低于 40%、20%。即 2005 全市化学需氧量排放总量、氨氮排放总量分别不得超过 7.8×10^4t 和 2.48×10^4t。

由表 9-5 可见，2010 年在污水处理率达到 90%时，进入环境中的 COD 污染负荷将降低为目前负荷的 56%。城市水环境虽有所改善，但是 TN、TP 的年排放量几乎与 2000 年排放水平相当，再加上城市水环境的脆弱，污染物的历史欠账和逐年的积聚效应，进入环境中的污染负荷仍然远超出实现水环境恢复的目标值。水环境质量距离发生根本性的好转还有很大差距，与绿色奥运的要求也有一定距离。这意味着，单纯提高污水二级处理率虽能有效缓解污染程度，但是还远不足以满足北京市水环境恢复的需要。

9.2 北京市水环境恢复关键基础措施

根据水环境恢复原理与方略，北京市要达到水环境恢复、建立健康社会水循环、实现与水自然循环的协调发展，就要求在节制用水的基础上，普及污水二级处理和深度处理，开发污水等非传统水源，合理分配生态用水和进行水资源统筹管理等措施。

9.2.1 节制与节约用水

北京从 20 世纪 80 年代初期大力开展节制和节约用水，成绩相当显著。近年来，迫于水资源短缺的压力，北京市正在努力调整产业发展战略，控制耗水产业的增长，开展了从上而下的节制用水的工作。例如实行首钢减产、压缩水稻种植面积等措施。但是在用水结构上，高耗水工业和农业用水仍占有很大比重；在生产和生活的各个方面，用水浪费现象普遍存在，仍然有节约的潜力。宏观的经济产业结构调整还有待进一步加快，尤其是急需进行宏观层次的水资源配置与产业布局调整工作，节制用水量，确保北京市用水在水资源和水环境的承载力之内。

1. 农业节水

农业是用水大户，节水的潜力很大。早在 20 世纪 80 年代，北京就开始规模发展农业节水。目前全市节水灌溉面积达到 178.2×10^4hm^2，占灌溉面积 80%，其中喷微灌面积 77.8×10^4hm^2。近几年，北京农业节水的重点放在调整农业产业结构上，大面积高耗水的农作物退出了种植结构。目前，小麦种植面积约 4.5×10^4hm^2，只有往年种植面积的 1/7 左右。到 2003 年，全市水稻种植面积已由 11.5×10^4hm^2 压缩到 0.89×10^4hm^2。

这些措施的综合结果导致近 20 年来，农业总用水量呈逐渐下降趋势，1980 年农业用水高达 31.9×10^8m^3，1990 年降为 20.29×10^8m^3，2000 年进一步降至 16.49×10^8m^3。农业用水占总用水量的比例也逐渐下降，已经由 1991 年的 54%下降为 2002 年的 45%。

虽然北京市农业用水逐渐下降，但是根据调查，灌溉水的利用效率并不算高。根据水利部1994～1996年对全国灌溉水利用系数调查资料，北京市的灌溉水利用系数为0.42。近几年发展节水农业，灌溉水利用系数有所提高(约为0.5)，但从灌溉用水总量与耕地面积变化上看并不明显(见图9-17)。与国际先进国家0.8～0.9的灌溉水利用系数相比，差距仍十分明显。北京市的农业用水量近年基本维持在16～17×$10^8$$m^3$左右，也就是说约7×$10^8$$m^3$的农业灌溉用水被浪费了。

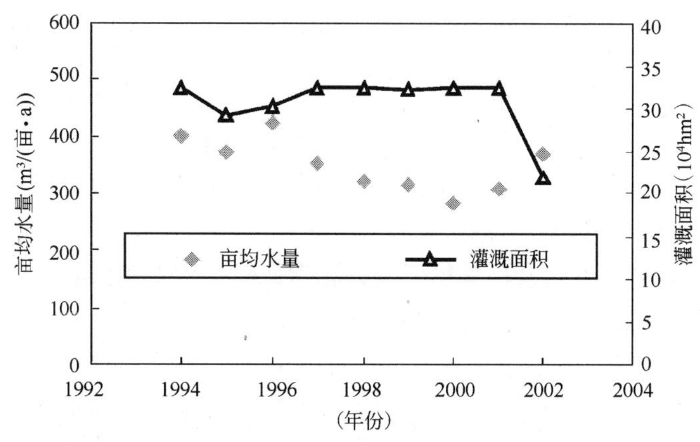

图9-17　北京市农业单位播种面积用水量变化图

由图9-17可见，1994～2001年农业灌溉面积除1995、1996两年出现下降外，基本处于稳定状态，维持在32×$10^4$$hm^2$左右。至2002年，严峻的缺水形势迫使北京市采取措施促使农业灌溉面积急剧下降，农业灌溉面积由2001年的32.27×$10^4$$hm^2$降低至2002年的21.97×$10^4$$hm^2$，约下降1/3。1994～2000年单位农业灌溉面积用水量基本呈逐渐下降现象。至2000年，单位面积灌溉用水量已经由1994的401m^3/(亩·a)降低为285m^3/(亩·a)。但是2002年，亩均灌溉水量又上升至369m^3/(亩·a)。这说明目前北京市农业用水的下降主要是由于调整农业产业结构、压缩农业播种面积产生的结果，农业用水利用效率还有待进一步提高。

因此，北京市未来的农业节水战略既要压缩高耗水作物的面积、合理调节农业种植结构，也应加强用水管理、优化轮作制度和灌溉制度、采用优质品种和建设节水灌溉设施等，提高农业用水的有效利用率，减少农业用水量。

根据《水环境恢复工程理论研究》，到2010年，通过发展节水灌溉，将灌溉水利用系数提高到0.7，则届时农业灌溉需水量可由10.89×$10^8$$m^3$降低至7.78×$10^8$$m^3$，可实现节水3.11×$10^8$$m^3$，其中规划市区可节约水量约0.4×$10^8$$m^3$。

2. 工业节水

从1981年起，北京市政府大力开展了工业节水工作，成果显著。1981～1997年城市累计节水12×$10^8$$m^3$，相当于市区自来水两年的售水量；全市工业总产值在上述期间接近翻两番，工业用水量不但未增加，反而从13.5×$10^8$$m^3$/a降至8×$10^8$$m^3$/a。同期，工业用水重复利用率从48.57%提高到84.7%。

目前北京市的工业节水水平较高，工业节水设施普及率超过70%，工业万元产值耗水由357m^3下降到30m^3以下，水重复利用率提高到87.73%。近10年的工业用水统计资料显示，北京市的工业用水不仅没有增加，反而逐年降低，出现显著的“负增长”。这主要是因为万元产值用水量的逐年下降。引起万元产值用水量不断下降主要因素是北京市近年来开展的产业结构调整，通过调整产业结构，高耗水、高污染的造纸、纺织、印染等产业相继退出北京，使得耗水量大的产业和部门所占比重不断降低所致。北京市间接冷却水循环率见表9-6。

间接冷却水循环率统计表　　表 9-6

间接冷却水循环率	企业数量(个)	比例(%)	间接冷却水循环率	企业数量(个)	比例(%)
96%以上	22	36.1	80%以下	10	16.4
90%～96%	13	21.3	总　计	61	100
80%～90%	16	26.2			

注：引自《北京市城市节水2010年规划研究》。

按照北京市对于城区工业企业搬迁计划和工业发展计划，未来的北京将形成以高新技术产业为主体，以优化改造后的传统优势产业为基础，以都市型工业为重要补充的新型产业结构。这必将引起工业用水量的进一步下降，但是随着产业结构调整的进程，水量下降速度将趋于缓慢。

虽然目前北京市工业用水重复率、间冷水循环率均达国内领先水平，但仍有一定潜力，如间接冷却水的循环率都达到96%以上时，年可节水约 $0.5\times10^8m^3$。

同时还应该看到，黑色金属冶炼及压延加工业、化学原料及化学制品制造业、石油加工及炼焦业这三大水资源消耗大户的行业总产值在工业总产值中仍占有19%的比重。1999年全市工业用新水补给量 $7.58\times10^8m^3$ 中，这3个行业所消耗的比重占37%。

因此，北京市工业用水节水重点仍是进一步加强产业结构的调整，同时兼顾改进工艺技术，降低用水定额。通过调整产业和产品结构，改进工艺设备，倡导清洁生产、节水工艺。至2010年，根据《水环境恢复工程理论研究》，能够实现工业每年节水 $1.12\times10^8m^3$，其中规划市区约为 $0.52\times10^8m^3$。

3. 生活节水

生活节水主要是包括居民生活用水、公共建筑设施用水的节省和市政供水管网的漏失控制，节水潜力主要位于市政设施和生活设施普及率较高的城区。

(1) 生活用水

从20世纪90年代以来，北京市逐步加强城市生活用水的管理和节约工作。对约占居民生活用水1/3的冲厕用水不断加强控制。同时，开展节水生活器具的普及工作。据统计，1997年至2001年，北京市城市节约用水办公室共发放节水龙头 319.46×10^4 只；仅2000年，就在城近郊区向居民免费发放节水龙头 200×10^4 只，在公共场所推广节水型龙头 50×10^4 只。

但是，根据统计年鉴资料，2002年仅城近郊区的非农业城市户籍户数就达到 228.2×10^4 户。按照每户平均3个水龙头，1.3个便器水箱计算，仅城近郊区就有 685×10^4 只水龙头和近 300×10^4 只便器水箱。可见北京市生活器具节水普及率仅在50%左右，还有待进一步提高。同时，目前居民生活与公共建筑浪费现象仍旧普遍存在，大部分的便器水箱容量仍为9～13L，生活节水还具有较大的节水潜力。

到2010年，通过提高居民的节水意识，普及节水器具和节水技术，加强用水的管理和减少漏损，可节省大量自来水。

(2) 绿化用水

北京市绿地面积逐年增大，对绿化用水的需求也与年俱增。2002年北京市城近郊区城市绿化覆盖率达到40.2%，公共绿地面积达到 $5942hm^2$，人均公共绿地面积 $9.4m^2$。

如此大面积的绿地每年的需水量对北京来说也是一笔不小的水量开支。北京市近年来对于城市绿化用水也着手推广节水浇灌。2000年至2002年完成公共绿地节水灌溉 $623\times10^4m^3$；2003年新增园林绿化节水灌溉面积 $367\times10^4m^3$。通过提高节水灌溉率，到2010年也可节省可观的绿化用水。

(3) 水量漏损

我国城市供水管网漏失率长期以来居高不下。据建设部对408个城市的统计，2002年全国城市公共供水系统(自来水)的管网漏损率平均高达21.5%，其中有盗水和计量管理的问题，但主要原因是管网的跑、冒、滴、漏。按照这一漏损率推算，全国城市供水每年损失近 $100\times10^8m^3$，相当于北京市

2002年城市用水总量的13倍。

在北京，城市供水管网中的“跑、冒、滴、漏”现象也很严重，年漏水量超过$1\times10^8m^3$，漏失率高达17%左右。与日本和美国的国际化大城市低于10%的漏失率相比，差距较大。

通过实施市政节水措施，加强城区自来水管网检查、维护，加大更新改造力度，降低自来水管网漏失率，可节省大量淡水资源。

根据《水环境恢复工程理论研究》，通过以上措施，到2010年全市总计可节水约为$4.89\times10^8m^3$。规划市区可以节水$1.52\times10^8m^3$，其中市政供水可以减少$1.12\times10^8m^3$，少产生污水(生活污水排放系数为0.9，工业污水排放系数为0.8，不计管网漏损和绿化水量)$0.78\times10^8m^3$。其中结构性宏观调整起到了关键作用。见表9-7。

2010年节水量预测表 **表9-7**

项　目	全市($10^8m^3/a$)	规划市区($10^8m^3/a$)	措　施
工　业	1.12	0.52	工业布局调整、清洁生产、改进工艺、更换设备
农　业	3.11	0.4	农业结构调整、提高灌溉水利用系数
生　活	0.66	0.60	节水器具、合理水价、漏损控制
总　计	4.89	1.52	

9.2.2 污水深度处理与有效利用

从北京市目前水环境状况来看，现行城市污水收集与处理系统发展滞后，致使大量废(污)水未经妥善处理就排入河道，流经市区的各条中、小河流河段，大都属Ⅴ类和劣Ⅴ类水体。日趋严重的水污染，不仅降低了水体的使用功能，进一步加剧了水资源短缺的矛盾，对北京市举行2008年奥运会、实现持续发展的战略带来了严重的负面影响，而且还严重地威胁到北京市居民的饮水安全和人民群众的健康。

北京市要在2010年达到90%的污水处理率，污水处理设施的投资是相当可观的，如果加上昂贵的运行费用，对于北京市的财政是一个巨大的负担。但是即便如此，COD_{Cr}污染负荷仅降低了一半左右，TN、TP负荷降低微弱，水环境质量很难得到根本改观，也还达不到环境质量的要求。还必须提高排放水的处理程度，进行污水的深度处理。

当前北京市规划市区每天产生约$220\times10^4m^3$的污水，如果利用其中的40%～60%，即可获得900～$130\times10^4m^3/d$，就可以解决近5～10年的城市水资源的不足。即用污水处理、深度处理，污水再生的费用换来了宝贵的水资源，使污水厂变成了生产工业和市政用水的再生水厂也缓解了财政压力。

1. 北京市污水再生利用状况

早在20世纪50年代，北京市就开始利用污水灌溉。至1997年，据原市水利局(水务局前身)统计，农业灌溉取用污水量(含部分河水)约为$2.21\times10^8m^3$，灌溉面积约$11.98\times10^4hm^2$，约占当年市区污水总量的1/4。

北京市建筑中水起源于北京市环境保护科学研究所于1984年底在所内建成一座$120m^3/d$规模的建筑中水试点工程。该工程生产的中水(再生水)作为冲洗厕所、浇灌绿地、冲洗汽车的杂用水。源水为该所外面的三座居民楼和一所幼儿园共约800人口的生活污水，出水可以达到日本暂行的中水回用水质标准。由于采用了中水系统，每年的节水率可达48%左右。

1987年，北京市政府颁布的《北京市中水设施建设管理试行办法》进一步推动了建筑中水的发展。至2002年，北京市已建成建筑中水设施100多套，其中约70%正常运行，在建的还有100多套，多集中在宾馆饭店。总设计能力约$12\times10^4m^3/d$。2001年6月，北京市规划委员会、建设委员会、市政管理委员会联合发布《关于加强中水设施建设管理的通告》，确定了建筑面积在 $5\times10^4m^2$ 以上，或可回收水量大于 $150m^3/d$ 的居住区和集中建筑区必须建设中水设施。《通告》的发布，进一步促进了建筑中水的发展。

随着城市污水厂的建设，北京市污水处理厂的污水深度处理和回用也逐步开展。进入 90 年代，北京市区污水厂的建设进度加快，高碑店和酒仙桥污水处理厂相继建成，市区污水处理厂总规模达到 $128\times10^4m^3/d$，为城市污水再生回用创造了更好的条件。1999 年北京市政府投资 3×10^8 多元，建设再生水输水管线 25km，将高碑店污水处理厂的二级出水一部分送到华能高碑店热电厂和第一热电厂作为电厂冷却用水，还有一部分送到第六水厂，在第六水厂进一步处理后一部分供东南郊工业区作为工业冷却水，其余部分送到南城地区作为公园绿地和道路浇洒用水，形成 $34\times10^4m^3/d$ 的回用能力。于 2001 年编制了《北京市区城市污水处理厂再生水回用规划纲要》。

2. 再生水需求量

就北京市实际情况来说，再生水用户主要有农业灌溉、工业冷却用水、市政杂用水、绿化用水、河湖环境生态用水以及地下水回灌等几方面。

(1) 农业灌溉

20 世纪 90 年代以来北京市耕地面积逐渐降低，尤其是近两年，水资源不足更加加速耕地面积的减少。至 2000 年，北京市耕地面积已降低为 $32.9\times10^4hm^2$。农业灌溉用水也降低至 $13.8\times10^8m^3$。图 9-18所示是近年来北京市农业灌溉用水量变化情况。

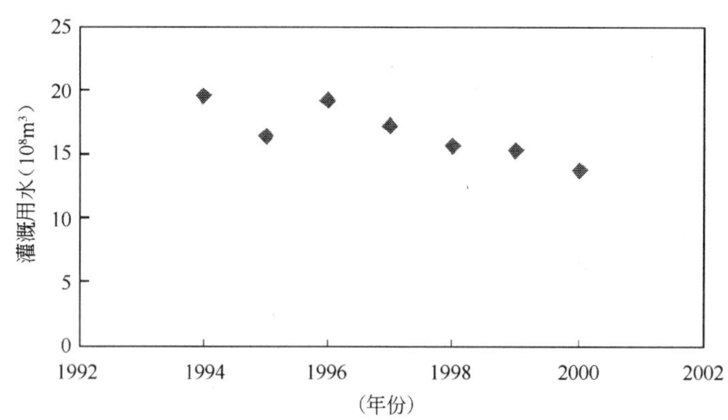

图 9-18　1994～2000 年北京市灌溉用水变化图

依照北京市地形地势和耕地分布情况，方便利用再生水灌溉的主要规划市区有昌平、顺义、房山、大兴、通州等区。位于北京市水系流域上游的密云、怀柔、延庆等区县也应积极开展利用再生水灌溉，减少取用自然水，以涵养水源、增加北京市区的水资源供应量。

规划市区再生水的灌溉利用以流域划分从北到南可以分为清河流域、坝河流域、通惠河流域和凉水河流域。

其中清河流域再生水主要由肖家河、清河、北苑污水厂提供，清河位于市区北部，主要支流有万泉河、小月河及西北土城沟，为城西、北郊的主要排水河道，总流域面积 $217km^2$，流经海淀、朝阳、昌平以及顺义等区。清河河水除了直接被抽取利用灌溉外，还通过清河闸、羊坊闸和沈家坟闸等蓄水措施，利用灌渠提供农业用水，主要有洼里乡、朝阳区的来广营、黄港、崔各庄、孙河、昌平的东小口、北七家等乡镇的农业灌溉，沿岸地区总灌溉面积约 20000 亩。

坝河流域再生水主要由北小河、酒仙桥和东坝等 3 座污水处理厂提供。坝河与清河一样均为温榆河的支流，主要支流有北土城沟、北小河和亮马河。坝河流域农业用地主要位于来广营、南皋乡、金盏乡和东坝乡、楼梓庄乡等乡镇，此外在马各庄、沙窝等乡镇存在较大面积的渔场等水产养殖用地。北小河沿途设有北湖闸、南皋闸、白桥闸及东岗子闸等蓄水闸以供沿途乡镇取水灌溉之用。便于利用再生水的沿途灌溉面积约10000亩，农作物以小麦、玉米等大田作物为主。

通惠河水系位于市中心区，包括护城河系、内城河系、金河、长河、南旱河等，流域面积258km^2，是西山地区、城区及东郊的主要排水河道。通惠河横跨朝阳、通州两区，西起东便门大通桥，东至通州入北运河。流域内坐落有市内最大的污水厂——高碑店污水处理厂以及垡头污水处理厂和定福庄污水处理厂。整个流域内农业用地面积广大，农业用水取用地下水较多，近些年地下水严重超采。可利用再生水灌溉的有朝阳区的东南郊灌区、平房灌区和通州区的新河灌区，涉及十八里店、王四营乡、高碑店乡、平房、双桥、梨园、城关、张家湾、台湖等乡镇。3个灌区总灌溉面积约22×10^4 亩。

凉水河位于市区南部，其上游有新开渠、莲花河等，为城西、南郊的主要排水河道，同时通过右安门分洪道，还担负着南护城河的分洪任务，总流域面积624km^2，主要支流有草桥河、马草河、小龙河、大羊坊沟等。凉水河源于丰台区后泥洼村，流经丰台、大兴和通州区，于榆林庄闸上游汇入北运河，全长58km。流域内主要有五里坨污水处理厂、吴家村污水处理厂、卢沟桥污水处理厂、方庄污水处理厂、小红门污水处理厂和南苑污水处理厂。凉水河流域内的再生水可供凉风灌区、北野厂灌区等灌溉使用。灌溉面积约为14×10^4 亩。

根据《水环境恢复工程理论研究》，2010年北京市规划市区再生水用于农业方面的总量为21450×10^{4}m^3。其中清河流域1100×10^{4}m^3，坝河流域550×10^{4}m^3，通惠河流域12100×10^{4}m^3，凉水河流域7700×10^{4}m^3。

(2) 工业回用

从目前情况看，北京市工业除了石化行业外，其余主要集中在城近郊区。1995年市区工业总产值占全市的75%。虽然近年来比例有所下降，但是到2002年城近郊区工业产值为1720×10^8 元，仍占当年全市工业总产值的1/2强。鉴于北京市的工业实际情况，本研究主要考虑为规划市区的工业提供再生水。总体上看，1995～2002年北京市城近郊区的工业用水基本维持在2.5～3.5×10^{8}m^3/a，尤其是1991～1999年间，用水量变化幅度非常小。

根据北京市工业用水特点，将工业用水分为电力工业和一般工业用水。对于一般工业，根据北京市工业发展规划和搬迁计划，四环路内工业企业生产部分基本实施搬迁改造，使四环路内工业企业占地面积从目前的8.74%降低到7%，保留的7%用地中主要发展企业研发和销售业务，以及部分都市型工业。工业用水量将呈持续下降和分散状态。所以考虑到实际可操作性，不再为市区内的一般工业专门提供再生水，仅在靠近再生水管道有条件的工业可用再生水。

从北京市区历年用水情况来看，电力工业用水中冷却用水占有很大比重，是再生水的重要用户。目前北京市区主要有5座热电厂，分别是第一热电厂(国华北京热电厂)、第二热电厂、华能北京热电厂(高碑店热电厂)、石景山热电厂和高井电厂，总装机容量约277×10^{4}kW。2002年用水量为1.9×10^{8}m^3。

根据总体规划修编预测，至2010年北京市将建设草桥、太阳宫等热电厂。草桥热电厂位于北京西南四环内草桥村，占地面积9hm^2，拟建两套联合循环机组+四台燃气热水锅炉，供热能力698MW(600×10^{6}kcal/h)，发电装机容量400MW级。主要解决城市西南地区近1200×10^{4}m^3 的供热负荷。太阳宫热电厂位于奥林匹克公园周边地区的东侧，规划预留占地面积7.6hm^2，供热能力698MW(600×10^{6}kcal/h)，发电装机容量400～600MW。

除以上电厂外，北京市热力集团《"奥运行动"规划》还提出，到2010年建设郑常庄、东郊和东南郊燃气热电厂及其配套管网。其中，郑常庄燃气热电厂位于西四环，北京第二热电厂西侧6km。东郊燃气热电厂位于北京市东北四环外星火车站旁。东南郊热电厂位于东南四环小五基。同时实施华能北京热电厂二期建设工程。届时北京市热电厂将达到10座，见表9-8。

2010年北京市热电厂一览表 **表9-8**

热电厂名称	规划供热能力兆瓦(10^6kcal/h)	装机容量(10^4kW)
第一热电厂——国华	930(800)	40
第二热电厂	698(600)	20，正研究改扩建
华能北京热电厂	1698(1460)	77
石景山热电厂	698(600)	80
高井热电厂	698(600)	60
草桥热电厂	698(600)	40
太阳宫热电厂	698(600)	40～60
郑常庄热电厂	698(600)	
东郊热电厂	698(600)	
东南郊热电厂	698(600)	
合　计		

注：资料根据北京市热力集团《"奥运行动"规划》和《2010年城市热网集中供热设施远景发展规划》等数据整理。

从目前情况看，石景山和高井电厂靠近永定河引水渠，冷却用水取自永定河引水渠。华能热电厂建成时间较晚，工艺先进，利用高碑店污水处理厂的出水进行再生处理后作为循环冷却用水的补充水源。第一热电厂冷却用水取自于高碑店湖，系由高碑店污水处理厂二级处理出水与河水的混合水源，用水量高达$1.3\times10^8m^3/a$。北京市第二热电厂位于莲花池东路，近年仅在供暖季节运行，冷却用水量为500×10^4多m^3/a。

根据目前各电厂的用水情况和水源状况，电厂取水方式的现状基本可以维持不变，新建电厂冷却用水必须利用再生水解决。其中，石景山和高井电厂靠近五里坨污水处理厂，完全可以利用五里坨污水处理厂的出水进一步净化处理后作为冷却水来源，虽然五里坨污水处理厂规划规模仅有$2\times10^4m^3/d$，不能满足石景山和高井电厂的需水量。但是目前石景山和高井电厂取用的是永定河引水渠的河水，五里坨污水厂的出水拟通过河道输送至上述两电厂利用，无需铺设专用管道，是一种非常适宜的再生水利用方式。

北京第一热电厂及华能热电厂可维持现有取水方式与取水量不变，仍由高碑店污水厂提供冷却水水源；第二热电厂也可利用高碑店污水厂或郑王坟污水处理厂的处理水作冷却水水源；对于新建草桥、太阳宫等热电厂均采用先进的工艺技术，冷却用水宜全部采用就近污水处理厂处理水提供。

根据《水环境恢复工程理论研究》，2010年北京城近郊区热电厂用再生水量为$17010\times10^4m^3/a$，合$46.6\times10^4m^3/d$。参见表9-9。2010年工业总利用再生水量为$18665\times10^4m^3/a$，即$51.1\times10^4m^3/d$。

2010年北京市热电厂再生水需求量表 **表9-9**

热电厂名称	装机容量(10^4kW)	再生水需求量	
		($10^4m^3/a$)	($10^4m^3/d$)
第一热电厂—国华	40	13000	35.6
第二热电厂	20	1000	2.7
华能北京热电厂	77	1000	2.7
石景山热电厂	80	365	1.0
高井热电厂	60	365	1.0
草桥热电厂	40	500	1.4
太阳宫热电厂	40～60	780	2.1
合　计	357～377	17010	46.6

(3) 绿化用水

2002年，北京全市公共绿地面积为7907hm^2，人均公共绿地面积(含水面)为10.7m^2，城市绿化覆盖率为40.6%。其中城近郊区城市园林绿地面积达到26248hm^2，城市绿化覆盖率达到40.22%，城市公共绿地总面积达到5942hm^2，人均公共绿地(含水面)为9.4m^3。

根据《北京市区绿地系统规划》，至2010年，规划建设区绿地率要达到40%，覆盖率要达到45%；人均城市绿地39m^2，人均公共绿地15m^2。规划市区绿地总面积557.1km^2，占规划市区总面积的50.78%。城市园林绿地面积达到381.07km^2。其中公共绿地158.65km^2，生产绿地6.60km^2，防护绿地56.82km^2，附属绿地159.0km^2。

根据《水环境恢复工程理论研究》，2010年城市绿地灌溉用再生水量为$10289\times10^4m^3$，折算平均日用水量为$28.2\times10^4m^3/d$。

(4) 补充河湖环境用水

城市河湖是城市小气候的调节器，对于维持城市宜居环境，减轻热岛效应具有不可替代的作用。北京是湖泊较多的大城市之一，绝大部分湖泊与河道相通，汛期可调洪、排水。这些湖泊丰富了北京的景色，改善了城区环境，是北京城市基础设施的重要组成部分。近年来，随着城市经济和人口的发展，水环境退化日见突出，多数河湖处于中营养和富营养状态，2001年北京城区河湖暴发了大面积的水华，并多次发生严重的死鱼现象。规划市区主要有清河、坝河、通惠河以及凉水河等主要河道及30多条较大支流，大部分由西向东南汇入北运河(温榆河)，总流域面积1255km^2，市区河湖情况见图9-19。

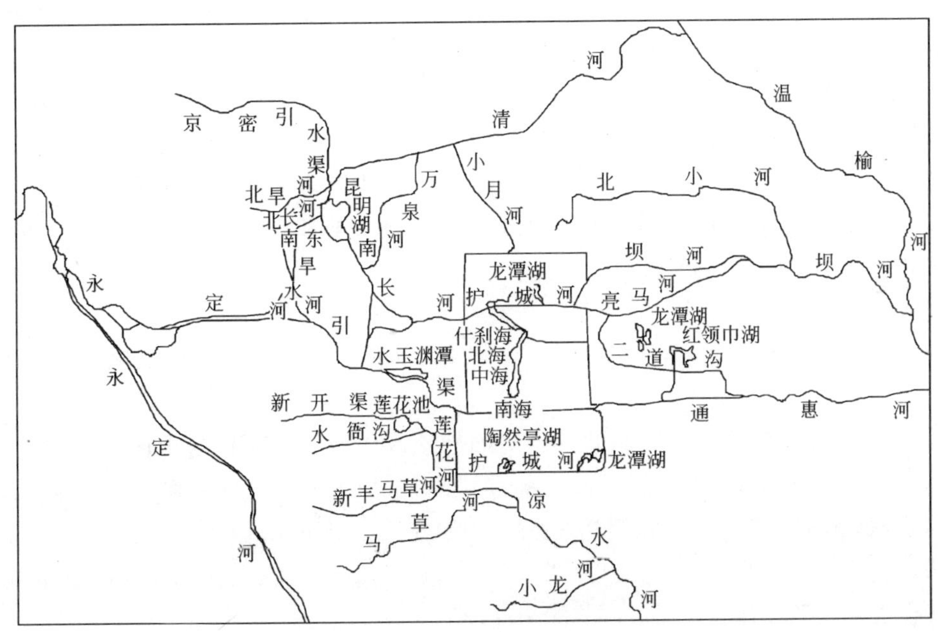

图9-19 北京市河湖概况示意图

在所有河道中，市区内输水河道长年有水者，主要有京密引水渠(昆明湖至玉渊潭段)、永定河引水渠、长河、北护城河、南护城河、通惠河(高碑店闸以上段)等。其他河道只在雨季有水，平时接纳城市污水。

根据北京市区河湖水体功能规划目标，北京市区河湖分属Ⅱ、Ⅲ、Ⅳ、Ⅴ类水体。其中，京密引水渠、永定河引水渠(罗道庄以上)等生活饮用水水源输送河道执行国家地表水Ⅱ类标准；永定河引水渠(罗道庄以下)、圆明园等渔业用水和重要游览区执行Ⅲ类标准；清河(清河闸以上)、通惠河(高碑店闸以上)、陶然亭湖等工业用水和非接触性娱乐用水河湖执行Ⅳ类标准；清河(清河闸以下)、通惠河(高碑店闸以下)等农业用水和一般景观用水河湖执行Ⅴ类标准。

如前所述，虽然污水再生回用于饮用在国外已有不少实例，但根据我国的现实经济条件等多方面因素的综合考虑，污水再生直接饮用难以效仿。所以对执行地表水Ⅱ、Ⅲ类水质标准的河湖采用清水补给。

根据城镇污水处理厂污染物排放标准(GB 18918—2002)，城镇污水处理厂出水排入GB 3838地表水Ⅳ、Ⅴ类功能水域，执行二级标准。该标准部分指标与地表水环境质量标准(GB 3838—2002)Ⅴ类水体指标、北京市水污染物排放标准(试行)的最高允许排放浓度二级标准(新建单位)以及高碑店污水厂实际运行数据的比较见表9-10。

高碑店污水厂水质与地表水环境质量标准比较表 **表9-10**

项　目	GB 3838—2002 地表水Ⅴ类	GB 18918—2002 二级标准	北京市二级标准	高碑店污水厂
pH	6～9	6～9	6.0～8.5	7.2～7.8
DO	2	—	—	2.5～3.0
BOD_5	10	30	20	4～12
COD_{Cr}	40	100	60	35～45
NH_3-N	2.0	25	—	1～5
TN	湖、库2.0	—	—	
TP	0.4(湖、库0.2)	3	0.3	

从表9-10可见，达到城镇污水处理厂污染物排放标准和北京市水污染物排放标准二级标准的出水还不能满足GB 3838—2002中的地表水Ⅴ类水体BOD_5、COD_{Cr}等水质指标，尤其是对于容易引起富营养化的N、P等指标。从实际运行的污水处理厂处理效果看，部分指标可以接近或满足Ⅴ类水体的要求。北京市区规划Ⅴ类水体大多位于城市河道下游，如果河湖上游采用清水或再生水补给和换水，就可以给下游产生部分补给作用，提高下游水体水质。因此，考虑到减轻经济负担和保障北京市河湖水质，对Ⅳ类水体宜采用污水处理厂深度处理再生水进行补给和换水，对Ⅴ类水体近期可利用污水处理厂二级出水进行补给，远期再利用深度处理再生水进行补给和换水。根据《水环境恢复工程理论研究》，补给河湖再生水需求量为$24125\times10^4m^3/a$。

(5) 回补地下水

地下水是北京市重要的给水水源，平水年约占北京市可供水资源的2/3。从水文地质角度看，北京市地下水可分成三类：

1) 永定河、潮白河、拒马河等河流冲洪积扇顶部地区。地下水除接受山区河谷潜流不断补给外，大气降水和河水入渗条件良好，是平原区地下水的主要补给区。该区含水层为单一的砂卵石，富水条件好，地下水位降深5m时，单井出水量可达$3000\sim5000m^3/d$。地下水埋深一般大于10～20m。在潮白河冲洪积平原顶部的牛栏山以北地区，其自然调节能力尚好，而永定河冲洪积平原顶部地区，由于地下水过量开采，顶部含水层逐渐疏干，自然调节能力逐渐下降。

2) 山前的非主要河谷地带。地下水补给条件稍差，地下水位降深5m时，单井出水量一般为$1500\sim3000m^3/d$。

3) 冲洪积平原地区。地下水补给主要以大气降水、灌溉回归水及潜水面蒸发等垂直循环方式为主。一般开采承压含水层，富水性较差，地下水位降深5m时，单井出水量一般为$500\sim1500m^3/d$。

20世纪60年代以前，北京市地下水位基本处于一种自然平衡状态。70年代随着经济发展，开采量逐渐加大。至90年代中期，地下水超采情况十分严重，地下水开采与补给平衡遭到破坏。超采地区主要位于大兴、顺义、通州、门头沟、海淀山后及西郊地区，超采率大于20%，尤其是大兴、顺义和海淀山后区等地超采率已大于30%。全市平原区1961～1995年间，地下水贮存量累计亏损$39.56\times10^8m^3$，其中城近郊区地下水贮存量累计亏损$18.58\times10^8m^3$。1995年后，超采现象进一步加剧，1995年至2000年累积亏损为$17.89\times10^8m^3$，全市从1961～2000年这40年间累积亏损量达到$57.45\times10^8m^3$。

近年来，由于地下水超采和受到排放污水的影响，地下水质量和贮存量不断下降。城近郊区地下水硬度变化情况见图 9-20。

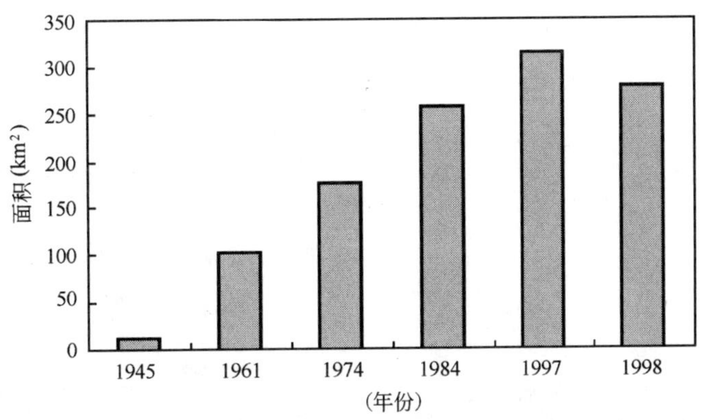

图 9-20　城近郊区地下水硬度超标面积变化情况

通过利用再生水进行地下回灌，人工补给地下水，可使超深度处理的再生水经过地下含水层的自然净化，进一步改善水质，恢复地下水位，提高地下水可开采量。对于北京市而言，等于具备一个大型地下蓄水库，可作为应急、战备水资源贮备，是水资源供给保障的重要方面。

从北京市地下水漏斗分布和地质情况看，西郊地区砂卵砾石含水层厚度大，颗粒粗，地下水位埋深大，回灌量较大，一般单井回灌量可达抽水量的 2/3～1/2 以上。中、东部地区，由于含水层深，颗粒细，层次多，渗透性能差，回灌量同西郊地区相比显著减小。仅相当于抽水量 1/2～1/3，甚至于更低。

但是从北京市地形地势情况及水资源保护状况出发，目前尚不宜在流域上游地区开展大规模的再生水地下回灌。地下回灌地区以大兴、通州、顺义等地较为合适，这些地区位于城市下游，普遍利用过污水灌溉，地下水回灌后可增加农业用水，避免发生进一步超采现象。例如顺义是北京的产粮大县，由于长时期连续干旱，地下水采多补少，严重亏损。但是需要注意的是，回灌地下水的再生水水质必须严格控制，虽然我国尚没有制定出此类标准，但可参考国外先进国家的水质标准并结合北京市当地试验确定。根据《水环境恢复工程理论研究》，2010 年补给地下水量为 $1\times10^{8}m^{3}$。

(6) 市政杂用

市政杂用水主要包括环卫用水、冲厕、消防、洗车用水及空调冷却设备补充用水等。由于空调冷却设备补充用水、公共厕所用水较为分散，城市再生水利用主要考虑道路广场浇洒用水和洗车用水。

近年来，北京市道路建设不断加快，根据统计年鉴资料，2002 年北京市道路总长度为 5444km，面积为 $7645\times10^{4}m^{2}$，其中城近郊区道路长 3691km，面积为 $5391\times10^{4}m^{2}$。1995～2002 年北京城近郊区道路情况见图 9-21。

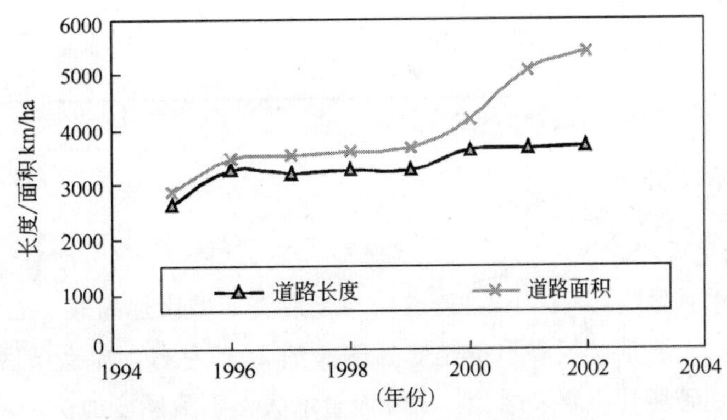

图 9-21　1995～2002 年北京市道路长度和面积变化图

2003 年，北京市城市道路机械化清扫作业面积达 $2100\times10^4m^2$，道路冲刷作业面积达 $3030\times10^4m^2$，道路喷雾压尘作业面积达 $3012\times10^4m^2$。

目前，北京市四环以内的道路面积率在 12%左右，如果按照目前的路网规划建设，北京市的道路面积率将达到 20%左右。根据北京城市总体规划，规划市区城市建设用地将从 1990 年的 420 多 km^2，增至 2010 年的 610km^2 左右。届时北京规划市区道路面积将达到 120km^2 左右，其中需进行道路浇洒的车行道约为 80km^2。

20 世纪 90 年代中期以来，北京市汽车数量快速增长，近年北京市机动车辆数量见图 9-22。至 2003 年，北京市小汽车已超过 170×10^4 辆。

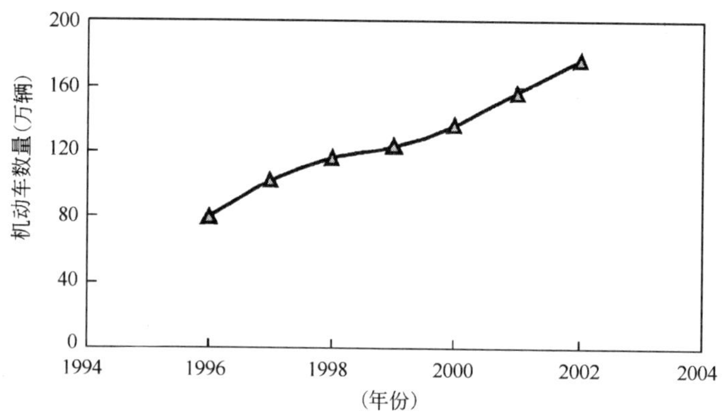

图 9-22 北京市机动车数量变化及预测

根据《水环境恢复工程理论研究》，2010 年北京市市政杂用再生水需求量为 $2700\times10^4m^3$。

(7) 2010 年北京市再生水需求量

综上，到 2010 年北京市再生水需求量约为 $8.72\times10^8m^3$ 左右。污水回用率达到 47.7%。见表 9-11。

再生水需求量预测表 表 9-11

项　目	再生水需求量($10^4m^3/a$)	备　注
农　业	21450	
工　业	18665	电厂用水占 91%
绿　化	10289	
河湖生态环境	24125	
回补地下水	10000	
市政杂用	2700	主要：道路浇洒
总　计	87229	
污水回用率	47.7%	

9.2.3 修复城区雨水水文循环

1. 北京城区雨水利用现状

北京市区年平均降水总量约 $2\times10^8m^3$，随着城市化发展，城市热岛效应的出现，城市降水量增大。据《北京水旱灾害》统计，北京城区降水量比郊区偏大约 10%左右，加上城区不透水面积的扩大，导致城市雨水水文循环受到破坏。主要表现为：洪峰流量增大，汇流速度加快，洪峰时间提前。如在两场降雨量、雨型相似的条件下，1983 年的洪峰径流量是 1959 年的两倍，径流系数由 0.45 增大到 0.55，洪峰时间提前了2h，洪水历时缩短了一半。城市雨水循环的这种变化，使雨水管道及河道的排水能力更显不足，增加了城市洪涝灾害。

此外，由于缺少健全的暴雨洪水时的汇集和调蓄设施，雨水资源非但未被充分利用，且使本已短缺的水资源雪上加霜。同时大量初期雨水对河流水体也构成了严重污染。据国外有关资料报道，在一些点源污水得到二级处理的城市水体中BOD_5负荷约有40%～80%来自于降雨产生的径流。因此，修复城区雨水水文循环，建立和健全完善的雨水资源收集、贮存、处理和利用技术和管理措施，一方面可以很好地削减洪峰流量和径流总量，同时，对地下水涵养及中小河川的枯水季节流量的恢复也有显著作用；既能缓和城市水资源危机，又能减轻城区洪涝危害和水体污染，是解决城市水资源短缺的合理、有效措施之一。

北京市政府2000年颁布的《北京市节约用水若干规定》中规定："绿地道路应当建设低草坪、渗水地面，使用透水性能好的材料，城镇机关、企事业单位办公建筑及附属用地应当建设雨水收集利用的设施，鼓励单位和居民屋顶及庭院建设雨水利用设施和渗水井"。目前，北京市区内已有海淀区天秀园小区、海淀区北洼路西里双紫园小区、北京市地质工程勘察院内、北京市水利科学研究所实验站4个雨洪利用示范工程。

2. 北京城区雨水水文循环修复效益

随着城市化发展，城市区域内大面积地表被屋顶、路面、不透水铺砌所覆盖，不透水面积超过城市建成区面积的50%以上。根据《北京城市总体规划》，2010年城市建设用地为610km^2，按照不透水面积占城市建成区50%计算，不透水面积为305km^2。北京市多年平均降水量为595mm，则至2010年城市雨水资源将达到$3.63\times10^8m^3/a$，其大部分将迅速形成地表径流流出境外入海。地下水补给量将损失$1.5\times10^8m^3/a$以上。

通过减少不透水铺砌，建设雨水渗透和贮存设施，使屋面、庭院、道路上的降雨经收集系统进入渗水设施——渗透井和渗水沟可将雨水渗入地下。可以修复城区雨水水文循环，起到很好的削减洪峰流量和径流总量的作用，对地下水涵养及中小河川的枯水季节流量的恢复也有显著作用。

到2010年北京市应努力实现降雨40%进行渗流贮存利用，以修复城区雨水循环，减轻内涝和降低雨洪面源污染负荷。同时每年可增加水资源量约$1.5\times10^8m^3$。

9.2.4　污泥土地利用

1. 北京污泥处置现状

北京市污泥的处置发展历程由高碑店污水处理厂的发展过程可以得到一个较为全面的了解。高碑店污水处理厂是北京市首座大型污水处理厂，建厂初期，每天的污水处理量为$20\times10^4m^3$。由于总量相对较小，污泥可以就地消化。当年附近的农民曾拿它做底肥，在翻地时使用。随着污水处理厂建设规模的加大，污泥的生产量逐年增加。目前，高碑店污水处理厂污水处理量已达$100\times10^4m^3/d$，每天污泥(80%含水率)产生量高达500t有余。如此高的污泥量给污水厂造成了相当大的负担："每天几十辆运输车不停地跑，才能将当天的污泥全部运出厂"。2003年城区污水处理厂规模达到$158\times10^4m^3/d$，据报道每天产生的污泥量约达1000t。

污泥的迅速增长，使得大部分污泥堆积在大兴等几十个郊区的污泥销纳场，占用了大量土地，对于周边地区的环境和人民生活造成了严重的影响。

2. 污泥利用潜力与效益

目前全市污水处理率约为56%，随着北京市污水处理厂的建设运行，北京市的污泥产量也将快速提高，如果按照2010年预测的污水产生量以及达到90%处理率(约为$295\times10^4m^3/d$)计算，则在2010年北京每天产生的污泥量至少为1500t有余，每年污泥产量约为55×10^4t。如果按照现有方式堆放下去，而不进行妥善处理，则不仅意味着北京又将增加几十座垃圾山，同时也使得在花费巨额投资处理污水的同时又带来了另一种污染——污泥。

北京市除近郊朝阳、海淀、丰台部分地区农田有机质含量在2%左右外，其余都在1.7%以下，属于中低肥农田。《北京国土资源》记载，北京几个近郊区的农田总面积为60117hm^2，根据我国农业种植的特点和需要，1hm^2 农田需要45t有机肥料，4个近郊区需有机肥 270×10^{4}t，而农民自己仅能提供70×10^{4}t，短缺200×10^{4}t。农业生产大量采用化肥，见图9-23(折纯N，10^{4}t/a)。

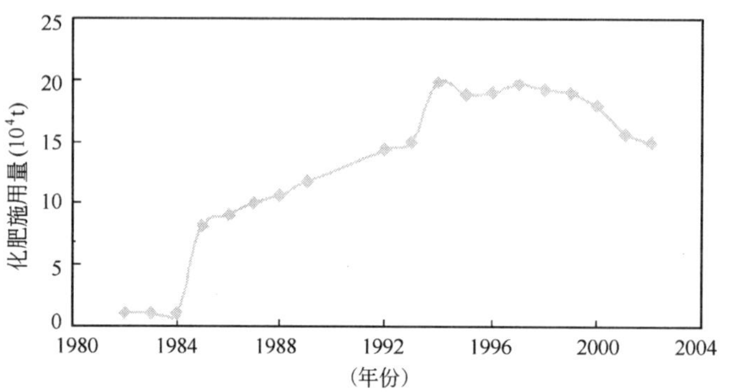

图9-23　北京市历年化肥用量变化曲线图

利用污水处理厂产生的污泥，经与城市有机垃圾堆肥(污泥占1/4～1/3)、造粒等处理后，作为有机肥料施用，扣除原料损耗，每年至少可以获得50×10^{4}t以上的有机肥料，如果将污泥进行进一步的处理，做成复合肥料，则可以生产更多的有机肥料，获取可观的综合效益。

(1) 经济效益

根据淄博市污水处理公司实际运行工程的资料，污泥混合堆肥生物肥料每吨可获利200元。按照污泥复合肥料利用量50×10^{4}t计算，则每年可以获得收益约为1×10^8 元。因此，既可以吸引利用社会资本进行此项开发，也可以由污水厂进行，获取的利润可以在很大程度上弥补污水和污泥处理费用的不足，对于污水处理厂的正常运行和发展具有重大意义。

(2) 环境效益

施用到土壤中的化肥氮的去向包括以下几个方面：作物吸收、土壤中残留、挥发、淋脱入渗等。大量资料表明，作物对肥料氮的吸收率很少超过50%，氮素损失高达55%。在美国，由于氮素的丢失而造成的每年损失达到10×10^8 美元。损失的氮素不仅仅给农业造成了损失，而且对环境和生态造成了污染。在我国，农田径流对水系的污染非常严重。根据统计，1949年我国施用化肥量为0.6×10^{4}t，近几年氮肥施用量高达1400×10^{4}t，年均每公顷耕地使用标准化肥的量达到了300kg，是世界上施用氮肥最多的国家之一。

根据有关资料报道，施用化肥半年后的氮素淋溶流失量比土地本底值增加了90%，而施用污泥肥料仅增加了20%，污泥肥料造成的氮素流失不足化肥的1/4。因此，在北京市利用城市污水处理厂产生的污泥制作成为有机肥料，不仅可以缓解北京地区农业所需有机肥料短缺的局面，而且可以提高北京地区农田土壤抗涝、抗旱和抗污染的能力，还能够减少、避免对环境的二次污染，从而实现农田的可持续利用。尤其是对于在水源保护区内的区县，例如密云县，如果大力发展有机肥料，减少甚至是停止使用化肥，对于减轻密云水库的面源污染，实现密云水库保持Ⅱ类水体的目标，具有不可替代的作用。

9.2.5　措施预期效果分析

1. 增加可供水资源量

在实施上述措施之后，每年可实现节水约4.89×10^{8}m^3，获得1.5×10^{8}m^3 的雨水资源(以多年平均水量计算)，可利用再生水量约8.72×10^{8}m^3，总计可增加水资源量为15.11×10^{8}m^3。扣除为补偿超采地下水的回灌再生水量 $1\times10^8m^3$，则增加水资源量为 $14.11\times10^8m^3$。

据此重新进行北京市 2010 年水资源的供需平衡计算(其中地下水回灌用再生水量作为补偿不参与平衡)，结果见表 9-12。

2010 年北京市水资源供需平衡表 **表 9-12**

分类	项目	2010 年		
		50%	75%	95%
全市原预测平衡	供水量(10^8m^3)	40.88	37.54	33.99
	需水量(10^8m^3)	44.51	44.51	44.51
	平衡结果(10^8m^3)	−3.63	−6.97	−10.52
初步实施措施后全市平衡	节水量(10^8m^3)	4.89	4.89	4.89
	雨水利用量(10^8m^3)	1.5	1.2	1
	再生水利用量(10^8m^3)	7.72	7.72	7.72
	平衡结果(10^8m^3)	10.48	6.84	3.09

原来预测中可供水量主要是根据水利工程的能力计算，本身还没有贯彻节制用水的思想，还存在挤占生态环境用水的问题，即使这样，在平、枯水年都满足不了北京市用水要求。但经过实施上述措施，北京市无论是在平水年、偏枯年份，还是枯水年，均可以满足水量要求，并且尚有盈余来补偿生态用水之需。

2. 降低污染负荷，改善水环境质量

通过上述措施，可以在很大程度上减轻污染负荷的排放，仅以城近郊区点源污染负荷削减量为例。到 2010 年，规划市区市政供水可以减少 $1.12\times10^8m^3/a$，少产生污水(生活污水排放系数为 0.9，工业污水排放系数为 0.8，不计管网漏损和绿化水量)$0.78\times10^8m^3/a$。按北京市污水特征(COD350mg/L，总氮 60mg/L 和总磷 7mg/L)每年可以少产生污染负荷化学需氧量(COD_{Cr})2.73×10^4t，总氮 0.47×10^4t 和总磷 0.06×10^4t；回用再生水 $8.72\times10^8m^3/a$。由于少产生污水以及再生水利用(不计农业用水)，每年可以削减环境污染负荷量为：$COD_{Cr}5.24\times10^4t$、总氮 1.8×10^4t 和总磷 0.2×10^4t(二级处理水与再生水分别按照城镇污水处理厂污染物排放标准 GB 18918—2002 中的二级标准和一级 A 标准)。2010 年实施上述措施之后的污染负荷降低效果见表 9-13。

2010 年北京市污染负荷预测对比 **表 9-13**

项目	2000 年	2010 年污染负荷预测	2010 年初步实施水健康循环方略后污染负荷预测			奥运要求
			减少量	污染负荷量	改善率	
COD_{Cr}($10^4t/a$)	22.44	12.66	5.24	7.42	41%	<7.8
TN($10^4t/a$)	4.65	4.25	1.8	2.45	42%	—
TP($10^4t/a$)	0.48	0.35	0.2	0.15	57%	—

由表 9-13 可见，不实施水环境恢复措施，按原污染防治计划，北京市污染负荷以化学需氧量(COD_{Cr})计虽有较大削减，但仍满足不了奥运要求。至于总氮和总磷排放负荷相对 2000 年更没有多大改善，总体污染负荷仍然超出保护水环境和奥运的要求甚多。在实施水环境恢复措施之后，污染负荷量有大幅度改观。其中 COD_{Cr}降低至 $7.42\times10^4t/a$，改善率达 41%，满足奥运要求；总氮降低至 $2.45\times10^4t/a$，改善率达 42%，总磷降低至 $0.15\times10^4t/a$，改善率达 57%。

通过污泥回归农田和面源污染控制，面源污染负荷将大为降低，总体污染负荷进一步降低，水环境普遍实现好转，达到或优于现有各河流的规划水质标准。

3. 可观的经济效益

(1) 减少供水设施投资

通过节水到2010年市政供水可以减少$1.12\times10^8m^3$，相当于少建设一座$30\times10^4m^3/d$的自来水厂。一般地，相同水量规模的节水投资不足市政自来水投资的1/2。按照市政供水系统投资平均水平4000元/(m^3/d)计算(含管网)。可以节省投资6×10^8元。

通过再生水利用每年供给工业、绿化、市政杂用等需要市政供水设施供应的水量约为$3.2\times10^8m^3$，折合约$90\times10^4m^3/d$。此部分再生水供水系统单位水量投资(含深度处理设施以及供水管网)约为2500元/(m^3/d)，则此部分再生水供水系统总投资为22.5×10^8元。相对同规模的市政自来水供水设施所需的36×10^8元，可减少投资13.5×10^8元。

(2) 降低污水处理设施投资

北京市规划市区可以减少污水产生量为$0.78\times10^8m^3/a$，可节省一个处理规模为$22\times10^4t/d$的污水处理厂和配套排水管网。相当于减少一个酒仙桥污水处理厂(处理能力$20\times10^4m^3/d$)，仅污水处理厂投资就可节省5.7×10^8元。如果加上配套管网的投资以及每年昂贵的运行费用，节省资金更为可观。

(3) 污泥肥料的经济效益

根据实际运行工程的资料，污泥混合堆肥生物肥料每吨可获利约200元。按照污泥复合肥料利用量50×10^4t计算，则每年可以获得收益约为1×10^8元，获取的利润可以在一定程度上弥补污水和污泥处理费用的不足。

(4) 再生水销售利润

根据目前国内再生水示范工程的运行实际，再生水供水成本约为1元/m^3。2004年，北京市自来水集团供水价格(含水资源费)为：居民3.70元/m^3；工商业5.60元/m^3；洗车、生产纯净水企业41.50元/m^3。随着再生水利用的普及，再生水销售具有极大的盈利潜力。例如，如果再生水销售价格达到工业水价5.60元/m^3(含污水处理费)的1/3，即约1.9元/m^3，则再生水销售利润为0.9元/m^3。以工业、绿化和市政杂用再生水量$90\times10^4m^3/d$计算，每年再生水销售利润接近3×10^8元。同时用户也可节省大笔的水费开支。按照水价调整方案，未来几年北京市水价仍将继续进行上调。届时产生的经济效益将更为显著。

北京市城市再生水系统的建设，不仅可补充枯水年约$7.72\times10^8m^3$淡水之缺，每年还补给地下水$1\times10^8m^3$，逐渐恢复地下水位。而且相对二级处理水排放而言可减少大量的污染负荷，将切实地改善北京地区河湖的水质，对整体方略实施效果的贡献率超出50%以上，是北京市水环境恢复策略的重中之重。

9.3 北京市水资源持续利用的根本之道

9.3.1 北京市供水格局分析

根据预测，2010年北京市生活用水比重为32%，农业用水比重将由2002年的44.6%下降至35%，用水结构有了较大变化。但是，从北京市水资源量和人口增长、城市性质与发展目标等综合考虑的角度看，供用水结构仍旧不适应北京市的发展需要。

北京市是我国首都，具有特殊的地位和性质，是备受全世界瞩目的现代化都市。从北京市现状人口约为1800×10^4人(含流动人口)、多年平均水资源量仅有$56.5\times10^8m^3$的现实出发，北京市首先应该保证人口的生活用水、生态用水，再尽量满足生产用水，提供就业机会使居民能够安居乐业，展现承载数千年文明的历史名城首都的崭新风貌。

按联合国规定的人均水资源丰富度指标，富裕(3000m^3/人·a)，警戒线(1700m^3/人·a)，北京市天然淡水资源量的承载能力为：最佳人口规模188.3×10^4人，最大人口规模332.4×10^4人。而2004年北京市人口已经达到1492.7×10^4人，为水资源最大承载人口规模的4.5倍。现状人口的规模已经对水资源造成了极大的压力。1992～2002年间水资源量以及水资源开发利用量情况见图9-24。

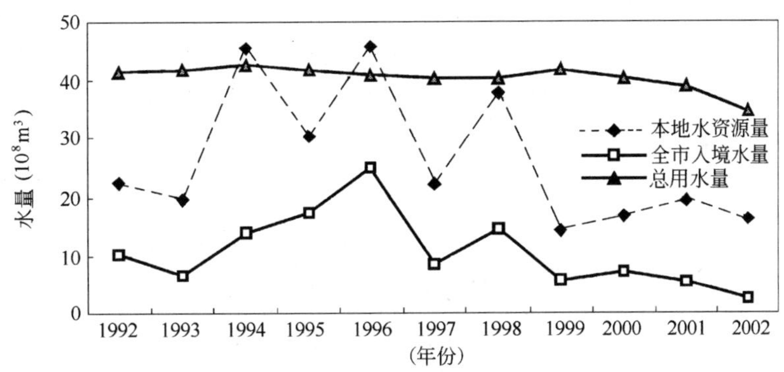

图 9-24 水资源量以及水资源开发利用量情况(1992～2002)

由图 9-24 可见，客观上，北京市从 20 世纪 90 年代后期至今遭受严重的干旱情况，本地水资源量急剧下降，由 1996 年丰水年的 $45.9\times10^8m^3$ 降低到 1999 年的 $14.2\times10^8m^3$，之后一直低于 $20\times10^8m^3$。而全市入境水量在 90 年代初期略有上升，至 1996 年达到这期间的极大值 $25.1\times10^8m^3$，从 1996 年以来不断下降，至 2002 年仅有 $2.6\times10^8m^3$，仅为多年平均入境水量的 15%左右。而同期北京市用水量一直相当平稳，约在 40×10^8 左右，仅在 2000 开始由于多年缺水迫使北京市压缩农业和工业用水，导致用水总量逐渐下降。

尽管如此，北京市的水资源仍然是入不敷出，1992～2002 年水资源开发利用率见图 9-25。从北京市水资源开发利用率的变化情况看，北京市长期以来的经济发展完全是建立在水资源过度开采、挤占生态环境用水的基础上。

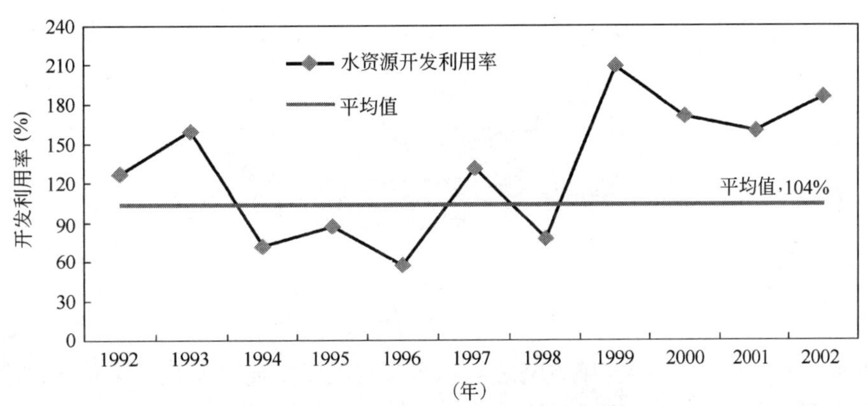

图 9-25 1992～2002 年水资源开发利用率

由图 9-25 可见，1992～2002 年这 11 年间，北京市水资源开发利用率一直居高不下。最高曾达到 210%(1999 年，是公认合理水资源开发利用率 40%的 5 倍多)，即使这期间最低值的 1996 年，其开发利用率也高达 60%，已经达到水资源合理开发利用的极限值。1992～2002 年北京市水资源平均开发利用率高达 104%，已经完全是依靠超采地区深层地下水资源在维持着北京市的生存发展。显然北京市水资源利用状况已经远远超出可以保障良好水生态环境的程度，北京市社会水循环的流量必须得到控制，对供用水结构进行根本性调整，以促使北京市水资源开发利用量的大幅度下降至合理利用量的范围内，才有可能恢复北京市的良好水环境，使社会经济发展与水资源、水环境相协调。

9.3.2 基于水健康循环的北京市未来供水格局

根据水健康循环与水环境恢复原理，要想维系良好的水环境，就必须控制水的社会循环对自然循环的干扰，从而不破坏水的自然循环。这种干扰包括水量的干扰和水质的干扰。北京市供用水格局的调整可以从根本上同时降低社会用水的水量与水质干扰程度。

按照国际公认标准，为维持良好的生态环境，水资源的开发利用量一般不应超出水资源量的40%，最高不得超过60%。北京地区水资源总量为$56.5\times10^8m^3$。其中，北京境内天然水资源总量为$40.0\times10^8m^3$，通过永定河、潮白河和泃河由外省流入北京境内的地表径流量，多年平均为$16.5\times10^8m^3$。则北京市多年平均水资源合理可利用量仅为$22.6\sim33.9\times10^8m^3/a$。以此计算，2010年北京市在取水率为46.6%并实施方略基础措施后，水资源可以维持供需平衡，见表9-14。

2010年北京市水资源供需平衡表 **表9-14**

分　类	项　目	2010年		
		取水率40%	取水率46.6%	取水率60%
全市原预测平衡	供水量(10^8m^3)	22.6	26.35	33.9
	需水量*(10^8m^3)	40.46	40.46	40.46
	平衡结果(10^8m^3)	−17.86	−14.11	−6.56
初步实施水环境恢复措施后全市供需平衡	节水量(10^8m^3)		4.89	
	雨水利用量(10^8m^3)		1.5	
	再生水利用量(10^8m^3)		7.72	
	合计(10^8m^3)		14.11	
	平衡结果(10^8m^3)	−3.75	0.0	7.55

注：*需水量不包含预测中额外增加的环境用水量$4.05\times10^8m^3$。

实施水环境恢复措施后，北京市2010年水资源供给结构如图9-26所示。

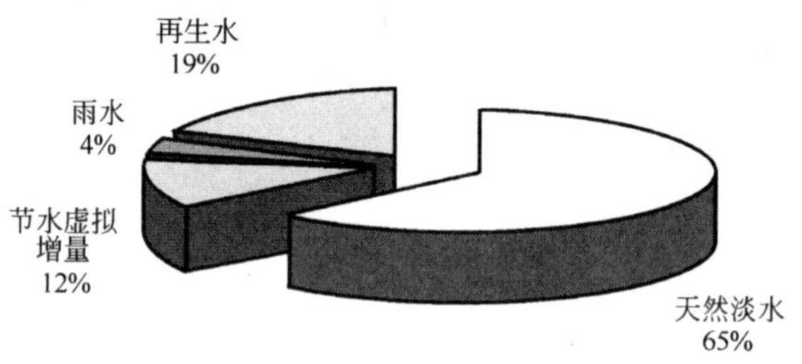

图9-26　2010年水资源供给结构图

如图9-26所示，北京市2010年实施方略之后，水源构成发生显著变化，天然淡水资源仅占供水量的65%，其余35%通过节水12%、雨水利用4%和再生水19%得到满足。

可见，北京市长久水资源可持续利用，仍需依靠进一步节制用水与提高污水深度处理再生利用率，依靠北京本地区水资源，含天然淡水及城市污水资源的充分合理利用，形成基于水健康循环的北京市未来供水格局，并逐步建立起水资源循环利用的新模式。

主题词索引

参 考 文 献

1. A. Savic Dragan, A. Marino Miguel, H. G. Savenije Hubert, et al. Sustainable Water Management Solutions for Large Cities, Wallingford: IAHS Press no. 293, 2005
2. A. Bahri, F. Brissaud. Wastewater reuse in Tunisia: Assessing a National Policy. Wat. Sci. &Tech. 1995, 33(10～11): 87～94
3. A. Bahri. Agricultural Reuse of Wastewater and Global Water Management. Wat. Sci. &Tech. 1999, 40(4～5): 339～346
4. A. M. Duda, M. T. El-Ashry. Addressing the global water and environment crisis through integrated approaches to the management of land, water and ecological resources. Water International. 2000, 25(1): 115～126
5. A. N. Angelakis, M. H. F. Marecos Do Monte, L. Bontoux, et al. The status of wastewater reuse practice in the Mediterranean basin: need for guidelines, Wat. Res., 1999, 33(10): 2201～2217
6. Akpofure E. Taigbenu, Mthokozisi Ncube. Reclaimed water as an alternative source of water for the city of Bulawayo, Zimbabwe. Physics and Chemistry of the Earth, 2005, 30(11-16): 762～766
7. Asit K Biswas, Abdullah Arar. Treatment and reuse of wastewater. FAO&Butterworths, 1988
8. Augusto Pompeo C. Development of a state policy for sustainable urban drainage. Urban Water, 1999, 1(2): 155～160.
9. Aziz MA, Koe LCC. Potential utilization of sewage sludge. Wat. Sci. &Tech. 1990, 22(12): 277～285.
10. Azov, Y. Juanico, M. Shelef, et al. Monitoring the Quality of Secondary Effluents Reused for Unrestricted Irrigation after Underground Storage. Wat. Sci. &Tech. 1991, 24(9): 267～276
11. B Jefferson, A. Palmer, P. Jeffrey, et al. Grey water characterisation and its impact on the selection and operation of technologies for urban reuse, Wat. Sci. &Tech. 2004, 50(2):157～164
12. B. Sheikh, R. C. Cooper, K. E. Israel. Hygienic evaluation of reclaimed water used to irrigate food crops-a case study. Wat. Sci. &Tech. 1999, 40(4～5): 261～267
13. Bahman Sheikh. Long-range planning for water reuse in city of Los Angeles. Wat. Sci. &Tech. 1991, 24(9): 11～17
14. Bahri A. Fertilizing value and polluting load of reclaimed water in Tunisia. Wat. Res. 1998, 32(11): 3484～3489
15. Bo R. Döös. Population growth and loss of arable land. Global Environmental Change. 2002, (12): 303～311
16. Brown RR. Impediments to integrated urban storm water management: The need for institutional reform. Environmental Management. 2005, 36(3): 455～468
17. Bruce Durham, Stephanie Rinck-Pfeiffer, Dawn Guendert. Integrated Water Resource Management-through reuse and aquifer recharge. Desalination. 2003, 152(1-3): 333～338
18. Butler D, Parkinson J. Towards sustainable urban drainage. Wat. Sci. &Tech. 1997, 35(9): 53～63.
19. C. Nurizzo. Reclaimed water reuse in the Mediterranean region: some considerations on water resources, standards and bacterial re-growth phenomena. Wat. Sci. &Tech. -Water Supply. 2003, 3(4): 317～324
20. C. A. Buckley, C. J. Brouckaert, G. E. Rencken. Waste Water Reuse, the South Africa Experience. Wat. Sci. &Tech. 2000, 41(10～11): 157～163

21. C. S. Sokile, J. J. Kashaigili, R. M. J. Kadigi. Towards an integrated water resource management in Tanzania: the role of appropriate institutional framework in Rufiji Basin. Physics and Chemistry of the Earth, Parts A/B/C. 2003, 28(20~27): 1015~1023

22. C. Visvanathan, A. Cippe. Strategies for development of industrial wastewater reuse in Thailand. Wat. Sci. &Tech. 2001, 43(10): 59~66

23. D. D. Mara, H. W. Pearson. A hybrid waste stabilization pond and wastewater storage and treatment reservoir system for wastewater reuse for both restricted and unrestricted crop irrigation. Wat. Res. 1999, 33(2): 591~594

24. Daniel Hellstrom, Ulf Jeppsson, Erik Karrman. A framework for systems analysis of sustainable urban water management. Environmental Impact Assessment Review. 2000, 20(3): 311~321

25. Daniel P. Loucks, John S. Gladwell 著. 王建龙译. 水资源系统的可持续性标准. 北京: 清华大学出版社, 2002: 1~2

26. Dickinson MA. The California urban water conservation council: A consensus partnership for water conservation. Wat. Sci. &Tech. Water Supply 2003, 3(3): 281~288.

27. E. Friedler. The Jeezraelvalley Project for Wastewater Reclamation and Reuse, Israel. Wat. Sci. &Tech. 1999, 40(4~5): 347~354

28. Ellis JB. Integrated approaches for achieving sustainable development of urban storm drainage. Wat. Sci. &Tech. 1995, 32(1): 1~6

29. Else Boutkan, Allerd Stikker. Enhanced water resource base for sustainable integrated water resource management, Natural Resources Forum 2004, 28(2): 150~154

30. Emmanuel Dube, Pieter van der Zaag. Analyzing water use patterns for demand management: the case of the city of Masvingo, Zimbabwe. Physics and Chemistry of the Earth, Parts A/B/C. 2003, 28(20~27): 805~815

31. Eric Rosenblum. Selection and Implementation of Nonpotable Water Recycling in "Silicon Valley"(San Jose Area)California. Wat. Sci. &Tech. 1999, 40(4~5): 51~57

32. Esrey S. A., Gough J., Rapaport D., et al. Ecological Sanitation. Sida, Stockholm, Sweden, 1998

33. Esther W. Dungumaro, Ndalahwa F. Madulu. Public participation in integrated water resources management: the case of Tanzania. Physics and Chemistry of the Earth, Parts A/B/C. 2003, 28(20~27): 1009~1014

34. F. Douglas Shields Jr., Charles M. Cooper, Scott S. Knight. Experiment in Stream Restoration. Journal of Hydraulic Engineering. 1995, 121(6): 494~502

35. F. Douglas Shields Jr., Ronald R. Copeland, Peter C. Klingeman, et al. Design for Stream Restoration. Journal of Hydraulic Engineering. 2003, 129(8): 575~584

36. FAO (Food and Agriculture Organization). Current world fertilizer trends and outlook to 2009/10, Rome, 2005.

37. FAO(Food and Agriculture Organization). Fertilizer Requirements in 2015 and 2030, Rome, 2000.

38. FAO(Food and Agriculture Organization). Agriculture: Towards 2015/30. Technical Interim Report, 2000. Rome, http: //www. fao. org/es/ESD/at2015/chapter1. pdf

39. G Leslie, D Stevens, S Wilson. Designer Reclaimed Water. Water. 2005, 32(4): 75~79

40. G. Zeeman, G. Lettinga. The role of anaerobic digestion of domestic sewage in closing the water and nutrient cycle at community level. Wat. Sci. &Tech. 1999, 39(5): 187~194

41. George Tchobanoglous, Franklin L. Burton, H. David Stensel. Wastewater engineering: treatment and reuse, 4th ed., Metcalf & Eddy, Inc. New York: McGraw-Hill, 2003

42. Gideon Tredoux, Peter King, Lisa Cavé. Managing urban wastewater for maximizing water resource utiliza-

tion. Wat. Sci. &Tech. 1999, 39(10～11): 353～356

43. Gleick P H. Global freshwater resources: soft-path for the 21st century. Science. 2003, 302(28): 1524～1528

44. GLNPO(Great Lakes National Program Office). 2003. GLNPO online information. Web site at http://www.epa. gov/glnpo/monitoring/limnology/index. htm.

45. H. W. Campbell. Sewage Sludge Treatment and Use. New Development. Elsevier Applied Science. London. 1989

46. Harremoes, P. Water as a transport medium for waste out of towns. Wat. Sci. &Tech. 1999, 39(5): 1～8

47. Herrmann T, Hasse K. Ways to get water: Rainwater utilization or long-distance water supply? A holistic assessment. Wat. Sci. &Tech. 1997, 36(8～9): 313～318.

48. Hitomi Matsuo Kato. Control and conservation of the water environment in the creek region on the Ariake coast of Japan. Ecological Engineering. 1998, 11(1～4): 261～276

49. Howarth D, Butler S. Communicating water conservation: How can the public be engaged? Wat. Sci. &Tech. Water Supply 2004, 4(3): 33～44.

50. J. (Hans)van Leeuwen. Reclaimed water-an untapped resource. Desalination. 1996, 106(1/3): 233～240

51. J. Gould, P. Lee, J. Ryl, et al. Shoal haven Reclaimed Water Management Scheme: clever planning delivers bigger environmental benefits. Wat. Sci. &Tech. -Water Supply, 2003, 3(3): 35～41

52. J. Kurbiel, K. Zeglin, S. M. Rybicki. Implementation of the Cracow municipal wastewater reclamation system for industrial water reuse. Desalination. 1996, 106(1～3): 183～193.

53. J. M. Anderson. Current water recycling initiatives in Australia: scenarios for the 21st century. Wat. Sci. &Tech. 1996, 33(10～11): 37～43

54. J. M. 莫兰, M. D. 摩根, J. H. 威斯麦. 环境科学导论. 北京: 海洋出版社, 1987.

55. J. A. Faby, F. Brissaud and J. Bontoux. Wastewater Reuse in France: Water Quality Standards and Wastewater Treatment Technologies. Wat. Sci. &Tech. 1999, 40(4～5): 37～42

56. J. D. Gregory, R. Lugg, B. Sanders. Revision of the national reclaimed water guidelines. Desalination. 1996, 106(1/3): 263～268

57. J. H. Tay, S. Jeyaseelan. Membrane filtration for reuse of wastewater from beverage industry. Resources. Conservation and Recycling. 1995, 15(1): 33～40

58. J. Haafhoff, B. Vander Merwe. Twenty-five Years of Wastewater Reclamation in Windhoek, Namibia. Wat. Sci. &Tech. 1996, 33(10～11): 25～35

59. James Crook. Potable Use of Reclaimed Water. American Water Works Association Journal. 1999, 91(8): 40～50

60. Japhet J. Kashaigili, Reuben M. J. Kadigi, Charles S. Sokile, et al. Constraints and potential for efficient inter-sectoral water allocations in Tanzania. Physics and Chemistry of the Earth, Parts A/B/C. 2003, 28 (20～27): 839～851

61. Jean Bontoux, Gérand Courtois. Wastewater reuse for irrigation in France. Wat. Sci. &Tech. 1996, 33 (10～11): 45～49

62. Jean-Sébastien Thomas, Bruce Durham. Integrated Water Resource Management: looking at the whole picture. Desalination. 2003, 156(1～3): 21～28

63. Jeffrey A. McNeely. Freshwater management: From conflict to cooperation. World Conservation, 1999, (2): 18

64. Joan B. Rose, Samuel R. Farrah, Debra Friedman, et al. Public health evaluation of advanced reclaimed water for potable applications. Wat. Sci. &Tech. 1999, 40(4～5): 247～252

65. John Neal. Wastewater reuse studies and trials in Canberra. Desalination. 1996, 106(1～3): 399～405

66. Jonathan I. Matondo. A comparison between conventional and integrated water resources planning and man-

agement. Physics and Chemistry of the Earth, Parts A/B/C. 2002, 27(11～22): 831～838

67. Khalid Habbari, Aziz Tifnouti, Gabriel Bitton, et al. Geohelminthic infections associated with raw wastewater reuse for agricultural purposes in Beni-Mellal, Morocco. Parasitology International. 2000, 48 (3): 249～254
68. Krebs P, Larsen TA. Guiding the development of urban drainage systems by sustainability criteria. Wat. Sci. &Tech. 1997, 35(9): 89～98.
69. L. Sala, M. Serra. Towards sustainability in water recycling. Wat. Sci. &Tech. 2004, 50(2): 1～7
70. L. Bonomo, C. Nurizzo and E. Rolle. Advanced Wastewater Treatment and Reuse: Related Problems and Perspectives in Italy. Wat. Sci. &Tech. 1999, 40(4～5): 21～28
71. Larsen T. , Gujer W. , Separate management of anthropogenic nutrient solutions. Wat. Sci. &Tech. 1996, 34(3～4): 87～94
72. Lepori, F, Palm, D, Malmqvist, B. Effects of stream restoration on ecosystem functioning: detritus retentiveness and decomposition. The Journal of Applied Ecology. 2005, 42(2): 228～238
73. Lettinga G. Sustainable integrated biological wastewater treatment. Wat. Sci. &Tech. 1996, 33(3): 85～98
74. Lewis Jonker. Integrated water resources management: theory, practice, and cases. Physics and Chemistry of the Earth, Parts A/B/C. 2002, 27(11～22): 719～720
75. Lloyd SD. , Wong THF, Porter B. The planning and construction of an urban stormwater management scheme. Wat. Sci. &Tech. 2002, 45(7): 1～10
76. M. Andersen, G. H. Kristensen, M. Brynjolf, et al. Pilot-scale testing membrane bioreactor for wastewater reclamation in industrial laundry. Wat. Sci. &Tech. 2002, 46(4～5): 67～76
77. M. Boller. Towards sustainable urban stormwater management. Wat. Sci. &Tech. Water Supply, 2004, 4 (1): 55～65
78. M. M. Shereif, M. El-S. Easa, M. I. El-Samra, et al. A demonstration of wastewater treatment for reuse applications in fish production and irrigation in Suez, Egypt. Wat. Sci. &Tech. 1995, 32(11): 137～144
79. M. Juanico. The Performance of Batch Stabilization Reservories for Wastewater Treatment, Storage and Reuse in Israel. Wat. Sci. &Tech. 1996, 33(10～11): 149～159
80. MacKenzie K. On the road to a biosolids composting plant. Biocycle. 1996, 37: 58～61
81. Marcelo Juanico, Eran Friedler. Wastewater Reuse for River Recovery in Semi-Arid Israel. Wat. Sci. &Tech. 1999, 40(4～5): 43～50
82. Mark M. Petersen. A natural approach to watershed planning, restoration and management. Wat. Sci. &Tech. 1999, 39(12): 347～352
83. Masashi Ogoshi, Yutaka Suzuki, Takashi Asano. Non-potable Urban Water Reuse-a Case of Japanese Water Recycling. Water21, 2000(6): 27～30
84. Michael S. Kambole. Managing the water quality of the Kafue River. Physics and Chemistry of the Earth, Parts A/B/C. 2003, 28(20～27): 1105～1109
85. Miguel A. Marino, Slobodan P. Simonovic. Integrated Water Resources Management, Wallingford: IAHS Press no. 272, 2001
86. Mohammad S. Al-A' ama and G. F. Nakhla. Wastewater Reuse in Jubail, Saudi Arabia. Wat. Res. 1995, 29(6): 1579～1584
87. N. Alegre, P. Jeffrey, B. McIntosh, et al. Strategic options for sustainable water management at new developments: the application of a simulation model to explore potential water savings. Wat. Sci. &Tech. 2004, 50(2): 9～15
88. Niemczynowicz J. New aspects of urban drainage and pollution reduction towards sustainability. Wat. Sci. &Tech. 1994, 30(5): 269～277

89. Ole Mark, Jonathan Parkinson. The future of urban stormwater management: an integrated approach, Water21. 2005(8): 30~32

90. Oscar Vazquez-Montiel, Nigel J. Horan, Duncan D. Mara. Management of domestic wastewater for reuse in irrigation. Wat. Sci. &Tech. 33(10~11): 355~362

91. Otterpohl R, Grottker M and Lange J. Sustainable water and wastewater management in urban areas. Wat. Sci. &Tech. 1997, 35(9): 121~134.

92. P. M. J. Terpstra. Sustainable water usage systems: models for the sustainable utilization of domestic water in urban areas. Wat. Sci. &Tech. 1999, 39(5): 65~72

93. P. A. Banks. Wastewater Reuse Case Studies in the Middle East. Wat. Sci. &Tech. 1991, 23(10~12): 2141~2148

94. P. E. Odendaal. Wastewater Reclamation Techniques and Monitoring Techniques. Wat. Sci. &Tech. 1991, 24(9): 173~184

95. P. F. M. Verdonschot, R. C. Nijboer. Towards a decision support system for stream restoration in the Netherlands: an overview of restoration projects and future needs. Hydrobiologia. 2002, 478(15): 131~148

96. P. Harremoës. Advanced Water Treatment as a Tool in Water Scarcity Management. Wat. Sci. &Tech. 2000, 42(12): 73~92

97. Peter Matthews. Socio economic influences on the restoration and maintenance of the water environment. Wat. Sci. &Tech. 1998, 37(8): 1~7

98. Piet Lens, Grietje Zeeman, Gatze Lettinga 著. 王晓昌，彭党聪，黄廷林译. 分散式污水处理和再利用——概念、系统和实施. 北京：化学工业出版社，2004

99. Prasad VK, Badarinath KV, Yonemura S, et al. Regional inventory of soil surface nitrogen balances in Indian agriculture(2000~2001). Journal of Environmental Management. 2004, 73(3): 209~218

100. R. Gori, C. Lubello, F. Ferrini et al. Reclaimed municipal wastewater as source of water and nutrients for plant nurseries. Wat. Sci. &Tech. 2004, 50(2): 69~75

101. Ralf Otterpohl, Matthias Grottker, Jörg Lange. Sustainable water and waste management in urban areas. Wat. Sci. &Tech. 1997, 35(9): 121~133

102. Richard M. Gersberg, Maria J. Carroquino, Deborah E. Fischer, et al. Biomonitoring of toxicity reduction during in situ bioremediation of monoaromatic compounds in groundwater. Wat. Res. 1995, 29(2): 545~550

103. Roumen Arsov, Jiri Marsalek, Ed Watt, et al. Urban Water Management: Science Technology and Service Delivery. Kluwer Academic Publishers. Dordrecht, Netherlands, 2003

104. Ryan J, Mathew K, Anda M, et al. Introduction of water conservation education packages: The opportunities and constraints affecting their success. Wat. Sci. &Tech. 2001, 44(6): 135~140.

105. S. Noh, I. Kwon, H. M. Yang, et al. Current status of water reuses systems in Korea. Wat. Sci. &Tech. 2004, 50(2): 309~314

106. Seo GT, Ahan HI, Kim JT, et al. Domestic wastewater reclamation by submerged membrane bioreactor with high concentration powdered activated carbon for stream restoration. Wat. Sci. &Tech. 2004, 50(2): 173~178

107. Shiklomanov, I. A. Comprehensive Assessment of the Freshwater Resources of the World. Stockholm, Stockholm Environment Institute. 1997

108. Shohta TAKEMURA, Katsushige KAN, Yukio ENDA. Sewage Sludge Reuse for Reducing Environmental Risks and Development of Multi-Functional Products with a Novel Disposal Technology. 資源と素材. 2005, 121(4): 96~102

109. Simonovic, S. P. Decision Support Systems for Sustainable Management of Water Resources. Water International, 1996, 21(4): 223~244

110. Steen, P. Phosphorus Availability in the 21st Century: Management of a Nonrenewable Resource, Phosphorus & Potassium, 1998, (217). Available from: www. nhm. ac. uk/research-curation/departments/mineralogy/research-groups/phosphate-recovery/p&k217/steen. htm

111. Stockholm Environment Institute. Closing the Loop on Phosphorus, Swedish International Development Cooperation Agency (Sida), Stockholm, Sweden, 2005

112. Sue L. Niezgoda, Peggy A. Johnson. Improving the Urban Stream Restoration Effort: Identifying Critical Form and Processes Relationships. Environmental Management. 2005, 35(5): 579～592

113. T. Asano, Audrey D. Levine. Wastewater reclamation, recycling and reuse: past, present, and future. Wat. Sci. Tech. 1996, 33(10～11): 1～14

114. T. Asano, M Maeda, M. Takaki. Wastewater reclamation and reuse in Japan: overview and implementation examples. Wat. Sci. &Tech. 1996, 34(11): 219～226

115. T. Udagawa. Water recycling systems in Tokyo. Desalination. 1994, 98(1～3): 309～318

116. Taruya T., Okuno N., Kanaya K. Reuse of sewage sludge as raw material of Portland cement in Japan, Wat. Sci. &Tech. 2002, 46(10): 255～258

117. Tiessen Holm. Scope 54: Phosphorus in the Global Environment: Transfers, Cycles and Management. John Wiley & Sons Ltd., 1995

118. Tove A. Larsen, Willi Gujer. The concept of sustainable urban water management. Wat. Sci. &Tech. 1997, 35(9): 3～10

119. U. S. Environmental Protection Agency, National Coastal Condition Report Ⅱ(2005), 26～27

120. United Nations Population Division. World Population Prospects 1950～2050(The 2000 Revision). New York, United Nations. 2001

121. United Nations Educational, Scientific, and Cultural Organization (UNESCO)-World Water Assessment Programme, Water for People, Water for Life-UN World Water Development Report(WWDR), UK: Berghahn Books, 2003

122. Uno Winblad, Mayling Simpson-Hébert. Ecological Sanitation-revised and enlarged edition, SEI, Stockholm, Sweden, 2004

123. V. Lazarova, G. Cirell, P. Jeffrey, et al. Enhancement of Integrated Water Management and Water Reuse in Europe and the Middle East. Wat. Sci. &Tech. 2000, 42(1～2): 193～202

124. Van Lier, J. B. and Lettinga G. Appropriate technologies for effective management of industrial and domestic wastewater: the decentralized approach. Wat. Sci. &Tech. 1999, 40(7): 171～183

125. Van Riper, C. and Geselbracht J. Water reclamation and reuse. Wat. Environ. Res. 1998, 70: 586～589

126. W. Mulwafu, C. Chipeta, G. Chavula, et al. Water demand management in Malawi: problems and prospects for its promotion. Physics and Chemistry of the Earth, Parts A/B/C. 2003, 28(20～27): 787～796

127. Waleed K. Al-Zubari. Towards the establishment of a total water cycle management and reuse program in the GCC countries. Desalination. 1998, 120(1～2): 3～14

128. William D. Johnson. Dual distribution systems: the public utility perspective. Wat. Sci. &Tech. 1991, 24(9): 343～352

129. Yasuda Y. Sewage sludge utilization technology in Tokyo. Wat. Sci. &Tech. 1991, 23(10～12): 1743～1752.

130. Zwara W, Obarska-Pempkowiak H. Polish experience with sewage sludge utilization in reed beds. Wat. Sci. &Tech. 2000, 41(1): 65～68.

131. 阿尔·戈尔. 濒临失衡的地球——生态与人类精神. 陈嘉映译. 北京: 中央编译出版社, 1997

132. 岸根卓郎著. 何鉴译. 环境论——人类最终的选择. 南京: 南京大学出版社, 1999

133. 北京市地方志编纂委员会. 北京志·地质矿产·水利·气象卷·气象志. 北京: 北京出版社, 1999

134. 北京市地方志编纂委员会. 北京志·市政卷·供水志、供热志、燃气志. 北京: 北京出版社, 2003

135. 北京市统计局. 北京统计年鉴 2004. 北京：中国统计出版社，2004

136. 毕思文. 地球系统科学导论. 北京：科学出版社，2003

137. 陈大珂. 生态经济学引论. 哈尔滨：东北林业大学出版社，1995

138. 陈立民，吴人坚，戴星翼. 环境学原理. 科学出版社，2003

139. 陈西庆. 跨国界流域、跨流域调水与我国南水北调的基本问题. 长江流域资源与环境. 2000，9(1)：92～97

140. 大连市环保局. 2002 年大连市环境状况公报. 2003

141. 戴镇生，张杰. 城市污水回用事业的展望. 给水排水技术动态. 1992，(2)：25～27

142. 董保澍. 国内外城市生活垃圾处理概况及我国垃圾处理发展趋势. 冶金环境保护. 2001，(3)：8～10

143. 董辅祥，董欣东. 城市与工业节约用水理论. 北京：中国建筑工业出版社，2000

144. 国家环境保护总局. 2003 年中国环境状况公报. 2004

145. 国土资源部. 中国地质环境公报(2004 年度). 2005

146. 姜文来. 中国 21 世纪水资源安全对策研究. 水科学进展. 2001，12(1)：68～71

147. 金儒霖. 污泥处置. 中国建筑工业出版社. 1988

148. 李汝燊. 自然地理统计资料. 商务印书馆. 1984

149. 联合国环境规划署. 全球环境展望-3. 北京：中国环境科学出版社，2002.

150. 刘昌明，何希吾. 中国 21 世纪水问题方略. 科学出版社，1996

151. 刘更另. 水・水资源・农业节水. 中国工程科学. 2000，2(7)：39～42

152. 刘玉林，周艳丽. 黄河流域水污染危害调查及结果分析. 水资源保护. 2001，(4)：42～44

153. 伦斯，泽曼，莱廷格，分散式污水处理和再利用，化学工业出版社，2004

154. 骆建华. 荷兰、德国的环境保护法制建设. 世界环境. 2002，(1)：15～18

155. 钱正英，张光斗. 中国可持续发展水资源战略研究. 中国水利水电出版社，2001

156. 上海气象志编纂委员会. 上海气象志. 上海：上海社会科学院出版社，1997

157. 深圳市水务局. 深圳市水资源公报 1999，2000

158. 沈德中，污染环境的生物修复，北京：化学工业出版社，2002

159. 水利电力部水文局. 中国水资源评价. 北京：水利电力出版社，1987

160. 同济大学城市规划教研室编. 中国城市建筑史. 北京：中国建筑工业出版社，1982

161. 王红瑞，肖杨，吴丽娜. 水环境生态价值的定量分析-以北京市为例. 北京师范大学学报(自然科学版). 2002，38(6)：836～840

162. 王金南. 环境经济学. 北京：清华大学出版社，1993

163. 王琳，王宝贞. 分散式污水处理与回用，北京：化学工业出版社，2003

164. 吴德滨. 试论节水概念与农业节水问题. 东北水利水电. 2001，19(5)：33～34

165. 吴舜泽，夏青，刘鸿亮. 中国流域水污染分析，环境科学与技术，2000(2)：1～6

166. 熊必永，张杰，李捷. 深圳特区城市中水道系统规划研究，给水排水，2004，30(2)：16～20

167. 许国志，系统科学，上海：上海科技教育出版社，2000

168. 薛栋森. 美国污水污泥的研究和利用概况. 国外农业环境保护，1991，(1)：31～33

169. 杨立信，国外调水工程，北京：中国水利水电出版社，2003

170. 叶锦昭，卢如秀. 世界水资源概论，北京：科学出版社，1993

171. 伊・普里戈金，伊・斯唐热著. 曾庆宏、沈小峰译. 从混沌到有序：人与自然的新对话. 上海：上海译文出版社，1987

172. 张崇华. 中水道技术. 北京：中国环境科学出版社，1990

173. 张杰，熊必永，李捷，等. 污水深度处理与水资源可持续利用，给水排水，2003，29(6)：29～32

174. 张杰，曹开朗. 城市污水深度处理与水资源可持续利用. 中国给水排水. 2001，17(3)：20～21

175. 张杰，熊必永，陈立学，等. 中国における健全な水環境および水循環への歩み. Journal of Japan Sewage Works Association. 2005，48(2)：41～50

176. 张杰，熊必永. 创建城市水系统健康循环促进水资源可持续利用. 沈阳建筑工程学院学报(自然科学版). 2004，20(3)：43～45

177. 张杰，熊必永. 水环境恢复方略与水资源可持续利用. 中国水利 A. 2003，(6)：13～15

178. 张杰，张富国. 提高城市污水再生水水质的研究. 中国给水排水. 1997，13(3)：19～21
179. 张杰，熊必永. 城市水系统健康循环的实施策略. 北京工业大学学报，2004，30(02)：63～67
180. 张杰. 城市水资源、水环境与城市污水再生回用. 给水排水. 1998，24(8)：1～3
181. 张杰. 水资源、水环境与城市污水再生回用. 给水排水. 1998，24(8)：1
182. 张杰. 我国水环境恢复与水环境学科，北京工业大学学报，2002，28(2)：178～183
183. 张晶心. 城市污水再生回用与农业再用. 重庆环境科学. 1994，16(2)：35～37
184. 张汝翼，杨旭临，黄河断流的历史回顾与简析，人民黄河，1998，20(10)：38～40
185. 张忠祥，钱易. 城市可持续发展与水污染防治对策. 北京：中国建筑工业出版社，1998
186. 中嶋规行. 雨水浸透施設の平常時水環境への効果について. 水循環. 2003，No. 47：8～11
187. 中国建设部. 2003 年城市建设统计公报，2004
188. 中国科学院地学部长江三角洲经济与社会可持续发展咨询组. 长江三角洲经济与社会可持续发展若干问题咨询综合报告. 地球科学进展，1999，14(1)：4～10
189. 中华人民共和国国家统计局，中国统计年鉴 2003，北京：中国统计出版社，2003
190. 中华人民共和国水利部. 2002 年中国水资源公报. 2003